Bello

NATALIA LÓPEZ MORATALLA
MARÍA FONT ARELLANO

Bello

Del Big Bang al Homo sapiens: la evolución en busca de la belleza

EDICIONES RIALP
MADRID

© 2026 *by* Natalia López Moratalla, María Font Arellano

© 2026 *by* EDICIONES RIALP, S. A.,
Manuel Uribe, 13-15, 28033 Madrid
(www.rialp.com)

Con la colaboración de:
María Iciar Cruz Font (Ilustradora)
Eneko Azparren Vicente (Compositor)
Guillermo Eiroa Iglesias (Audiovisuales)

Preimpresión: www.produccioneditorial.com

ISBN (edición impresa): 978-84-321-7273-1
ISBN (edición digital): 978-84-321-7274-8
ISBN (edición bajo demanda): 978-84-321-7275-5
ISNI: 0000 0001 0725 313X
Depósito legal: M-22483-2025

Impreso en España   *Printed in Spain*

Anzos, S. L. - Fuenlabrada (Madrid)

ÍNDICE

PRÓLOGO

Este libro es una detallada y apasionante incursión en la compleja y a la vez sencilla belleza del mundo natural. Algo abierto al interés de cualquier ser humano, de cualquier disciplina. La belleza está ahí, para ser contemplada. Y en los ojos no hay distinciones de letras o de ciencias. De ese modo se va fraguando una cultura general, aunque no en el sentido de "un poco de todo", sino en el de irrupciones en ámbitos hasta entonces quizá desconocidos, de aperturas a los primeros caminos de terrenos que se abren incesantemente a nuevos descubrimientos.

Rafael Gómez Pérez.
Escritor.
Doctor en Derecho y en Filosofía.
Profesor emérito de Antropología cultural
(Universidad Complutense)

«En todo lo que suscita en nosotros el sentimiento puro y auténtico de la belleza está realmente la presencia de Dios. Existe casi una especie de encarnación de Dios en el mundo, cuyo signo es la belleza. Lo bello es la prueba experimental de que la encarnación es posible».

SIMONE WEIL[1]

---

1. Citada por Benedicto XVI, en su discurso pronunciado en el Encuentro Con Los Artistas, celebrado en la Capilla Sixtina, el 21 de noviembre de 2009.

1.
Introducción

EVOLUCIÓN Y BELLEZA

La evolución es uno de los conceptos científicos más importantes en la biología moderna, ya que proporciona el marco teórico para entender cómo los organismos cambian a lo largo del tiempo, ilustrando los posibles procesos naturales que se han dado a lo largo del mismo.

Aunque la teoría de la evolución ha sido ampliamente aceptada en el ámbito científico, su percepción y descripción varían significativamente entre culturas, influenciadas por factores históricos, filosóficos, religiosos y sociales. Las tradiciones culturales y religiosas han influido profundamente en la forma en que las sociedades interpretan tanto los fenómenos naturales, como los procesos evolutivos.

Lo que es indiscutible es que, a lo largo de millones de años (Ma) de evolución, los seres vivos han desarrollado una increíble diversidad de formas y estructuras que han sido optimizadas para adaptarse a diferentes ambientes y maximizar su eficiencia biológica.

El concepto de belleza, un fenómeno profundamente subjetivo que se manifiesta de diversas formas en todas las culturas humanas, tiene aspectos universales cuando se aplica al mundo natural. Así, en el campo de la biología, la belleza a menudo se relaciona con simetría, coloración vibrante y patrones intrincados, características que podrían haber evolucionado a través de la selección sexual. Desde un punto de vista evolutivo, algunos teóricos sugieren que los organismos bellos pueden estar enviando señales de salud, fertilidad o ventajas genéticas a sus potenciales compañeros de apareamiento.

Es importante señalar que la belleza no tiene un valor adaptativo directo, pero sí indirecto en cuanto se puede relacionar con las señales de salud. De hecho, cuando un individuo pierde, por una malformación, la armonía corporal que le corresponde, deja de ser atractivo para la reproducción.

Lo que los humanos consideramos como más bello, en la naturaleza puede no tener relevancia para la supervivencia o el éxito reproductivo de las especies en cuestión. De hecho, en la naturaleza, la belleza puede ser solo una consecuencia del proceso evolutivo. Además, la belleza es, en gran parte, una construcción humana, influenciada por nuestra biología, nuestras experiencias culturales y nuestras emociones.

La percepción humana de la belleza en la naturaleza. Bases neurológicas de la percepción estética

La capacidad de percibir y crear belleza es un rasgo singular, fascinante y exclusivo del ser humano, un aspecto que nos diferencia profundamente de otras especies animales: mientras que muchos seres vivos responden a estímulos visuales, auditivos o sensoriales, el ser humano va más allá, ya que experimenta una conexión emocional y estética que trasciende la mera percepción para transformarse en una búsqueda deliberada de la belleza.

Uno de los principales campos de investigación que ha surgido recientemente es la neuro-estética, rama de la neurociencia que se centra en el estudio de las bases neurológicas de la experiencia estética. Esta disciplina estudia cuales son las estructuras cerebrales y los procesos cerebrales subyacentes que contribuyen a la percepción de la belleza en diferentes modalidades sensoriales, como la vista, el oído o el tacto.

Los estudios neurocientíficos han revelado que la percepción de la belleza involucra múltiples áreas del cerebro. Cuando las personas ven algo bello, ya sea una obra de arte, un paisaje o un rostro, se activa un conjunto de áreas cerebrales, que incluyen la corteza orbitofrontal, el núcleo accumbens y el córtex cingulado anterior, todos ellos relacionados con el procesamiento de la recompensa y las emociones: cuando se activan esas áreas lo percibimos como bello.

Así, mediante estudios que emplean las técnicas de imagen por resonancia magnética funcional (fMRI) se ha determinado que la corteza orbitofrontal (COF), una región del cerebro que juega un papel fundamental en el procesamiento de las recompensas y en la toma de decisiones, se activa de manera consistente cuando las personas observan estímulos bellos. La activación de la COF sugiere que la belleza se procesa como una recompensa intrínseca, similar a otras experiencias placenteras como el gusto o la música. Esta región también se involucra en la regulación emocional, lo que implica que la belleza puede tener un impacto directo en el estado emocional de una persona.

También el núcleo accumbens, una parte del sistema de recompensa del cerebro y que está fuertemente implicado en la motivación, el placer y la toma de decisiones, se activa cuando una persona experimenta una obra de arte o un rostro que considera bello; se libera dopamina, el neurotransmisor asociado con el placer y la satisfacción. Esta activación de dopamina se considera un indicador de que el cerebro trata la belleza como una recompensa y refuerza la idea de que la percepción de la belleza está intrínsecamente relacionada con las emociones y el placer.

La corteza cingulada anterior, región del cerebro involucrada en la regulación de la atención y la toma de decisiones emocionales, también se activa durante la percepción de la belleza. El hecho de que se active durante la evaluación estética sugiere que la belleza no solo se percibe pasivamente, sino que también requiere una evaluación cognitiva activa. En otras palabras, cuando observamos algo bello, no solo lo experimentamos de manera emocional, sino que también evaluamos su valor estético de manera consciente.

Así pues, mediante la neuro-estética se ha revelado que la experiencia estética involucra un complejo entramado de conexiones neuronales que incluyen tanto áreas sensoriales como emocionales y cognitivas del cerebro. Además de las áreas previamente mencionadas, el lóbulo parietal y la corteza visual primaria también juegan un papel importante en la percepción estética. Estas áreas están involucradas en el procesamiento espacial y visual, lo que sugiere que la belleza también puede depender de cómo nuestro cerebro organiza la información sensorial.

Se sabe que el arte, en cualquiera de sus facetas, tiene una capacidad única para evocar emociones intensas, y la neurociencia ha comenzado a desentrañar los mecanismos cerebrales detrás de este fenómeno. Cuando experimentamos una obra de arte que nos conmueve, las áreas del cerebro asociadas con las emociones, como el sistema límbico, se activan. Además, la activación de la corteza prefrontal media sugiere que las experiencias estéticas también pueden involucrar procesos de autorreflexión y evaluación crítica.

La Proporción Áurea, la evolución y la belleza

La omnipresencia de la Proporción Áurea en la naturaleza y su aparente vínculo con lo estético ha llevado a numerosos investigadores a considerarla un "código" o "lenguaje" subyacente en la estructura de muchos sistemas biológicos y fenómenos naturales. Este número irracional, representado por el símbolo griego Φ (Phi), es aproximadamente igual a 1,618 y se manifiesta en múltiples formas y escalas en la naturaleza, desde el nivel microscópico hasta el macroscópico. La fascinación radica en cómo esta proporción parece relacionarse con la percepción de belleza y armonía en el mundo natural, influenciando la forma en la que los seres vivos evolucionan y se adaptan.

El vínculo entre la Proporción Áurea y la percepción de belleza en el ser humano ha sido objeto de numerosos estudios psicológicos y neurológicos. Algunos investigadores sostienen que el cerebro humano podría estar predispuesto a reconocer y valorar patrones basados en la Proporción Áurea, ya que los mismos evocan una sensación de equilibrio y armonía que resulta agradable para el observador. La teoría de que esta proporción es una medida de belleza universal ha sido, sin embargo, objeto de debate, ya que otros estudios sugieren que la belleza es una percepción subjetiva y culturalmente influenciada.

La Proporción Áurea ha intrigado a científicos, filósofos y artistas durante milenios, y su presencia en estructuras biológicas y fenómenos naturales ha despertado un interés particular en el ámbito de la biología evolutiva. Aunque ha sido tradicionalmente estudiada en el contexto de la geometría, la arquitectura y las artes, su aparición en el estudio del cosmos, de los sistemas planetarios, etc. hasta llegar a los sistemas biológicos ha llevado a los científicos a considerarla como un posible parámetro de optimización evolutiva.

En efecto, la Proporción Áurea ha sido observada en una amplia gama de ámbitos, desde las galaxias, los planetas, el material genético, los virus, desde estructuras celulares hasta el diseño de sistemas complejos como las plantas y los animales. Aunque no siempre se presenta de manera exacta, curiosamente existe un patrón de recurrencia, lo que ha llevado a algunos investigadores a proponer distintas hipótesis que intentan explicar cómo y por qué este patrón matemático ha sido favorecido por la selección natural.

Aquí desarrollamos la hipótesis de que la razón por la que las estructuras áureas son favorecidas en los procesos evolutivos está relacionada con la función plena a la que tiende la evolución.

Tras tres capítulos generales, la obra se divide en tres partes: la primera el **Mundo inerte** que abarca los capítulos 3 al 5; la segunda el **Mundo de la vida** abarca los capítulos del 6 al 11 y la tercera la **Vida humana** compuesta por los dos últimos capítulos, 13 y 14.

Cada una de ellas va precedida por una explicación de los procesos evolutivos del mundo físico, mundo de la vida y de la humanidad.

2.
La Armonía es la belleza de la forma lograda

El orden en la naturaleza no es una mera ilusión. Existe una estructura subyacente que rige y organiza todo según modelos matemáticos definidos. La presencia de las Proporciones Áureas en el mundo natural se ha asociado con la armonía y, por ende, con la belleza. Lo bello tiende a alcanzar esa proporción; cuanto más se aproxima a ella, más lograda es su forma y, consecuentemente, más plena su función.

INTRODUCCIÓN

La armonía de la Proporción Áurea —la belleza— es omnipresente en el universo; atraviesa desde las galaxias al cerebro humano y a todos los niveles de la información genética.

La evolución ha ido, y sigue yendo, a la búsqueda de la armonía de la forma plena, de la forma lograda, a la plenitud de su función. Cualquier proceso evolutivo va de lo simple a lo complejo. Es un avance a más a lo largo del tiempo, sin marcha atrás, que se dirige a alcanzar la armonía de las Proporciones Áureas: el Sistema Solar, los genomas, el código genético, el número de pétalos de las flores, la cápsula de los virus, etc. También los procesos evolutivos temporales de la estructura craneal y cerebral a lo largo del proceso que conduce al *Homo habilis* a *Homo Sapiens-sapiens*. O la evolución de la estructura embrionaria humana hacia el cuerpo humano.

Esta tendencia a la plenitud de función es una tendencia evolutiva. La evolución "ensaya" estructuras, para lo que produce grandes explosiones de formas diversas. Pensemos en los dinosaurios; no eran bellos ni verdaderos en cuanto su estructura no permitía la plenitud de funciones, ni buenos en su deficiente metabolismo y estructura corporal. En unas condiciones adversas se extinguen y los que sobreviven dan paso a las aves y los bellísimos pájaros.

Igualmente han sido seleccionadas por la evolución debido a su estabilidad las estructuras tridimensionales, que se organizan como un todo mediante fuerzas de tensión y resistencia a la compresión —integración tensional de las formas geodésicas—, por su eficacia estructural con un mínimo de materiales.

No deja de sorprender que alcanzar la armonía áurea sea una tendencia de la evolución del universo y de la vida en él.

UN ORDEN MATEMÁTICO ARMÓNICO Y EQUILIBRADO RIGE TODO EL UNIVERSO

Los gustos cambian a lo largo del tiempo y en las diversas culturas. Sin embargo, cuando observamos un rostro bello, los colores de las alas de las mariposas, las proporciones de los cuerpos, o la forma de distribuirse hojas y flores en el tallo de las plantas, resulta que lo que es bello lo es para la mayoría. Significa que percibimos placenteramente unas determinadas características de armonía. Tomás de Aquino afirma que «los sentidos se deleitan en las cosas debidamente proporcionadas».

Desde siempre se ha buscado en qué consiste esa característica. Se encontró que la Proporción Áurea es el lenguaje matemático de la belleza. Establece que lo pequeño es a lo grande como lo grande lo es al todo, es decir, el todo se divide en dos partes de forma que la razón proporcional entre la parte mayor y la menor es igual a la existente entre el total —es decir, la suma de ambas— y la mayor.

Para el número áureo, representado por la letra griega φ (Phi), se propone la siguiente definición: dado un segmento cualquiera de longitud finita, con extremos en los puntos **a** y **c**, puede encontrarse un punto interior **b**, de tal manera que se cumplan las siguientes condiciones (Figura 2.1):

1. La longitud de **ac** es mayor que la del resto **bc** (**ac>bc**).

2. La relación de longitudes **ab/ac** es igual que la relación **ac/bc**, es decir que **ab/ac = ac/bc**.

A ese valor común de los cocientes se le denomina número áureo, un número irracional de infinitos decimales, y con un valor aproximado de 1,6188033988…

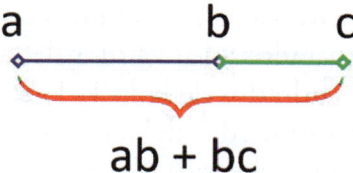

Figura 2.1. La Proporción Áurea (Phi) representada como una línea dividida en dos segmentos ab y bc, de modo que toda la línea (ab+bc) es al segmento más largo (ab) como el segmento ab al segmento bc más corto: φ ≤(ab+bc)/ab ≤ ab/bc

No todo se configura con este número, pero es muy llamativo y sorprendente las veces que aparece en la naturaleza o en obras de arte de todos los tiempos, en las que consciente o inconscientemente, sus autores han aplicado este concepto. De ahí que desde la antigüedad al Número Áureo se le haya llamado también Número Divino, por encerrar la belleza que Dios ha dado a sus criaturas y que el hombre percibe como tal. También se dice, que esta proporción (esta relación) común es la Proporción áurea. Por ser Phi infinito, irracional, no es posible representarlo con exactitud como una fracción decimal; se puede seguir calculando cifras, pero nunca se alcanza la última: por ello la belleza es inalcanzable, y solo existen aproximaciones.

La Proporción Áurea está asociada con la secuencia de Fibonacci. Este autor describió la llamada *sucesión de Fibonacci*, una secuencia de números que se obtienen comenzando a partir de 0+1, por la suma de los dos números anteriores para hallar el siguiente: 1, 1, 2, 3, 5, 8, 13, 21, 34, 55... Cuando dividimos cualquier número de la secuencia por el anterior, obtendremos como resultado un valor que será cercano al número áureo o Phi, 1,618, más cercano cuanto mayor sean los números que integran la pareja.

Al construir bloques cuya longitud de lado sean números de Fibonacci se obtiene un rectángulo áureo: la relación de su lado mayor al menor es el número áureo (Figura 2.2a). Si ahora se dibujan arcos circulares conectando las esquinas opuestas de los cuadrados ajustados a los valores de la sucesión; adosando sucesivamente cuadrados de lado 1, 1, 2, 3, 5, 8, 13, 21, 34, etc., tomando el punto medio del lado del cuadrado se traza la diagonal o hipotenusa, el resultado es un triángulo recto (Figura 2.2b). Si con la hipotenusa se traza el arco, se convierte en la mitad del cuadrado más 0,118. La espiral se construye uniendo mediante arcos de circunferencia los vértices consecutivos de estos triángulos y aumenta en cada cuarto de vuelta aproximadamente 1,618034 veces el tamaño anterior, es decir, que el factor de crecimiento es el número de oro. Se consigue una espiral, una representación geométrica que es una curva que comienza en un punto de origen y a partir de él va disminuyendo continuamente su curvatura. Esto es, una curva que crece, manteniendo la forma, a ritmo del número áureo, según la sucesión de Fibonacci. Se forma así la llamada Espiral de Fibonacci o espiral logarítmica, una aproximación de la espiral áurea (Figura 2.2c).[1]

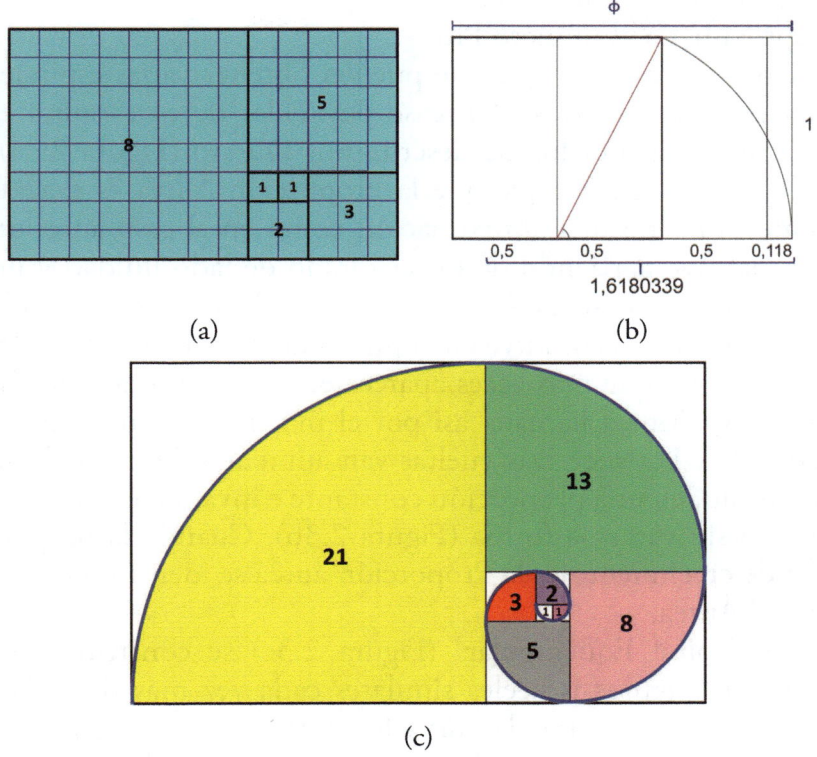

(a)

(b)

(c)

Figura 2.2. (a) Al construir bloques cuya longitud de lado sean números de Fibonacci se obtiene un rectángulo áureo: la relación de su lado mayor al menor es el número áureo. (b) Trazado del arco. (c) Formación final de la espiral, uniendo los respectivos arcos.

La Espiral de Fibonacci (Figura 2.2c) se inserta en el rectángulo áureo: un rectángulo divisible en un cuadrado y otro rectángulo de forma que el lado largo guarda la proporción áurea (ab+bc) y el lado corto tienen la dimensión ab. Como se observa en la Figura 2.2b, sumamos las cantidades y el resultado es el número Phi.

Los rectángulos áureos posen una extraordinaria propiedad: dentro de un rectángulo áureo se pueden meter infinitos rectángulos más, de manera que sigan siendo áureos. Así, un rectángulo construido de manera que en su lado corto tomara un número de la secuencia y en su lado largo el valor del siguiente número de la serie, la proporción entre ambos lados se aproximaría al número Phi.

Con esas características se pueden obtener varias espirales muy parecidas entre sí. Un caso particular de esta espiral es la Espiral Áurea o dorada descrita por Durero (Figura 2.3a). Es la espiral que cumple que la Proporción Áurea es exactamente Phi y no una aproximación como en el caso anterior. Se construye partiendo de un cuadrado de lado unidad y no un número de la secuencia de Fibonacci. La diagonal de cada rectángulo áureo confluye en el punto de partida o de llegada.

La espiral que más veces aparece en la naturaleza es la Espiral Logarítmica llamada así por el matemático suizo Jakob Bernoulli[2]. Las sucesivas vueltas van aumentando en anchura y longitud, en una proporción constante e invariable. Crece en tamaño sin variar la forma (Figura 2.3b). Cuando la proporción de crecimiento es la Proporción áurea se identifica con la Espiral Áurea.

La Espiral Equiangular[3] (Figura 2.3c) se construye formando triángulos isósceles similares cada vez más pequeños y tomando para trazar la curva los vértices de cada uno. Un triángulo áureo tiene la Proporción Áurea cuando los lados mayores respecto al menor es el número áureo.

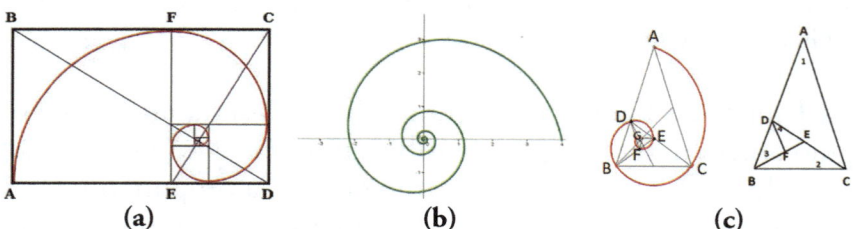

(a) (b) (c)

Figura 2.3. Espirales áureas: (a) Espiral Áurea o dorada. (b) Espiral Logarítmica. (c) Espiral Triangular.

Bernoulli, que afirmaba *"Esta bella gráfica está presente en la naturaleza por doquier: En el proceso de crecimiento de algunas plantas. En animales con concha. En la forma de algunas galaxias. También en tornados y ciclones"*, estaba fascinado por la belleza de la espiral que lleva su nombre, y ordenó ponerla en su tumba. Sin embargo, el autor del monumento la confundió con una espiral de Arquímedes.

Figura 2.4. Detalle de la tumba de Bernoulli, en el claustro de la Catedral de Basilea (Suiza), mostrando la espiral de Arquímedes (que se incluyó por error en lugar de la logarítmica), rodeada por la inscripción en latín *Eadem mutara resurgo*: aun siendo modificada, resurjo (Tomada de[4]).

Las estructuras naturales que caben aproximadamente en una de estas tres espirales —Fibonacci, Áurea y Logarítmica— muy parecidas entre sí, decimos que poseen estructura áurea. Su presencia en el medio natural es muy frecuente. En la Figura 2.5 aparecen algunos ejemplos.

Las figuras pitagóricas y la Proporción Áurea

Las figuras pitagóricas y su relación con la Proporción Áurea han sido un tema de estudio fascinante a lo largo de la historia de las matemáticas, el arte y la naturaleza. Los pitagóricos, seguidores del filósofo y matemático griego Pitágoras, desarrollaron una visión del mundo profundamente influenciada por las propiedades de los números y las figuras geométricas. Los pitagóricos creían que los números eran la esencia de todas las cosas y que el universo estaba regido por proporciones numéricas y armonía matemática.[5]

(a)　　　　　　　　　　(b)

(c)　　　　　　　　　　(d)

Figura 2.5. Algunos ejemplos de espirales en la naturaleza: (a) Imagen de una galaxia (Tomado de[6]). (b) Caracol rayado (Tomado de[7]). (c) Hojas de aloe (Tomado de[8]). (d) Imagen de una borrasca sobre Islandia (Tomado de[9]).

Estudiaron diversas figuras geométricas, entre ellas el triángulo, el cuadrado, el pentágono y otras figuras poligonales y descubrieron que ciertas proporciones numéricas aparecían repetidamente en estas figuras. Una de las proporciones más destacadas que encontraron fue la Proporción Áurea, el número Phi.

A través del estudio de figuras geométricas como el pentágono, el triángulo y la espiral, los pitagóricos descubrieron las propiedades únicas de la Proporción Áurea y su presencia en el mundo natural y artístico. Este legado ha perdurado a lo largo de los siglos, influenciando la ciencia, el arte y la arquitectura, y continúa siendo un área de investigación y aplicación en tiempos modernos.

El pentágono regular, una de las figuras más estudiadas por los pitagóricos, está intrínsecamente relacionado con la Proporción Áurea; de hecho, se dice con razón que el número áureo creó el pentágono.

Un pentágono regular es aquel cuyos cinco lados y ángulos son iguales. En él se cumple que el cociente entre el valor de la diagonal y el valor del lado es igual a φ al igual que el punto de corte de dos diagonales. También la relación entre AB y C es = φ (Figura 2.6a).

Si se dibuja un pentágono regular y se conectan sus vértices no adyacentes, se forma un pentagrama, una estrella de cinco puntas que también era un símbolo importante para los pitagóricos (Figura 2.6b).

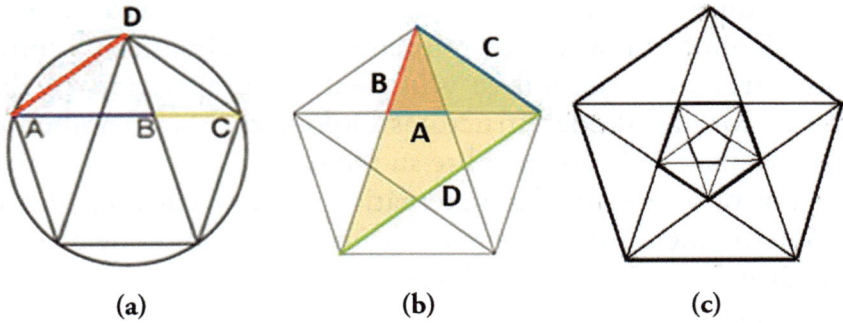

(a)   (b)   (c)

Figura 2.6. (a) Pentágono regular. Diagonal/lado = φ, al igual que el punto de corte de dos diagonales y la relación entre AB y C es = φ. (b) Al cortar entre sí las diagonales en cada uno de los vértices del pentágono se obtiene una estrella de cinco puntas; son triángulos isósceles que cumplen que la relación entre la longitud de los lados iguales respecto a la del lado diferente es también Phi. (c) Obtención de pentágono de menor tamaño en el centro, y de nueva estrella con las diagonales de este pentágono. Sucesivamente se pueden ir obteniendo estrellas y pentágonos de menor tamaño, teóricamente hasta un número infinito.

Cada pentágono encierra un número infinito de pentágonos. Al conectar con diagonales todos los vértices del pentágono se obtiene una estrella de cinco puntas (Figura 2.6b). Aparecen así triángulos isósceles que cumplen que la relación entre la longitud de los lados iguales respecto a la del lado diferente es también Phi. A su vez, las diagonales forman en el centro un pentágono de menor tamaño, y las diagonales de este pentágono forman otra estrella y un pentágono aún menor. Esta progresión puede continuar hasta el infinito, creando pentágonos cada vez más pequeños (Figura 2.6c). La sorprendente característica de estas figuras es que, si se mira a los segmentos en línea en orden de longitud decreciente, se puede comprobar que todo segmento es menor que el anterior por un factor precisamente igual a la Proporción Áurea. Y lo que es aún más importante demuestra que tanto la diagonal como el lado del pentagrama son inconmensurables, es decir, que la proporción de sus longitudes (equivalentes a Phi) no puede expresarse como la proporción de dos números enteros.

El número 5, que en geometría está representado por el pentágono, es uno de los números más fascinantes y omnipresentes en la naturaleza y la ciencia. Su aparición en diversas formas, desde estructuras biológicas hasta fenómenos físicos, hace reflexionar sobre su relevancia; en efecto, aparte las posibles curiosidades matemáticas y geométricas ligadas al número cinco, son numerosas las manifestaciones de este en la naturaleza, destacando algunos aspectos biológicos, químicos y físicos.

Así, se puede destacar la frecuencia con que aparece este número en biología, por ejemplo, en relación, entre otros aspectos, con la morfología de los organismos. Uno de los ejemplos más destacados es la simetría pentarradial de los equinodermos, un grupo que incluye a las estrellas de mar. Estas criaturas presentan una simetría que se organiza en torno a un eje central, con cinco partes idénticas dispuestas radialmente (Figura 2.7a).

Otro ejemplo es la estructura de las flores en angiospermas (plantas con flores). Muchas flores tienen pétalos dispuestos en múltiplos de cinco. Por ejemplo, la flor del cerezo es un caso clásico, ya que presenta cinco pétalos. Esta disposición también se observa en otros órganos florales, como estambres y carpelos, y está relacionada con los patrones de crecimiento y desarrollo de las plantas (Figura 2.7b).

(a)

(b)

(c)

(d)

Figura 2.7. (a) Imagen de una estrella de mar como ejemplo de equinodermo con simetría pentarradial. (b) Imagen de una flor de cerezo, como ejemplo de flor pentapétala. (©Kuebi. Tomado de[10]). (c) Modelo 3D de ribosa, azúcar fundamental en ácidos nucleicos (C en azul, O en rojo, H en blanco). (d) Modelo 3D del ciclopentadieno (C_5H_6) (C en azul, H en blanco).

En química, el número 5 se manifiesta en la estructura de ciertos compuestos. Por ejemplo, el anillo de pentosa, un pentágono formado por un átomo de oxígeno y cuatro de carbono, es característico de azúcares como la ribosa de los ácidos nucleicos (Figura 2.7c). También está presente en muchos otros compuestos pentagonales muy importantes en la química orgánica, especialmente en los hidrocarburos aromáticos. El ciclopentadieno (Figura 2.7d) es un hidrocarburo con una estructura de anillo de cinco miembros, y es crucial en la síntesis de muchos otros compuestos.

En astronomía, el número 5 tiene varias apariciones interesantes. El Sistema Solar tiene cinco planetas visibles a simple vista: Mercurio, Venus, Marte, Júpiter y Saturno. Estos planetas han sido observados desde la antigüedad y desempeñaron un papel crucial en el desarrollo de la astronomía y la astrología. Además, las configuraciones pentagonales pueden encontrarse en ciertas estructuras estelares y galácticas. Por ejemplo, algunos cúmulos estelares y patrones de formación estelar muestran simetrías que se aproximan a configuraciones pentagonales.

El arte imita la naturaleza

La Proporción Áurea ha ejercido una destacada fascinación en diversas disciplinas, incluyendo las artes (música, pintura, escultura) además de en las ciencias. Tanto esta Proporción como su expresión geométrica en la Espiral de Fibonacci, permite traducir el lenguaje de la belleza de estructuras naturales, del color y de la información genética al lenguaje de las matemáticas. Y, por tanto, al lenguaje musical.

En la música, este concepto matemático se ha manifestado de maneras sorprendentes y sutiles, influenciando la estructura y la composición de obras a lo largo de la historia y pudiendo observarse en varios niveles: desde la estructura formal de las obras, la duración de las secciones, hasta la distribución de los motivos melódicos y armónicos. Ya los pitagóricos atribuyeron a las distancias entre los astros similitud con las longitudes de las cuerdas vibrantes que dan las notas propias de los modos musicales, lo que se conoce como la música de las esferas.[11] Platón retomó esta idea y afirmó que la materia y el mundo están organizados según estructuras matemáticas análogas a estructuras musicales.

Si bien no siempre está claro si los compositores aplicaron esta proporción intencionadamente, la evidencia sugiere que, en muchos de ellos, de diferentes épocas y estilos, sus obras pueden ser analizadas en estos términos. Aunque algunos puedan argumentar que la presencia de esta proporción es mera coincidencia, la consistencia con la que aparece en diversas obras sugiere una tendencia innata del humano hacia este tipo de proporciones.

Por ejemplo, cabe citar a Johann Sebastian Bach, uno de los compositores en cuya obra se han identificado elementos que reflejan la Proporción Áurea. En particular, la "Suite para Violonchelo No. 1 en Sol Mayor, BWV 1007" presenta una estructura que se aproxima claramente a esta proporción.[12] Aunque no hay evidencia directa de que Bach la haya utilizado conscientemente en sus composiciones, la naturaleza matemática y la simetría de su música hacen plausible que este principio esté presente de manera implícita.

También se detecta en varias sonatas para piano de Mozart que la proporción entre el tiempo del desarrollo del tema y la introducción es muy cercana al Número Áureo.[13] Para Debussy, la serie de Fibonacci era muy importante y rara es la obra, entre su ingente repertorio orquestal, pianístico, vocal o de cámara, en la que no haya resonancias áureas en la forma.[14]

(a)

(b)

(c)

Figura 2.8. (a) Detalle de La Mona Lisa de Leonardo da Vinci (Museo del Louvre, París, Francia), con el rectángulo áureo enmarcando el rostro (Tomado de[15]). (b) Las meninas de Velázquez (Museo del Prado, Madrid, España), mostrando las espirales que encuadran las diferentes partes de la obra (Modificado a partir de[16]). (c) Piet Mondrian (1921) Compositie in rood, geel en blauw. (Gemeentemuseum, La Haya, Países Bajos. Tomado de[17]).

En la pintura, este principio matemático ha guiado a los artistas en la búsqueda de una composición armoniosa y visualmente agradable. En este ámbito, el uso de esta proporción puede rastrearse hasta el Renacimiento, cuando los artistas comenzaron a aplicar principios matemáticos para lograr la armonía visual. Durante esta época, la Proporción Áurea se convirtió en una herramienta esencial para los artistas que buscaban una estructura compositiva que reflejara la perfección y la naturaleza divina.

Leonardo da Vinci es uno de los más grandes exponentes del uso de la Proporción Áurea en la pintura. Conocido por su interés en la anatomía y la matemática, utilizó este principio para crear obras que no solo son estéticamente equilibradas, sino, a menudo, también ricas en simbolismo.

Se puede citar como ejemplo "La Mona Lisa" —ya un tópico—, en la que la Proporción Áurea se encuentra en la estructura del rostro de la figura, así como en la disposición general del cuadro. El rostro de Mona Lisa puede ser enmarcado por un rectángulo áureo, y la relación entre la altura y la anchura del cuadro también se aproxima a esta proporción (Figura 2.8a). Estas aplicaciones sutiles de la Proporción Áurea contribuyen a la sensación de equilibrio y serenidad que caracteriza a la obra.

Las Meninas de Velázquez (Figura 2.8b) es considerada como una de las obras más importante de España y a nivel mundial. En ella el autor representa una escena de la vida cotidiana de la familia del rey Felipe IV. Se pueden detectar varias espirales, como por ejemplo la que aparece en la figura 2.8b, con una espiral áurea, que comienza en la ventana y el recorrido acaba en el extremo izquierdo del cuadro, justo en la mano del pintor. Otro ejemplo es Piet Mondrian, uno de los pioneros del arte abstracto, también incorporó la Proporción Áurea en su trabajo. En su obra "Composición con rojo, azul y amarillo" (Figura 2.8c), las proporciones de los rectángulos de colores y las líneas negras están organizadas de manera que reflejan la Proporción Áurea.

El Número Áureo se reconoce también en construcciones arquitectónicas como el Partenón obra de Fidias (Figura 2.9a) que sorprendentemente está deformado. Esta deformación fue introducida en el diseño voluntariamente por el autor, para compensar un efecto óptico que hacía parecer curvas estructuras que en realidad eran rectas. Esta modificación realizada habitualmente en el mundo griego es una muestra más de su empeño en la búsqueda de la belleza ideal, que les llevó al intento de corregir efectos ópticos que se provocan al contemplar los templos a distintas distancias, ya que para el observador, cuanto menor es la distancia, percibe las columnas y las líneas verticales desvirtuadas, pues no se ven ni rectas ni paralelas.[18]

En construcciones posteriores, como la Torre Eiffel (construida por Gustave Eiffel y sus colaboradores, tras el diseño inicial de los ingenieros civiles Maurice Koechlin y Émile Nouguier y el posterior rediseño estético de Stephen Sauvestre[19]) también se detecta el ajuste a la proporción citada (Figura 2.9b).

En el caso de las medidas de un violín, el cálculo del ajuste de sus medidas a las dimensiones áureas puede ayudar a obtener un instrumento con una estética equilibrada y un sonido de calidad (Figura 2.9c). Así, Stradivarius utilizaba la razón áurea en la construcción de sus violines.

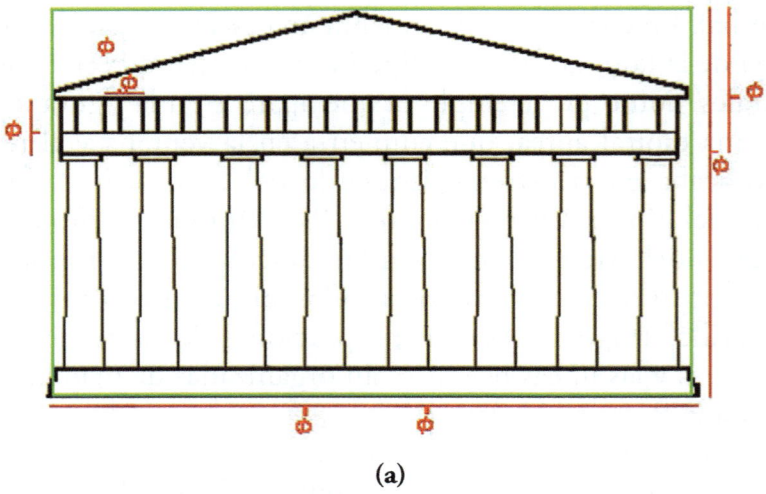

(a)

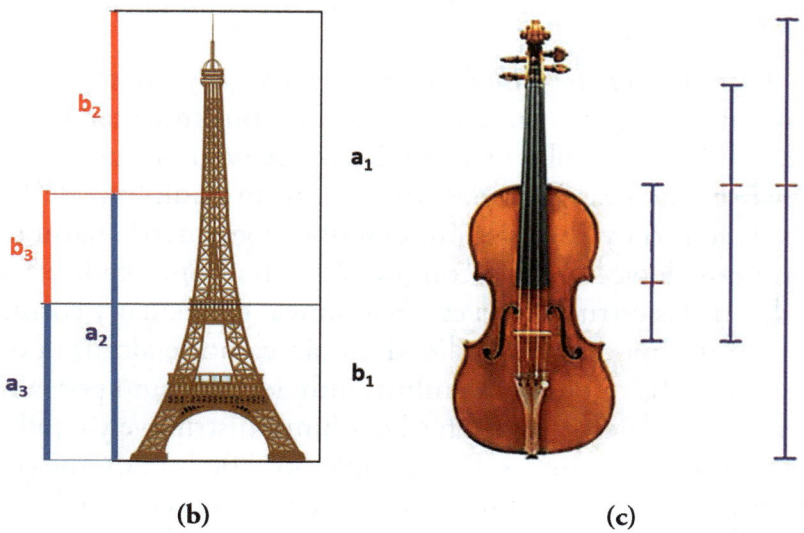

(b)　　　　　　　　　　　　　　**(c)**

Figura 2.9. Proporciones áureas en: (a) el Partenón. (b) La Torre Eiffel. (c) Violín. ($a_1/b_1 = a_2/b_2 = a_3/b_3 =$ Phi).

EL AUTOENSAMBLAJE: LA ARQUITECTURA
GEODÉSICA DE LA NATURALEZA

Un conjunto universal de reglas de construcción guía el diseño en las estructuras tridimensionales naturales, más allá de las espirales, rectángulos, pentágonos y formas triangulares.

La naturaleza aplica reglas comunes de ensamblaje a escalas que va de lo molecular a lo macroscópico. Desde los materiales inorgánicos a los orgánicos, ya que al fin y al cabo están hechas de los mismos bloques de construcción: Carbono, Hidrógeno, Oxigeno, Nitrógeno y Fósforo. Del mundo previo a la vida a los Virus y de ellos a las células, los tejidos, los organismos pasando por la forma poligonal de las telarañas, la estructura hexagonal de los paneles de abejas, etc.

El autoensamblaje por interacciones específicas sigue el modelo de construcción arquitectónica de *integridad tensional*. Con esta expresión se indica que el sistema se estabiliza mecánicamente a sí mismo debido al modo en que las fuerzas de compresión y tensión se distribuyen y equilibran dentro de la estructura.

El término *tensegridad,* del inglés tensegrity, contracción de tensional integrity, fue establecido por Buckminster Fuller.[20] Es, de forma sencilla, una propiedad estructural, fundamento de las estructuras mínimas, basada en un equilibrio de fuerzas de tensión y compresión; describe la geometría natural en términos de vectores de compresión y tensión; explicando el orden de las estructuras a escala atómica, molecular y cósmica.

De este modo la estabilidad mecánica no se alcanza por la resistencia física de los miembros individuales, sino por la manera en que la estructura en su conjunto distribuye y equilibra las tensiones mecánicas. Por ejemplo, los 206 huesos que constituyen el esqueleto humano se yerguen contra la gravedad y se estabilizan en un porte vertical por la tensión de los músculos tensores, tendones y ligamentos que aportan un entramado al modo de los cables. Los huesos son los sustentáculos de compresión, mientras los músculos, tendones y ligamentos son los elementos que soportan la tensión (Figura 2.10).[21]

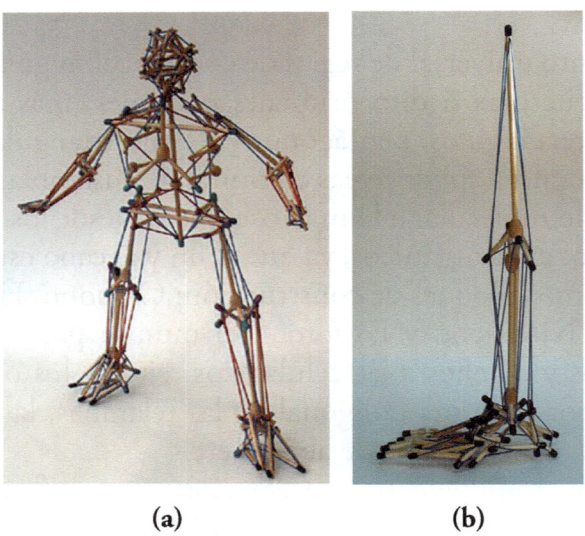

(a)   (b)

Figura 2.10. Modelos de tensegridad: (a) Cuerpo humano (Tomado de[22]). (b) Líneas de tensegridad en pierna y pie humano (Tomado de[23])

Estas estructuras de integración tensional pueden haber sido seleccionadas a lo largo de la evolución precisamente por su eficacia estructural con un mínimo de materiales, ya que se ajustan a una forma construcción que resulta ser la más económica y eficiente para la construcción a escala molecular o macroscópica y a todas las escalas intermedias.[24]

Los sólidos pitagóricos y las cúpulas geodésicas
como ejemplo de la Proporción Áurea

Los sólidos pitagóricos, también conocidos como sólidos platónicos, son poliedros que cumplen con dos condiciones: todas sus caras son polígonos regulares congruentes, y el mismo número de caras se encuentra en cada vértice. Solo existen cinco sólidos que cumplen con estas condiciones: el tetraedro, el cubo (o hexaedro), el octaedro, el dodecaedro y el icosaedro (Figura 2.11). Estos sólidos fueron estudiados por los pitagóricos y posteriormente por Platón, quien los asoció con los elementos básicos de la naturaleza.

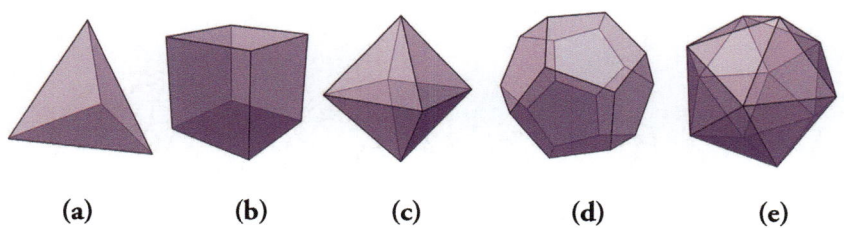

(a) (b) (c) (d) (e)

Figura 2.11. Sólidos Pitagóricos o Platónicos: (a) tetraedro; (b) cubo (o hexaedro); (c) octaedro; (d) dodecaedro; y (e) icosaedro.

En efecto, los pitagóricos y Platón asignaron significados simbólicos a estos sólidos. Por ejemplo, el tetraedro fue asociado con el fuego, el cubo con la tierra, el octaedro con el aire, el icosaedro con el agua y el dodecaedro con el cosmos o el éter. Esta asociación no solo subraya la conexión entre la geometría y la filosofía natural, sino que también refleja la fascinación de los antiguos por la armonía y la estructura del universo.[25]

Como veremos posteriormente, en biología, por ejemplo, las estructuras de muchas moléculas, como los virus y ciertos compuestos químicos, se asemejan a los sólidos pitagóricos, específicamente al icosaedro. En ingeniería, los principios de diseño de las cúpulas geodésicas se aplican en la creación de estructuras ligeras y resistentes.

Las cúpulas geodésicas (el término Geodesia fue usado inicialmente por Aristóteles (384-322 a. C.) y puede significar, tanto «divisiones geográficas de la tierra», como también el acto de «dividir la tierra») son estructuras esféricas o parcialmente esféricas compuestas de una red de polígonos, típicamente triángulos, que se aproximan a la superficie de una esfera. Estas estructuras fueron popularizadas en el siglo XX por Richard Buckminster Fuller, quien vio en ellas una forma de utilizar principios geométricos para construir estructuras ligeras y resistentes. La estructura de estas cúpulas geodésica se basa en la subdivisión de polígonos, y muchas veces en la subdivisión de sólidos pitagóricos como el icosaedro o el dodecaedro, para aproximar la forma esférica.

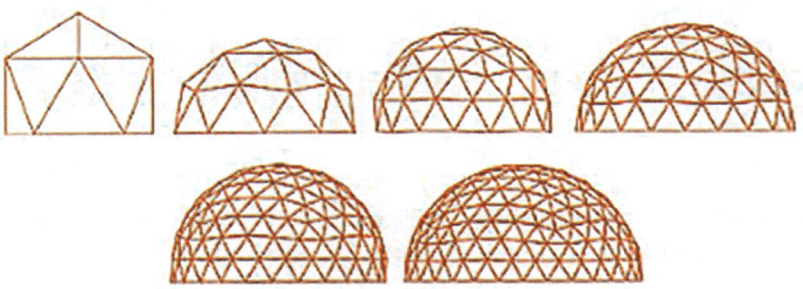

Figura 2.12. Modelos de cúpulas geodésicas de frecuencia V1, V2, V3, V4, V5 y V6.

En una cúpula geodésica se denomina *frecuencia* a un parámetro que se utiliza para indicar el número de subdivisiones que se realizan en el triángulo del icosaedro que forman la cúpula. Cuanto mayor es la frecuencia mayor serán las divisiones, por lo tanto, el número de triángulos que se reconocen en la estructura y será mayor su resistencia y la perfección de la curvatura, aumentando su ajuste a las Proporciones Áureas (Figura 2.12).

Un ejemplo clásico de aplicación de este tipo de estructuras son los Iglú, viviendas construidas por los esquimales desde antiguo (Figura 2.13a), para refugiarse del frío, en el polo Ártico, uno de los lugares más hostiles de la Tierra, con condiciones de supervivencia muy penosas para los aproximadamente cuatro millones de personas que viven en esta zona.

Los Iglú son cúpulas geodésicas que se suelen construir con bloques distintos de tamaño decreciente, de nieve seca y dura y comprimida cortados con sierra que se disponen en espiral (Figura 2.13b). Permiten que entre la luz y protegen de los vientos helados.

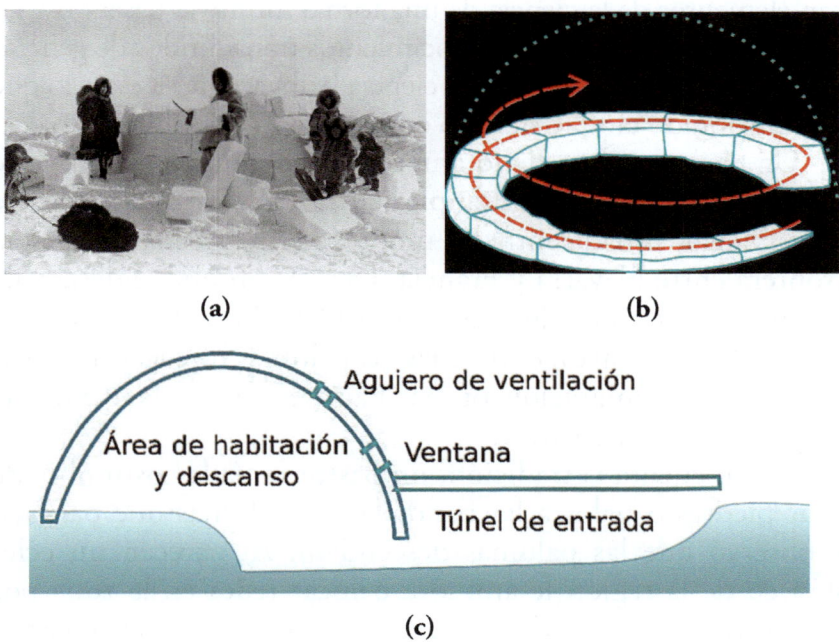

Figura 2.13. (a) Inuits construyendo un Iglú (©Frank E. Kleinschmidt. Tomado de[26]). (b). Esquema de construcción de un Iglú (© Anuskafm. Tomado de[27]). (c) Esquema general de un Iglú, vista lateral. (©Darolu. Tomado de[28]).

La parte menos fría del Iglú es la más alta, el techo; por ello la zona de estar está a una cierta altura. El aire caliente siempre sube y calientan el ambiente quemando un poco de aceite. Hacen un pequeño hueco, que deja entrar aire fresco para respirar y deja escapar el vapor que producen al respirar (Figura 2.13c).

Las personas solo sobreviven a temperaturas de -30 °C durante una media hora. Los esquimales resisten las temperaturas extremas del Ártico debido a que una mutación genética les permite conseguir más calor de la combustión de grasas de su gran panículo adiposo.

LA NATURALEZA GENERA INTUICIONES QUE SE CONVIERTEN EN TÉCNICAS, COSTUMBRES Y CULTURA

Algunas tradiciones culturales han desarrollado prácticas que aplican elementos de la ciencia de una forma intuitiva, basándose en observaciones empíricas y conocimientos transmitidos de generación en generación y ha sido la ciencia "subyacente" a estos lo que ha contribuido tanto a su éxito como para su entendimiento.

Un ejemplo claro de lo anterior es el complejo sistema de la caza de palomas que se emplea en algunas localidades, entre ellas Etxalar, situada entre los montes Larun y Peña Plata en la frontera entre Navarra y Francia. La zona en que se desarrolla es uno de los pasos de menor altitud de los Pirineos, por lo que millones de aves, entre ellas las palomas torcaces, lo aprovechan en su migración otoñal hacia el sur de la Península Ibérica y Norte de África.

Según cuenta la tradición, un pastor tenía la costumbre de tirar piedras o palos a las bandadas de palomas que pasaban y observó que las palomas descendían. Al parecer, un eclesiástico de la región le animó a colocar redes en la zona por la que había observado que las palomas intentaban escapar, para atraparlas. Así nació la caza de palomas mediante redes, una singular forma de caza, única en la península ibérica, que sigue practicándose desde entonces, y que ha experimentado diversas modificaciones realizadas a fin de mejorar y optimizar el sistema.

En Etxalar el ataque del predador se imita mediante el lanzamiento, desde unas torres llamadas Trepas (colocadas estratégicamente en la zona de paso de las palomas), de unas paletas de madera (Figura 2.14a), pintadas de blanco, que simulan el vientre del halcón peregrino, el predador natural de estas aves, y que, en su caída, reproducen la trayectoria en espiral de este, confundiendo y asustando a las palomas por su similitud con las aves rapaces. En su intento de escapar, se topan con las redes, accionan el mecanismo que hace que caigan las redes con gran velocidad atrapando a las aves que no han conseguido remontar el vuelo. La disposición de las trepas, así como el sistema de redes colocadas al final de la línea de paso de las palomas, se corresponde con un esquema muy bien estudiado y mejorado a lo largo de los años (Figura 2.14b).

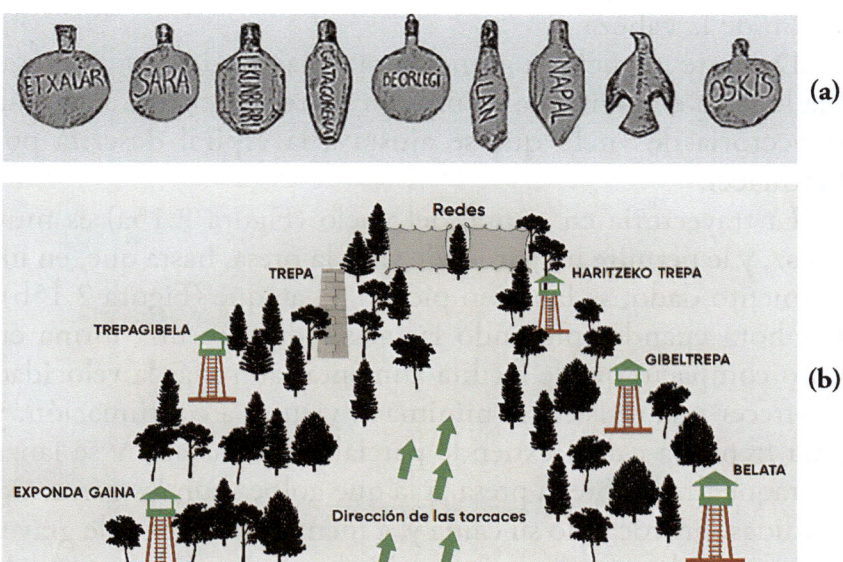

Figura 2.14. (a) Algunas de las paletas empleadas en las palomeras. Cada una de las localidades en que se desarrolla este tipo de caza talla sus paletas. (b) Esquema de la disposición de las torres (trepas) y las redes en el paso de las torcaces.

El halcón peregrino es uno de los animales más veloces de la Tierra, superando los 320 km/h en punta de ataque. La anatomía de esta ave está perfectamente adaptada al vuelo en espacios abiertos y a los profundos picados que ejecuta cuando se lanza sobre sus presas. La estrategia de caza del halcón está evolutivamente optimizada, con marcadas adaptaciones de su anatomía: alas estrechas, alargadas y puntiagudas. La cabeza es pequeña y redondeada, con los ojos colocados a ambos lados de la cara. El cuerpo tiene forma de huso, con un aspecto compacto y fuerte, totalmente aerodinámico y especialmente posee una gran agudeza visual.

De esta forma, con ligeros giros de la cabeza puede controlar cualquier movimiento de un pequeño animal por lejos que esté; para aprovechar su desarrollada visión, inclina la cabeza hasta 40° en todas direcciones, ampliando su campo de visión, mientras que el cuerpo permanece sin alterar su eje. Además, es capaz de mover el cuerpo, sin alterar la posición de la cabeza.

Durante el vuelo, a gran altura, una vez detecta la presa, fija la vista en la misma y empieza a descender trazando una trayectoria de vuelo que se ajusta a la espiral descrita por Fibonacci.

La trayectoria en espiral del vuelo (Figura 2.15a) es muy eficaz, y le permite no perder de vista la presa, hasta que, en un momento dado, se lanza en picado, al ataque (Figura 2.15b). Es ahora cuando, plegando las alas, adquiere una forma en huso compacto que le facilita aumentar aún más la velocidad al ofrecer una resistencia mínima al viento; a continuación, y para frenar la caída, extiende parcialmente las alas y se lanza al ataque final sobre la presa, a la que golpea con las garras extendidas, provocando su caída y, a menudo, causándole graves heridas por las afiladas garras del halcón, una de las armas de ataque más efectivas en el reino animal.

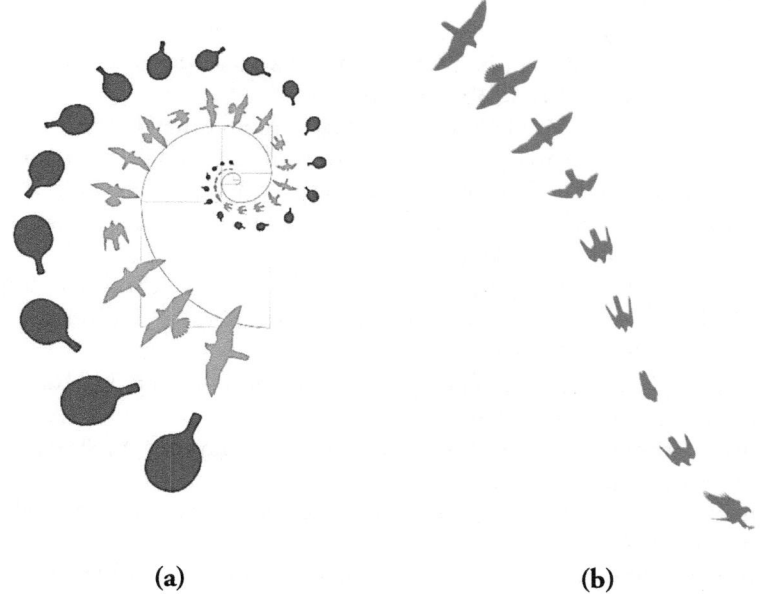

(a)   (b)

Figura 2.15. (a) Trayectorias del halcón y de la paleta, describiendo ambos la espiral de Fibonacci. (b) Trayectoria de ataque del halcón.

La observación atenta del comportamiento de las aves y de sus predadores, el estudio de la orografía de los pasos migratorios, el ingenio para imitar mediante las paletas la estrategia de caza de las rapaces, el empleo y disposición de las redes y su mecanismo de cierre, la ubicación de las trepas, con una altura idónea, el trabajo en equipo, etc. y, en definitiva, el complejo procedimiento que implica este modo de caza es una muestra clara y viva, de la unión de leyenda, tradición, intuición, ingenio y ciencia.

BIBLIOGRAFÍA

1. Daini, F. and Andión, R. (2003). Fibonacci, La Serie Infinita. Madrid: PRETINCE HALL. ISBN 84-89660-00-X.
2. Sanchez-Mazas, M. (1953). Un famoso símbolo matemático: la espiral de Bernoulli. Theoria 1: 128-132. http://hdl.handle.net/10810/39858
3. Coxeter, HSM. Fundamentos de Geometría. Ed. Limusa 1a. Edición 1971.
4. https://www.talesofawanderer.com/blog/2014/09/03/tumba-jacob-bernoulli/. Accedido, 24 de julio de 2024.
5. Lloyd, GER. (2002). The Ambitions of Curiosity: Understanding the World in Ancient Greece and China. Cambridge University Press. ISBN: 9780521894616
6. https://pixabay.com/es/photos/ngc-4414-galaxia-espiral-11016/. Accedido, 25 de julio de 2024.
7. https://pixabay.com/es/photos/caracol-caracol-rayado-7978955/. Accedido, 25 de julio de 2024.
8. https://pixabay.com/es/photos/%C3%A1loe-suculento-aloe-polyphylla-510113/. Accedido, 25 de julio de 2024
9. NASA/GSFC, MODIS Rapid Response Team, Jacques Descloitres. https://visibleearth.nasa.gov/images/68992/low-off-iceland. Accedido, 26 de julio de 2024.
10. Kuebi = Armin Kübelbeck - Trabajo propio, CC BY-SA 3.0, https://commons.wikimedia.org/w/index.php?curid=3956585. URL: https://es.wikipedia.org/wiki/Pentapetalae#/media/Archivo:Schattenmorelle_Bluete_01.jpg. Accedido, 24 de julio de 2024.
11. Calter, P. (1998) Pythagoras & Music of the Spheres. URL: http://www.dartmouth.edu/~matc/math5.geometry/unit3/unit3.html. Accedido, 26 de julio de 2024.
12. Nommick Y. (2011) MATEMÁTICA MUSICAL Fundación Juan March, Departamento de Actividades Culturales ISSN: 1989-6549.
13. Putz, J. F. (1995). The Golden Section and the Piano Sonatas of Mozart. Mathematics Magazine, 68(4), 275–282. https://doi.org/10.2307/2690572
14. Vela, M. (2016) La sección áurea en la música anterior a 1900. UnirNet, Artes y Humanidades. https://www.unir.net/humanidades/revista/la-seccion-aurea-en-la-musica-anterior-a-1900/. Accedido, 26 de julio de 2024.
15. https://es.wikipedia.org/wiki/Archivo:Joconde.gif. Accedido, 25 de julio de 2024.
16. https://culturainquieta/arte/pintura/10-obras-de-arte-perfectas-gracias-a-la-proporción-aurea/. Accedido, 6 de agosto de 2025..
17. https://historia-arte.com/obras/mondrian-composicion-en-rojo-amarillo-y-azul. Accedido, 26 de julio de 2024.

18. López Melero, R. (2016). «El Partenón». Atenas. National Geographic. Arqueología 01. RBA Contenidos Editoriales y Audiovisuales. pp. 20-43. ISBN 978-84-473-8818-9.
19. Seitz, F. (2014). Gustave Eiffel: Le triomphe de l'ingénieur. Armand Colin Ed. ISBN:2200601239, 9782200601232.
20. Buckminster FR. and Applewhite, EJ. (1975). Synergetics: explorations in the geometry of thinking. Charles Scribner's Sons, New York, 876.
21. Torné, L. (2008). Tensegridad [artículo en línea]. Revista IPP. Núm. 1. Instituto de posturología y podoposturología. Accedido, 27 de julio de 2024.
22. Earls, J. and Myers, T. (2013). Inducción miofascial para el equilibrio estructural. Paidotribo Ed. ISBN: 978-84-9910-240-5. https:// bookwire.e-bookshelf.de/products/reading-epub/product-id/815074/ title/Inducci%25C3%25B3n%2BMiofascial%2Bpara%2Bel%2BEquilibrio%2BEstructural.html. Accedido, 27 de julio de 2024.
23. Dorothea Blostein: Tom Flemons Archive. https://intensiondesigns.ca/ wp-content/uploads /2018/08/IMG_2003.jpg. Accedido, 27 de julio de 2024.
24. Cromwell, PR. (1997). Polyhedra. Cambridge University Press. ISBN 0521554322
25. Platón. Timaeus (Zeyl Edition) (2000) Hackett Publishing Company ISBN: 978-0-87220-446-1
26. Frank E. Kleinschmidt - Library of Congress Prints and Photographs Division, Washington, DC 20540. https://es.wikipedia.org/wiki/Igl%-C3%BA#/media/Archivo:Inuit-Igloo_P.png. Accedido, 27 de julio de 2024.
27. Anuskafm, CC BY-SA 3.0, https://commons.wikimedia.org/w/index. php?curid=3087763. https://es.wikipedia.org/wiki/Igl%C3%BA#/media/Archivo:Igloo_spirale.svg. Accedido, 27 de julio de 2024.
28. Darolu - Trabajo propio, CC BY-SA 3.0, https://commons.wikimedia. org/w/index.php?curid=6742836
29. Font, M. et al. (2024). Las palomeras de Etxalar: un ejemplo de tradición, intuición, ingenio y ciencia. Jara y Sedal. Mayo. pp. 62-69.

3.
El color, la música y la belleza: un algoritmo para una nueva forma de percibir los colores a través de la música

El color y las notas musicales son fenómenos físicos que comparten una propiedad común: la longitud de onda. En ambos casos, puede detectarse la Proporción Áurea. El desarrollo de un algoritmo que, aprovechando estas características, permita convertir el color en música, ofrece una herramienta para percibir, de forma tangible y a través de la música, los colores de la naturaleza.

Introducción

El color es una percepción visual que se deriva básicamente de las características físicas y químicas de la luz y de los objetos que interactúan con ella. A lo largo de la historia, se han desarrollado varias teorías físicas y químicas del color para explicar cómo se produce esta percepción. Han sido fundamentales para comprender cómo percibimos y producimos los colores en el mundo que nos rodea.

La luz es una onda electromagnética, caracterizada por su longitud de onda (λ), que cuando atraviesa un prisma produce un espectro visible, con colores que van del rojo al violeta, pasando por naranja, amarillo, verde, azul y añil. Son los colores del Arco Iris.

El sonido es un fenómeno físico que consiste en la propagación, a través de un fluido o cualquier otro medio de naturaleza elástica, de ondas producidas como consecuencia del movimiento generado por la vibración de un cuerpo (ondas elásticas), es decir, una onda mecánica caracterizada también por su λ.

En la retina del ojo están presentes millones de células fotorreceptoras llamadas conos y los bastones, que están especializadas en detectar las λ provenientes de las diferentes fuentes que nos rodean. Estas células captan parte del espectro de la luz y lo transforman en impulsos que llegan al cerebro, a través de los nervios ópticos, donde se crea la sensación del color.

El ojo tiene tres tipos de conos, que están relacionados con las sensaciones correspondiente a los colores llamados primarios, azul, verde y rojo; es decir son sensibles a las radiaciones de tres longitudes de onda diferentes. Los bastones, por su parte, se especializan preferentemente en percibir diferencias de luminosidad.

Este proceso de identificación del color, el concepto del color producido es totalmente subjetivo, ya que depende del cerebro y del sistema ocular de cada individuo, de modo que un color dado puede ser interpretado de diferente forma en las distintas personas que lo perciben. Abarca un amplio espectro de sensaciones y emociones, y su significado varía según el contexto cultural y personal.

Se dice que el sentido de la vista funciona, trabaja, en modo ordenador, en el que el ojo es la unidad de alimentación y el cerebro actúa como procesador de cálculo, siendo el color el producto de este cálculo. Siendo evidente que la misión primera del ojo es facilitar la supervivencia de la especie, al permitir un conocimiento del entorno, la detección de peligros, de alimentos, etc., a lo largo de la evolución humana también ha tomado como 'misión secundaria' la creación de sensaciones estéticas de gran importancia en la evolución cultural: el color tiene un gran impacto en nuestras emociones, percepciones y comportamiento, y contribuye a hacer aún más atractivo el universo, lleno de color y belleza.

Todo objeto, animado o inanimado, puede ser descrito, además de por datos como su forma o su tamaño, por su color, una cualidad que sólo existe como una impresión sensorial del individuo que está contemplando dicho objeto.

Cada una de las teorías del color proporciona su perspectiva sobre el fenómeno del color, acudiendo a diversos campos e influyendo en diferentes áreas, como la física, la óptica, la psicología o el arte.[1]

Podemos citar, entre ellas, la teoría de la luz y el color propuesta por Isaac Newton, quien en el siglo XVII descubrió que la luz blanca puede separarse en un espectro de colores cuando pasa a través de un prisma. Según Newton, el color es una propiedad intrínseca de la luz y el color que muestran los objetos se corresponde con que son capaces de absorber ciertas λs y reflejar otras (Figura 3.1a). De este modo un objeto lo veremos cómo rojo porque absorbe las λs correspondientes al verde y el azul y refleja la correspondiente al rojo.

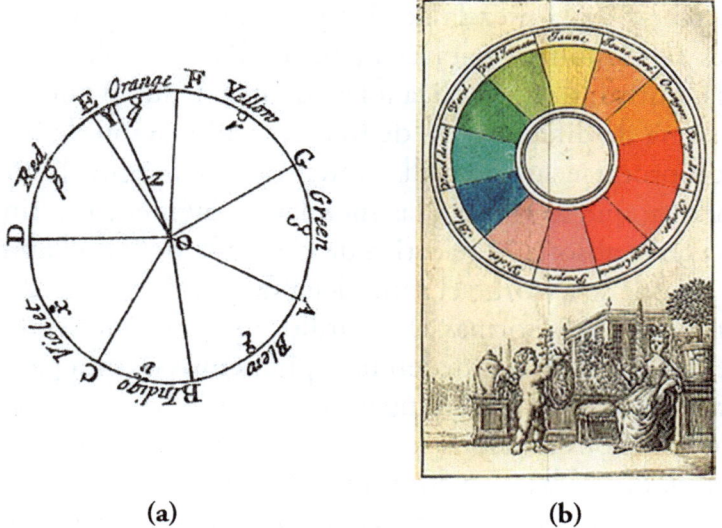

(a)   (b)

Figura 3.1. (a) Círculo cromático de Isaac Newton.[2] (b) Círculo cromático de 12 colores de 1708, basado en los colores primarios azul, rojo y amarillo.[3]

Más adelante, en el siglo XIX Thomas Young propone y Hermann von Helmholtz desarrolla la llamada Teoría Tricromática, en la que proponen que en el ojo hay tres tipos de receptores de color sensibles a diferentes λs de la luz, los anteriormente citados conos[4] (denominados como S, M y L), cuya presencia se confirmó mediante microscopia en 1964, que son capaces de percibir tres tipos de color primarios, azul, verde y rojo. La capacidad de percepción de una amplia gama de colores surgiría de la combinación y estimulación de estos receptores.

Otra teoría que se puede destacar es la Ewald Hering, propuesta en el siglo XIX y posteriormente modificada por Ewin Land, según la cual el sistema visual funciona a partir de un proceso de oposición de colores, de tal forma que existen seis colores primarios agrupados en tres parejas, de modo que los integrantes de la pareja son opuestos el uno al otro: rojo-verde, amarillo-azul, blanco-negro. Según esta teoría, los colores se perciben en función de la estimulación relativa de estos pares de receptores, lo que explicaría fenómenos como las imágenes negativas y los colores complementarios.[5]

La teoría de la mezcla aditiva y sustractiva explica que los colores se combinan para crear otros. Por ejemplo, según la mezcla aditiva, que se aplica a las fuentes de luz y que se basa en la suma de diferentes λs de luz, la combinación de luz roja y verde produce luz amarilla, mientras que, según la mezcla sustractiva, que se aplica a las mezclas de pigmentos o tintas y se basa en la absorción selectiva de ciertas λs de luz, el amarillo surge de que se absorbe el azul, dejando el rojo y el verde, que se combinan para formar el amarillo. Es decir que según este modelo sustractivo se pueden usar pigmentos o tinta para bloquear —restar— la luz en lugar de agregarla.

Por último, citaremos la teoría cuántica del color, la más moderna, que se basa en conceptos de la mecánica y la electromagnética cuánticas para explicar la forma en que la luz interactúa con la materia, atendiendo al nivel subatómico. Describe cómo los electrones en los átomos y moléculas interactúan con la luz, absorbiendo y emitiendo fotones, lo que da lugar a la absorción y reflexión selectiva de ciertas λs y, por lo tanto, a la percepción de diferentes colores.

Colores primarios y derivados

Las denominaciones de los colores primarios y sus derivados aparecen recogidas en la tabla 3.1. Entre ellos elegimos el modelo del círculo cromático aditivo RGB (red/green/blue) en el que los colores primarios rojo, verde y azul están relacionados por un lado de la sensibilidad del ojo humano a la luz, dado que nuestra vista normal es tricromática y también con el tipo de luz.

Tabla 3.1: Modelos de denominación de los colores

Modelo	Primarios	Secundarios	Terciarios
Tradicional: RYB (Red/Yellow/ Blue)	rojo, amarillo y azul	naranja, verde, y púrpura, violeta o morado	rojo naranja, ámbar o amarillo naranja, verde amarillo o chartreuse, azul verde o turquesa, azul púrpura o violeta y rojo púrpura
Sustractivo: CMY (Cian/Magenta/ Yellow)	cian, magenta y amarillo	rojo, verde y azul	naranja, verde amarillo (también llamado lima o chartreuse), verde cian, azul cian (también llamado cerúleo o azur), violeta y fucsia
Aditivo: RGB (Red/Green/ Blue)	rojo, verde y azul	cian, magenta y amarillo	naranja, verde-amarillo (también llamado lima o chartreuse), verde-cian, azul cian (también llamado cerúleo o azur), violeta y fucsia.

Los tres colores primarios de la luz, así llamados porque no se pueden crear mezclando otros colores, son rojo, verde y azul (red/green/blue); los colores primarios de los pigmentos son cian, magenta y amarillo (Cyan/Magenta/Yellow). Se pueden utilizar para crear todos los demás colores del espectro mezclándolos en diversas proporciones.

Así, cuando dos de los colores de pigmentos primarios se mezclan, crean un color secundario (es decir, mezclar pigmentos magenta y amarillo crea rojo, y mezclar pigmentos cian y amarillo crea verde, mientras que mezclar pigmentos cian y magenta crea azul). Si la mezcla contiene dos colores primarios y una cierta cantidad del tercer color primario, que actúa como modificador, se crea un color terciario (es decir, si mezclas pigmento amarillo y magenta y agregas una pequeña cantidad de cian, obtienes un color amarillo verdoso). Si la mezcla contiene los tres colores primarios en cantidades iguales, el color resultante será blanco (en el caso de la luz) o negro (en el caso de los pigmentos). De esta forma, cada color puede tener su propio código RGB o CMY que lo identifica inequívocamente. Se puede obtener, entonces, un amplio abanico de colores.

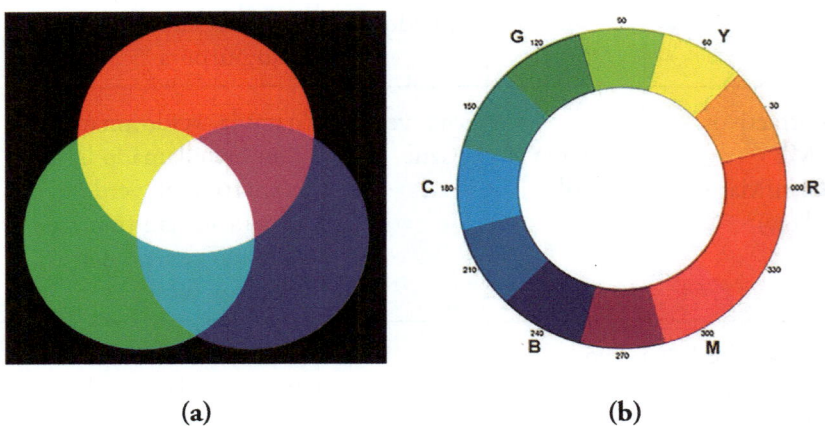

(a)   (b)

Figura 3.2. (a) Modelo aditivo RGB (©Quark67. Red, Green, Blue. Tomado de[6]). (b) Círculo cromático o rueda de color (modelo CMY) (R= red, M= magenta, B= blue, C= Cian, G= Green, Y= Yellow; modificado de[7]).

Los colores se pueden clasificar, además, por su brillo, siendo el amarillo el más brillante y el violeta el menos brillante.

La música y el color: una sinergia para la armonía y la belleza

La relación entre armonía y color se refiere a cómo los colores se combinan de manera equilibrada y agradable visualmente en una composición. Al igual que en la música, donde las notas y los acordes se combinan para crear una melodía armoniosa, en el arte visual, en la naturaleza, los colores se pueden combinar creando una armonía visual que puede ser estéticamente agradable y placentera.

Al color, como a las palabras, se le puede dar también significados simbólicos, a menudo relacionados con la propia cultura. Por ejemplo, en España tradicionalmente el luto es simbolizado por el color negro, mientras que, en algunas culturas de Oriente, en cambio, el color del luto es el blanco.

La disposición en el círculo cromático, según la teoría del color, ayuda a conseguir combinaciones de color de manera armoniosa. Así, cuando se mezclan colores complementarios, es decir, colores opuestos en el círculo cromático, como rojo y verde o azul y naranja, la combinación resultante crea contraste y energía.

También se consigue cuando se combinan colores análogos, que están cercanos en el círculo, como tonos de azul y verde, dando combinaciones que suelen ser suaves y relajantes; y cuando se combinan tres colores equidistantes en el círculo cromático, como rojo, azul y amarillo, resulta una combinación vibrante y equilibrada.

En la música, la armonía es un elemento esencial que se refiere a la combinación de diferentes notas y acordes para crear una sensación de equilibrio, profundidad y plenitud en una composición musical. Así, los acordes, conjuntos de tres o más notas que suenan juntas, han de estar combinados y ordenados en una secuencia determinada, en un orden específico que puede evolucionar a lo largo de la composición, consiguiendo una estructura musical dada en una composición y consiguiendo la armonía.

Los acordes pueden ser disonantes (sonidos que generan tensión) o consonantes (sonidos estables y relajados). La relación entre la disonancia y la consonancia se utiliza para crear una variedad de sensaciones emocionales en la música. Las elecciones armónicas pueden evocar sentimientos de alegría, tristeza, tensión, relajación, etc.

La modulación implica cambiar la tonalidad de una composición, lo que puede afectar la armonía y darle una nueva dirección emocional. La transición de una tonalidad a otra puede ser una herramienta poderosa para crear cambios emocionales en una pieza musical.

La relación entre emociones y música

La relación entre emociones y música es profunda y compleja. Sabemos que la música tiene la capacidad de evocar una amplia gama de emociones en las personas, ya que afecta a nuestro cerebro y a nuestras respuestas, si bien dependiendo del contexto cultural y personal, cada persona percibe y experimenta la música de un modo diferente.

Así, la música puede generar una estimulación emocional que genera una respuesta emocional inmediata ya que algunas regiones del cerebro, como el sistema límbico, pueden activarse por tonos, ritmos, melodías y armonías concretas. Puede influir en respuestas fisiológicas, como la frecuencia cardíaca y la presión arterial.

Pueden evocar emociones que van desde la alegría y la tristeza hasta el miedo y la nostalgia y diferentes estilos y elementos musicales específicos están asociados con diferentes emociones. Algunas personas prefieren escuchar música alegre cuando se sienten tristes para mejorar su estado de ánimo; otras pueden elegir música relajante para reducir el estrés.

Se reconoce que la música tiene su propia memoria emocional, ya que podemos asociarla a recuerdos y experiencias emocionales. Se utiliza en la terapia para ayudar a las personas a expresar y procesar emociones difíciles, con resultados beneficiosos en el tratamiento de trastornos emocionales y mentales.

En resumen, la música tiene el poder de conectarse directamente con nuestras emociones y puede ser una herramienta poderosa para expresar, evocar, regular y procesar sentimientos. La relación entre emociones y música es única para cada individuo y puede ser una fuente de consuelo, inspiración y autodescubrimiento.

CARACTERÍSTICAS ÁUREAS DEL COLOR Y DE LAS NOTAS MUSICALES

Se ha afirmado que los colores que resultan estéticamente agradables juntos son consonantes, y los datos obtenidos muestran que los colores separados por una proporción de 1:1,61 (Phi) en el espectro de luz suelen ser consonantes. En cuanto al sonido y según la teoría musical, las notas de un acorde deben estar separadas por una determinada distancia musical, conocida como tercera, que es la base para crear armonía.

Las características físicas de los colores básicos en términos de longitud de onda (λ) y frecuencia (f) (Tabla 3.2) mantienen la Proporción Áurea del rojo al verde y del cian al violeta. Así, tomando la suma de la media λ del rango rojo a verde como valor a (2404), y las correspondientes del rango cian a violeta como valor b (1362), el valor para (a+b) es 3768. Este valor dividido por a es 1,567, mientras que a/b es 1,765, que son valores cercanos a Phi.

Tabla 3.2: Las características físicas de los colores básicos.

color	λ^a	f^b
rojo	620-750 (685)[c]	400-484 (442)
naranja	590-620 (605)	484-508 (496)
amarillo	570-590 (580)	508-562 (535)
verde	495-570 (532)	526-606 (566)
cian	476-494 (485)	606- 630 (618)
azul	450-475 (462)	631-668 (649.5)
violeta	380-450 (415)	668-789 (727)

[a] en nm; [b] en Hz; [c] los valores entre paréntesis corresponden a la media del rango.

En música, la Proporción Áurea se puede utilizar para crear armonía y equilibrio en la duración de las notas y en la relación entre las diferentes partes de una pieza musical. Por ejemplo, asignando a cada nota una duración proporcional a la secuencia de Fibonacci se puede conseguir una sensación de armonía y equilibrio musical. De la misma manera, las escalas musicales también se relacionan con la serie de Fibonacci. Por ejemplo, un piano muestra 7 octavas, dispuestas en orden creciente de grave a agudo, con 13 tonos de octava a octava, 8 teclas blancas (tonos) y 5 teclas negras (semitonos), divididas en grupos de 3 y 2 (Figura 3.3). 13, 8, 5, 3, y 2 son números sucesivos de la sucesión de Fibonacci.

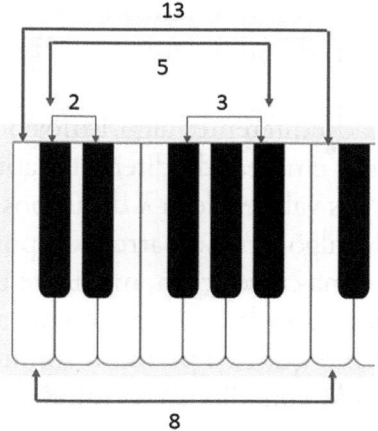

Figura 3.3. Serie de Fibonacci en el teclado de un piano.

De igual forma las 12 notas de cada una de las escalas, tomadas de seis en seis guardan la proporción áurea. Así, los valores en Hercios (frecuencia) de cada nota van creciendo de una escala a otra, sin embargo, en cada una guardan la Proporción Áurea: a+b/a = 1,707... y a/b= 1,414... próximos a Phi y cuya media es 1,56... cercano a Phi.

TRADUCCIÓN DEL LENGUAJE DEL COLOR AL LENGUAJE MUSICAL. DESARROLLO DEL ALGORITMO

La práctica de convertir colores en notas musicales encuentra una de sus bases en la sinestesia[8], un fenómeno neurológico en el que la estimulación de un sentido provoca experiencias automáticas e involuntarias en otro sentido. Algunas personas sinestésicas pueden "ver" sonidos o "escuchar" colores. Al traducir colores en música, se puede simular una forma de sinestesia artificial, permitiendo a las personas sin esta condición experimentar una fusión sensorial similar. Esta práctica puede ampliar la comprensión de cómo nuestros sentidos están interconectados y cómo las experiencias sensoriales pueden influenciarse mutuamente.

63

Planteamos, entonces, que tanto los sonidos como los colores tienen, además de su λ, otra característica común: su posible armonía.

Se han desarrollado diferentes algoritmos que pretenden relacionar color y música, empleando diferentes aproximaciones que, en general, utilizan los valores de la λ de ambos fenómenos.

Basándonos en el algoritmo desarrollado por Pérez y Gilabert[9] en el que establecen una correlación, mediante una ecuación [e.I], entre la λ de un color (λc) y la correspondiente al sonido λm, proponemos un algoritmo que nos permita "sonificar" los colores de la naturaleza, abriendo con ello un abanico de posibilidades que contribuya, entre otras aproximaciones, a resaltar e interrelacionar la intrínseca belleza del mundo natural y la música.

$$\lambda c = 72.135 \ln(\lambda m) + 577.76 \quad [e.I]$$

Tomamos como referencia el anteriormente mencionado algoritmo propuesto por Pérez y Gilabert resumido en la ecuación [e.I], para llegar a la cual comparan los valores de tonos de color con los valores de las notas del intervalo de sonido musicales, ya que los tonos de color del arco iris se ajustan a un ordenamiento equidistante en λ entre 780 y 380, espaciados cada 25 nm y la franja de sonidos musicales audibles para el humano se incluye en el rango de λ entre 16.504 y 0.064, lo que se corresponde a las notas entre Mi0 y Mi8 (de más grave a más agudo). Los valores concretos de λc calculados para cada color analizado se sustituyen en la ecuación [e.I], y así se pueden obtener los correspondientes valores de λm, es decir la nota musical correspondiente.

Según la ecuación que proponemos, dado que para cada color es posible obtener las proporciones de colores primarios que lo integran; es decir, la proporción de rojo, verde y azul que lo integran, a través de su código RGB, expresando como X el valor para el rojo (R), Y el valor para el verde (G) y Z para el azul (B), es posible calcular la λ de un color concreto, según la expresión [e.II]:

$$\lambda c= [685. (X/255) + 532. (Y/255) + 462. (Z/255)]/n \quad \textbf{[e.I]}$$

Puesto que las longitudes de onda de los tres colores cuando son puros son: rojo 685, verde 532 y azul 462. La proporción que aparece al analizar el RGB, X, Y, Z significa la intensidad del color, siendo el color puro 255.

n es un factor de corrección que puede valer 1,2 o 3 ya que de forma convencional hemos establecido para los valores comprendidos entre 0 y 255, tres rangos, el primero hasta 127 (la mitad de 255); el segundo de 127 a 180; y el tercero, de 180 a 255. De esta forma, cuando hay un único color o si los tres o dos de ellos son menores de 127, se asigna un valor de n=1. Si uno de los colores es 0 y los otros 2 están por encima de 127, o hay tres, pero uno es por debajo de la media, se asigna n=2. Cuando están por encima de 127, se asigna n=3.

Una vez obtenidas las notas musicales de todos los colores y aplicando la misma metodología, se pueden obtener cartas completas de sonidos para todos los colores y sus gamas (Figura 3.4).

E0/E8 114,0,55	F0 119,0,0	F0# 122,0,0	G0 125,0,0	G0# 131,0,0	A0 138,0,0	A0# 148,0,0	B0 159,0,0				
C1 162,0,0	C1# 167,0,0	D1 169,0,0	D1# 175,0,0	E1 186,0,0	F1 199,0,0	F1# 204,0,0	G1 207,0,0	G1# 212,0,0	A1 224,0,0	A1# 236,0,0	B1 241,0,0
C2 249,0,0	C2# 252,0,0	D2 253,0,0	D2# 254,0,0	E2 255,0,0	F2 249,0,0	F2# 249,0,0	G2 249,0,0	G2# 250,0,0	A2 249,0,0	A2# 255,7,7	B2 250,0,0
C3 251,5,0	C3# 250,12,0	D3 250,37,0	D3# 251,52,0	E3 251,78,0	F3 253,96,0	F3# 250,111,2	G3 253,127,4	G3# 252,150,1	A3 252,159,13	A3# 252,171,3	B3 253,186,0
C4 255,200,1	C4# 255,213,1	D4 255,230,1	D4# 255,242,1	E4 255,255,0	F4 243,255,1	F4# 230,255,1	G4 219,255,0	G4# 204,255,2	A4 192,255,2	A4# 182,252,4	B4 164,253,3
C5 153,253,2	C5# 141,253,1	D5 123,252,8	D5# 119,252,2	E5 99,250,9	F5 77,253,2	F5# 60,255,5	G5 42,251,3	G5# 22,253,2	A5 2,253,28	A5# 7,252,90	B5 5,253,138
C6 3,255,182	C6# 2,255,224	D6 1,247,255	D6# 1,230,255	E6 4,214,255	F6 2,197,255	F6# 2,178,255	G6 2,161,255	G6# 1,159,255	A6 1,135,251	A6# 3,100,246	B6 3,76,255
C7 2,55,255	C7# 1,31,248	D7 19,3,255	D7# 41,1,254	E7 62,1,254	F7 82,0,254	F7# 100,2,252	G7 116,2,251	G7# 129,4,243	A7 137,1,238	A7# 135,1,219	B7 139,3,225
C8 133,0,184	C8# 132,0,173	D8 133,0,148	D8# 130,0,136	E8/E0 112,0,54							

Figura 3.4. Correspondencia de colores y notas musicales (las notas se designan empleando el sistema americano de notación musical: C=Do; D=Re; E=Mi; F=Fa; G=Sol; A=La; B=Si).

Un ejemplo de aplicación del algoritmo propuesto: descripción musical de lienzos

La conversión de los colores de un cuadro en música supone una práctica enriquecedora con numerosas aplicaciones y beneficios ya que esta intersección entre el arte visual y la música ofrece nuevas formas de experimentar, entender y disfrutar de la naturaleza y las artes.

Así, para los espectadores y oyentes, la conversión de colores en música puede enriquecer la experiencia de apreciar una obra de arte. Un espectador puede escuchar una composición musical mientras observa un cuadro, lo que puede ofrecer una interpretación más profunda y emocional de la obra. Esta experiencia multisensorial puede hacer que el arte sea más accesible y atractivo para una audiencia más amplia, incluyendo a personas con discapacidades sensoriales. De esta forma una persona con discapacidad visual puede "ver" un cuadro a través de su interpretación musical. De hecho, describir los colores de un cuadro mediante la conversión a notas musicales puede promover la inclusividad en las artes y al ofrecer múltiples formas de interpretar y apreciar una obra de arte, se pueden romper barreras y hacer que el arte sea más accesible para personas con diferentes capacidades y antecedentes.

Hemos aplicado nuestro algoritmo a diferentes acuarelas de paisajes navarros obteniendo de esta forma las notas musicales que pueden describirlos. Describimos, en primer lugar, la acuarela "Contrastes" de Txon Pomés que aparece en la Figura 3.5.

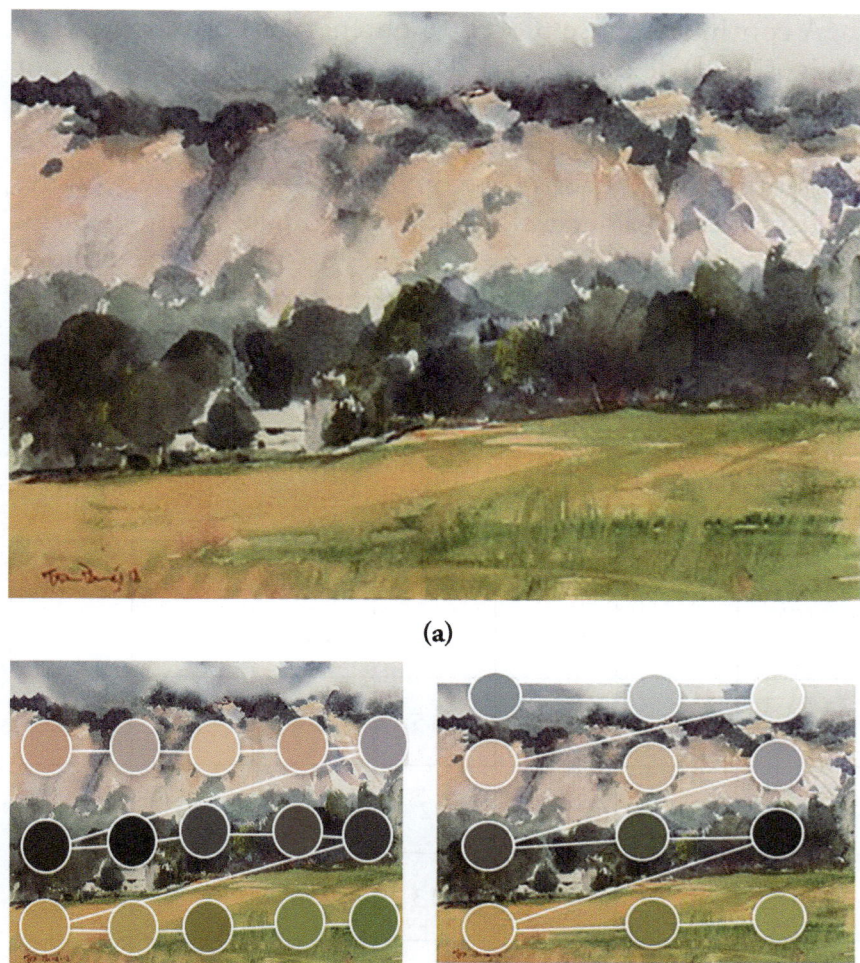

(a)

(b)   **(c)**

Figura 3.5. (a) Contrastes (Txon Pomés). (b) Tres secciones y cinco colores de cada una de ellas. (c) Cuatro secciones y tres colores de cada una de ellas.

En este cuadro, se pueden identificar tres o cuatro secciones: cielo, montaña, bosque, campo. Para la búsqueda de los códigos RGB, previamente se decide en cuantas secciones se va a considerar dividida la obra, en tres (Figura 3.5a) o en cuatro (Figura 3.5b) y cuantos puntos de colores se van a tomar en cada una de las secciones.

A continuación, se procede a obtener los correspondientes códigos RGB de cada uno de los colores seleccionados de, por ejemplo, las cuatro secciones del paisaje pintado. La aplicación de la ecuación [e.II] permite traducir los valores de los RGB de los puntos seleccionados a su correspondiente λc. Estos valores se sustituyen en la ecuación [e.I] con lo cual se obtienen los valores correspondientes de λm que, a su vez, corresponden con su nota musical. A título de ejemplo se muestra, en la tabla 3.3, los valores RGB correspondientes a cada uno de los 15 puntos elegidos en el caso de la obra "Anochecer".

Tabla 3.3: Valores RGB[a] y HSV[b] correspondientes a los colores elegidos para "Anochecer".

color	R	G	B	H	S	V
	174	181	179	163	4	71
	123	103	115	324	16	48
	100	80	92	324	20	39
	105	101	113	260	11	44
	131	151	154	188	15	60
	176	165	159	21	10	69
	195	151	107	30	45	76
	184	126	73	29	60	72
	186	156	130	28	30	73

color	R	G	B	H	S	V
	118	101	113	318	14	46
	108	120	133	211	19	52
	73	79	100	227	27	30
	134	144	146	190	8	57
	60	55	73	257	25	29
	81	92	111	218	27	44

[a] Rojo, Verde, Azul (del inglés Red, Green, Blue).[b] Matiz, Saturación, Valor (del inglés Hue, Saturation, Value)

Con las notas musicales se crean las composiciones musicales correspondientes (Figura 3.6).

Figura 3.6. Composición musical realizada (©Eneko Azparren) con los colores de las acuarelas "Contrastes", "Invierno en el campo" y "Anochecer".

De la misma forma, hemos analizado otras dos acuarelas de la paisajista Txon Pomés: "Anochecer" e "Invierno en el campo" (Figuras 3.7a y 3.7b), eligiendo, en primer lugar, las secciones y luego, dentro de ellas, los colores correspondientes.

Figura 3.7. (a) "Invierno en el campo". (b) "Anochecer". (Txon Pomés).

En definitiva, este algoritmo supone una herramienta que permite fomentar una apreciación más profunda y multisensorial del mundo que nos rodea, promoviendo una mayor conexión entre nuestros sentidos y nuestras emociones, en definitiva, una herramienta más para la comprensión y disfrute de la belleza que nos rodea, la belleza de la Creación, y la belleza que recrea el hombre.

Bibliografía

1. Zelanski, P. and Fisher, MP. (2001). Color. Ed. Tres Cantos: Blume. ISBN: 84-89840-21-0
2. Newton, I. (1730) Opticks, 4th ed., 1730. From Book I, Part II, Proposition VI, Problem 2.
3. De probably Claude Boutet - Traité de la peinture en mignature (The Hague, 1708), reproduced in The Creation of Color in Eighteenth-Century Europe.
4. Young, T., 1802. Bakerian Lecture: On the Theory of Light and Colours. Phil. Trans. R. Soc. Lond. 92:12–48. DOI: 10.1098/rstl. 1802.0004
5. Baumann, C. (1992). Ewald Hering's opponent colors. History of an idea», Der Ophthalmologe: Zeitschrift der Deutschen Ophthalmologischen Gesellschaft. 89: 249-52.
6. Quark67 - Trabajo propio, CC BY-SA 3.0, https://commons.wikimedia. org/w/index.php?curid=818982. Accedido, 2 de agosto de 2024.
7. ©Supermerill/Wikimedia Commons. https://www.aboutespanol.com/circulo-cromatico-que-es-y-como-hacer-una-rueda-de-12-colores-180109. Accedido, 2 de agosto de 2024.
8. Córdoba, MJ. de, et al. (2014). Sinestesia. Los fundamentos teóricos, artísticos y científicos. Granada: Fundación Internacional Artecittà. 2a. ed. ISBN 978-84-943071-0-2
9. Pérez, J. and Gilabert, EJ. (2010). Opt. Pura. Apl. 43(4):267-274.

1.ª PARTE
EL MUNDO INERTE. LA DINÁMICA DE LO SIMPLE A LO COMPLEJO

Los procesos evolutivos, así como el desarrollo embrionario, son irreversibles: no retroceden. Esto ocurre también en todos los procesos de autoorganización espacial y autoconstrucción de estructuras a lo largo del tiempo.

Para que un proceso sea evolutivo, debe avanzar hacia una organización más completa y sofisticada. Estos son procesos espacio-temporales con una dirección definida, una "flecha del tiempo", que transforman elementos iniciales simples en estructuras complejas. Una vez alcanzada una estructura, cualquier cambio tiende a deteriorarla.

Estos procesos se dan tanto en el mundo inerte como en los seres vivos y presentan dos características principales:

(a) Se encuentran en un estado inestable, alejado del equilibrio, de modo que cualquier perturbación lleva al sistema de un estado a otro, disipando energía.

(b) Son sistemas abiertos, capaces de recibir materia o energía desde el exterior, lo que les permite alcanzar niveles crecientes de complejidad.

Cuando las estructuras se ajustan a la Proporción Áurea, o se aproximan a ella, alcanzan una plenitud de forma que, a su vez, perfecciona su función, les otorga la plenitud de función.

En el mundo inerte, la relación entre materia y forma, las estructuras de la realidad, no es unívoca. Para que una materia informe adquiera una forma específica, no solo influyen su composición, sino también las condiciones del entorno (presión, temperatura, etc.). A diferencia de los seres vivos, estos materiales carecen de un "sí" propio, es decir, de información genética para construirse y autoconstruirse.

Por ejemplo, los minerales cristalizan en sistemas específicos según su composición, las condiciones externas (presión, temperatura, espacio, tiempo) y un componente aleatorio, como pueda ser la presencia de otros elementos en su entorno, que actúa junto con las determinaciones naturales. Así, azar y determinación guían el paso de lo simple a lo complejo.

Otros procesos de autoorganización, desde lo simple a lo complejo, incluyen atractores como la gravedad, que organiza galaxias y astros, o la influencia de la Proporción Áurea ($\phi = 1{,}618\ldots$), visible en estructuras como la Tabla Periódica de los elementos. En los procesos evolutivos, el desorden inicial evoluciona hacia una organización armónica, aproximándose a la forma áurea, símbolo de equilibrio y belleza, forma buscada por dichos procesos evolutivos del mundo inerte y del mundo vivo.

4.
En los Inicios del universo: la Tabla Periódica de los elementos químicos

Hoy conocemos 118 elementos químicos, que están ordenados en la Tabla Periódica según su peso atómico, a partir del 1. Esta Tabla adopta la forma de la Espiral Áurea. La formación de elementos más pesados requiere mayores cantidades de energía, procedente de la vida y muerte de las estrellas.

Inicio del universo

Todo lo que existe en el tiempo partió del momento cero hace unos 13 800 Ma. Los astrónomos explican con la teoría del *Big Bang* —la Gran Explosión (o la Gran Expansión)— la forma en que comenzó. Es la idea de que el universo comenzó como una sola esfera, en la que se inició la materia, el espacio y el tiempo. Se expandió y se estiró para crecer tanto como lo es ahora, y todavía sigue expandiéndose. Más aún, esa expansión del universo se está acelerando.

Cuando se produjo el *Big Bang* una cantidad inmensa de energía en forma de radiación formó las partículas elementales, a medida que se enfriaba rápidamente. El universo primigenio se halló en un estado de muy alta densidad y a una temperatura enormemente alta, de miles de billones de grados. Dos fuerzas contrapuestas actuaban en ese momento: por una parte, la presión, que trataba de separar las partículas y, por otra, la gravedad que trataba de juntarlas. La acción de ambas produjo ondas de densidad, o acústicas, que se propagaron en el plasma. Esos son los sonidos del universo temprano.

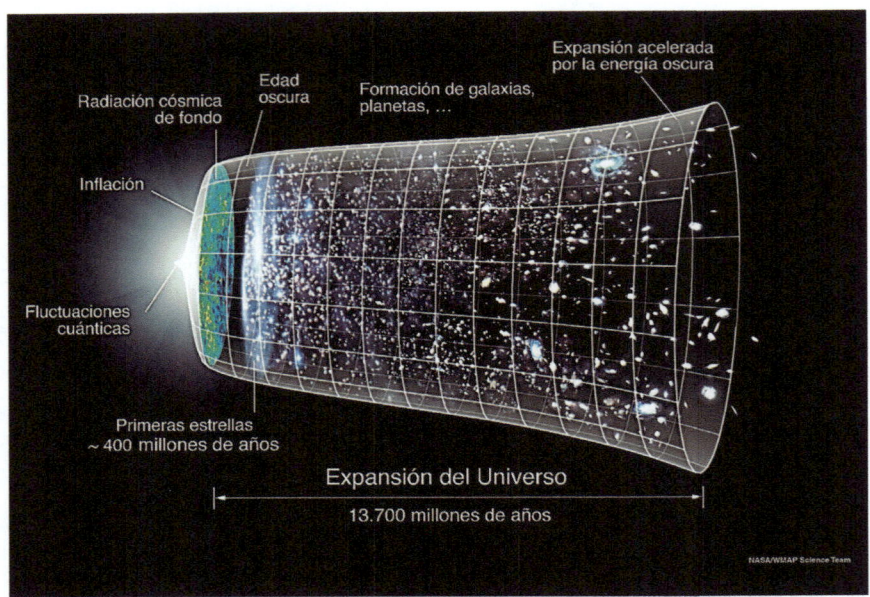

Figura 4.1. *Big Bang* y evolución del universo, Cronología. (© NASA, Ryan Kaldari. Tomado de[1]).

La teoría del *Big Bang* recibió en 1964 la confirmación al descubrirse *la radiación de fondo cósmico de microondas* por la evolución seguida en los inicios mismos, que esta teoría predijo en todo el universo antes de que fuera descubierta.[2]

Unos 400 000 años después del *Big Bang* el plasma se había enfriado tanto que se empezaron a formar los átomos neutros y las ondas sonoras se detuvieron. Pero dejaron una huella en el modo en que se distribuye la materia. Esta huella, sorprendentemente, se ha podido medir en la distribución de las galaxias. La comparación entre el resultado obtenido en la radiación de fondo y el obtenido utilizando el cartografiado de galaxias es una de las pruebas más exigentes a las que se puede someter a la teoría del *Big Bang*.

La evolución del universo dará lugar a la formación de los átomos y a las Galaxias, con la dinámica propia de los procesos que van de lo simple a lo complejo. El número Phi ordena y estructura el cosmos relacionando armoniosamente las partes con el todo y se revela en todas las escalas espaciales.

Los números de la sucesión de Fibonacci muestra un patrón, un modelo de crecimiento armónico de la naturaleza, configurando el esqueleto invisible del universo en continua expansión y desarrollo.

Las estrellas

Las estrellas se pueden clasificar de varias formas (Tabla 4.1) atendiendo al punto de su ciclo vital en el que se encuentren, a su luminosidad y temperatura y/o a la naturaleza de su luz.

Así, nuestro Sol es una estrella enana, de tipo G.

Tabla 4.1: Clasificación de las estrellas

Según ciclo vital	Según su luminosidad[a]	Según naturaleza de su luz[b]
Protoestrellas	enanas blancas	tipo O (color violeta)
Gigantes rojas	sub-enanas	tipo B (azules)
Enanas blancas	sub-gigantes	tipo A (colores blanquiazules)
Enanas negras	gigantes	tipo F (colores blanco amarillento)
Neutrones	gigantes luminosas	tipo G (color amarillo)
"Agujeros negros"	supergigantes	tipo K (amarillo-anaranjadas)
	supergigantes luminosas	tipo M (rojas-anaranjadas)
	hiper-gigantes	

[a] En orden creciente de intensidad y brillo. [b] En función del tipo de emisión electromagnética que predomine.

Se originan en nubes moleculares, zonas del espacio con alta densidad que contienen principalmente hidrógeno (H) y helio (He) junto a otros elementos.

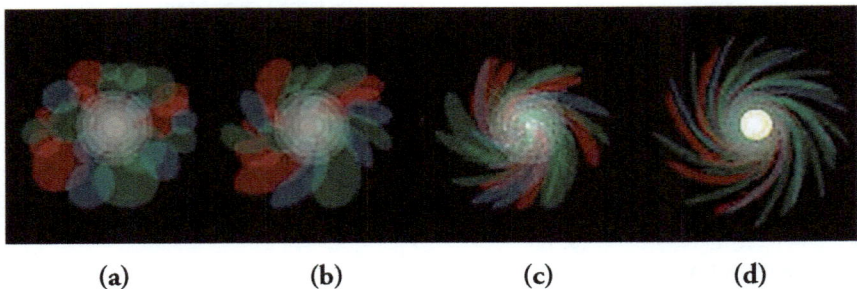

Figura 4.2. Proceso de formación de una estrella a partir de nubes moleculares de alta densidad: (a) Nube molecular. (b) Colapso. (c) Protoestrella. (d) Comienzo del proceso de fusión (Modificado de[3]).

Debido a la fuerza de la gravedad, a las diferentes fuerzas de atracción, o al choque con otras nubes, aparecen en su interior regiones con una densidad aún mayor, dando inicio a reacciones nucleares de fusión atómica (Figura 4.2). Así, por ejemplo, las estrellas de neutrones, también llamadas *púlsares*, tienen un campo magnético muy grande, produciendo una emisión progresiva de radiación electromagnética en forma de pulsos, que se mueven a intervalos periódicos.

Novas, Kilonovas, Supernovas y agujeros negros

Las *Novas*[4] son las llamadas estrellas nuevas (del latín *nova*, 'nueva'), objetos que eran demasiado débiles para verse a simple vista y que, de repente, brillan con intensidad. Cada nova es, en realidad, dos estrellas, una de las cuales es una enana blanca, es decir, una estrella que ha pasado por su ciclo de vida y se ha contraído hasta el punto de que un objeto que sería aproximadamente del tamaño de la Tierra alcanza una masa similar a la del Sol. La otra estrella suele ser una gigante roja, una estrella tan inflada que su influencia gravitacional sobre sus capas exteriores es débil.

Ambas estrellas están encerradas en una órbita muy estrecha y la enana blanca gradualmente va extrayendo material de la gigante roja para depositarlo en su superficie. Cuando este material llega a la superficie increíblemente caliente y densa de la enana blanca, se inicia la fusión del nuevo material, liberando la energía asociada en un rápido estallido, el brillo intenso que se detecta.

Las *Kilonovas*, por su parte, involucran bien dos estrellas de neutrones, o bien una estrella de neutrones y un agujero negro, que orbitan entre sí, y cuyas órbitas van decayendo hasta un punto en que chocan, liberando una onda gravitacional y una radiación electromagnética, incluyendo también estallidos de rayos gamma.[5] Por lo general emiten fuertes señales de radiación electromagnética que es consecuencia del proceso de desintegración de iones pesados, producidos y expulsados durante el proceso de fusión (Figura 4.2a).

Una *Supernova* (del latín *super* 'por encima' y *nova*, 'nueva') se forma como consecuencia del estallido de las estrellas gigantes que han llegado al final de sus vidas. La explosión estelar produce destellos de luz extraordinariamente intensos que pueden manifestarse, incluso a simple vista, en lugares de la esfera celeste donde antes no se había detectado nada en particular y pueden durar desde varias semanas a varios meses.

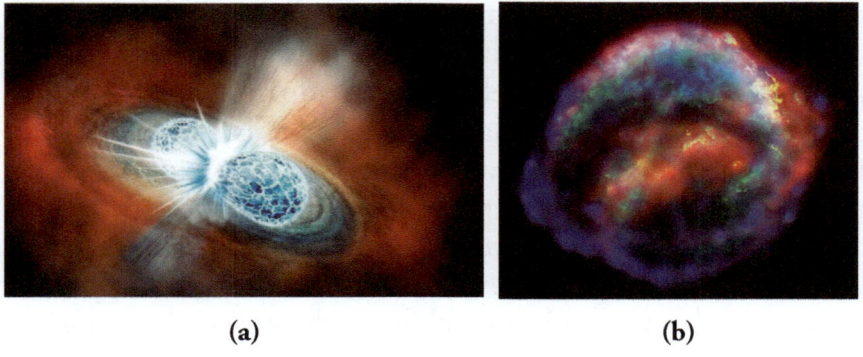

(a)   (b)

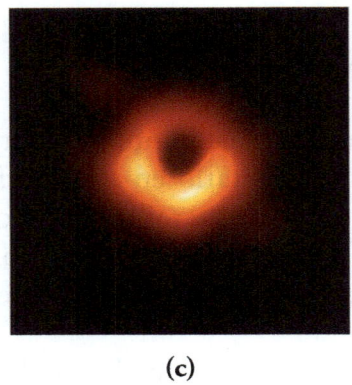

(c)

Figura 4.3. (a) Recreación del choque de dos estrellas de neutrones. (©Robin Dienel/Carnegie Institution for Science. Tomado de[6]). (b) Imagen compuesta de rayos X, óptico e infrarrojo del remanente de supernova de Kepler (©De NASA/ESA/JHU/R.Sankrit & W.Blair. Tomado de[7]). (c) Imagen de un agujero negro (Tomado de[8]).

Este rápido aumento de la intensidad luminosa, que puede llegar a alcanzar una magnitud absoluta mayor que el resto de la galaxia, es característico de las supernovas. Cuando las estrellas gigantes alcanzan el estadio final de sus vidas y estallan en estos cataclismos conocidos como supernovas, implican la dispersión de la mayor parte de la estrella al vacío espacial, pero quedan una gran cantidad de restos «fríos» en los que no se produce la fusión.

Algunas estrellas gigantes al final de su vida han quemado todos sus elementos más ligeros. Incapaces de proporcionar la fuerza exterior para contrarrestar la gravedad, los núcleos de las estrellas colapsan, provocando un inmenso aumento de temperatura que produce un rebote, liberando grandes cantidades de energía y arrojando una nube de material en expansión. El estallido provoca la expulsión de las capas externas de la estrella por medio de poderosas ondas de choque, que se dispersan en el vacío espacial, enriqueciendo el espacio que la rodea con elementos pesados. Estos restos finalmente componen nubes de polvo y gas. Cuando el frente de onda de la explosión alcanza otras nubes de gas y polvo cercanas, las comprime y puede desencadenar la formación de *nuevas nebulosas* solares que originan, después de cierto tiempo, nuevos sistemas estelares (quizá con planetas, al estar las nebulosas enriquecidas con los elementos procedentes de la explosión). Estos residuos estelares en expansión se denominan *remanentes* (Figura 4.2b). El núcleo, rico en hierro, de la estrella permanece y proseguirá su colapso, que puede detenerse o, por el contrario, continuar indefinidamente dependiendo de la masa del núcleo tras la explosión. La figura 4.4 muestra algunas de las nebulosas solares.

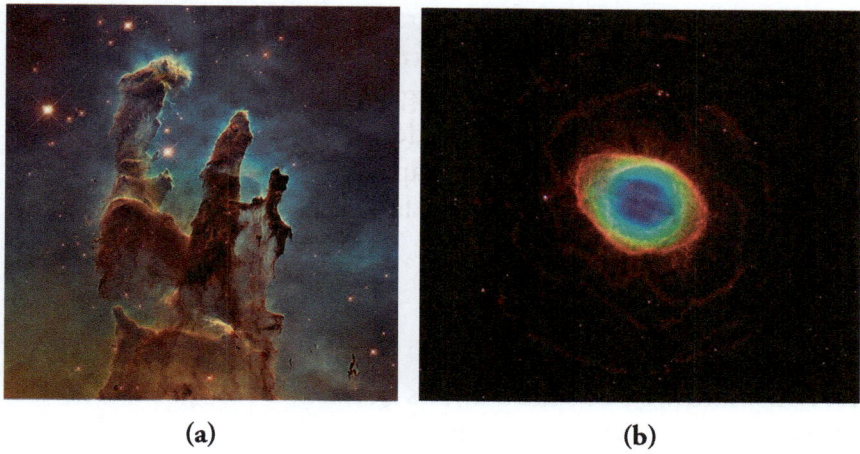

(a)   (b)

Figura 4.4. (a) Los "Pilares de la Creación", Nebulosa del Águila tomada por el Telescopio Espacial Hubble de la NASA (© NASA/ESA/Hubble Heritage Team (STScI/AURA)/J. Hester, P. Scowen, Universidad del Estado de Arizona, Tomado de[9]). (b) Nebulosa del anillo (imagen compuesta de las observaciones en luz visible realizadas por el Telescopio Espacial Hubble de la NASA combinadas con los datos infrarrojos del Gran Telescopio Binocular terrestre en Arizona. © NASA, ESA, C.R. O'Dell Vanderbilt University, and D. Thompson Large Binocular Telescope Observatory. Tomado de[10]).

Los elementos producidos en estrellas y diseminados por *supernovas* y *kilonovas* se incorporan en las nubes de gas y polvo que colapsan para formar nuevas estrellas y sistemas planetarios. Nuestro propio Sistema Solar se formó hace unos 4,6 mil Ma a partir de una de estas nubes enriquecidas. Los planetas, incluidos la Tierra, se formaron a partir del material sobrante que no fue absorbido por el Sol.

En estrellas jóvenes, la fusión nuclear crea energía y una presión exterior constante que se encuentra en equilibrio con la fuerza de gravedad interior que produce la propia masa de la estrella. Sin embargo, en los restos inertes de una supernova no hay una fuerza que se resista a la gravedad, por lo que la estrella empieza a replegarse sobre sí misma, y el emergente agujero negro encoje hasta un volumen cero, en cuyo punto pasa a ser infinitamente denso. Incluso la luz de dicha estrella es incapaz de escapar a su inmensa fuerza gravitatoria, que se ve atrapada en órbita, por lo que la oscura estrella se conoce con el nombre de *agujero negro*. Así pues, los agujeros negros, son los restos fríos de antiguas estrellas, tan densas que ninguna partícula material, ni siquiera la luz, es capaz de escapar a su poderosa fuerza gravitatoria. Representan la última fase en la evolución de enormes estrellas que fueron, al menos, de 10 a 15 veces más grandes que nuestro sol[11,12].

LA FORMACIÓN DE LOS ELEMENTOS QUÍMICOS DESDE EL UNIVERSO PRIMIGENIO

Los átomos

Los átomos están formados por un núcleo de protones —carga positiva— y neutrones sin carga, orbitando a su alrededor los electrones con carga negativa (Figura 4.4). El número de protones mide el peso atómico del elemento y la suma de protones y neutrones constituyen su masa atómica.

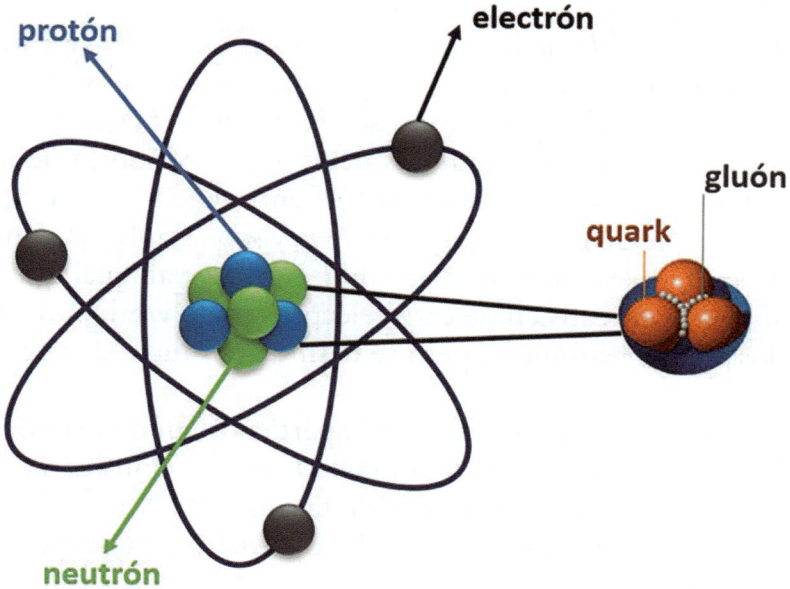

Figura 4.5. Esquema básico de un átomo, mostrando algunas de las partículas.

La formación de los elementos de los más simples —el Hidrógeno (H^1)— hasta el más complejo de los conocidos hasta hoy, el Oganesón (Og^{118}), tiene lugar como consecuencia del aumento de la masa atómica que se produce como consecuencia de dos procesos diferentes, la fusión de dos núcleos o el bombardeo de neutrones al núcleo de otro de menor masa.

Ambos sistemas requieren unas condiciones muy precisas de temperatura y energía, observándose que se deben formar en estrellas de diferente tamaño.

Las partículas sub-atómicas

Se han identificado una variedad de partículas y sub-partículas que componen el universo observable, y en la actualidad se sigue investigando y proponiendo la existencia de nuevas subpartículas.[13]

Entre las partículas fundamentales (Figuras 4.5 y 4.6), cabe citar a los *Quarks* de los que se describen hasta seis tipos; no existen de forma aislada, sino que siempre están agrupados formando hadrones, partículas subatómicas formadas por los quarks que permanecen unidos debido a la existencia de una fuerza de interacción nuclear fuerte entre ellos. También los *Protones*, que tienen una carga positiva y son estables en condiciones normales están formados por 3 quarks, al igual que los *Neutrones*, que carecen de carga eléctrica y son estables dentro de los núcleos atómicos, pero se desintegran fuera de ellos en unos 15 minutos.

Los *Leptones* son otra familia de partículas fundamentales y, a diferencia de los quarks, no tienen la interacción fuerte. De entre los seis leptones descritos, destacamos el electrón, la partícula cargada más ligera y estable, esencial para la estructura de los átomos.

Las interacciones entre partículas fundamentales son mediadas por partículas *Gauge*, cada una correspondiente a una de las fuerzas fundamentales de la naturaleza. Así la fuerza electromagnética es mediada por el fotón (γ), una partícula de masa cero que se mueve a la velocidad de la luz, y que transmite la interacción entre partículas cargadas. Esta fuerza es responsable de la estructura atómica y las interacciones químicas.

La Fuerza Nuclear Fuerte mantiene unidos a los quarks dentro de los protones y neutrones y es mediada por los *gluones* (g), partículas sin masa que son responsables de la coherencia de los núcleos atómicos.[14]

Otro tipo de interacción entre subpartículas es la llamada *Fuerza Nuclear Débil*,[15] que es responsable de procesos como la desintegración beta en los núcleos atómicos, y es mediada por los *Bosones*, partículas que tienen una masa considerablemente alta, lo que limita el alcance de la fuerza débil.

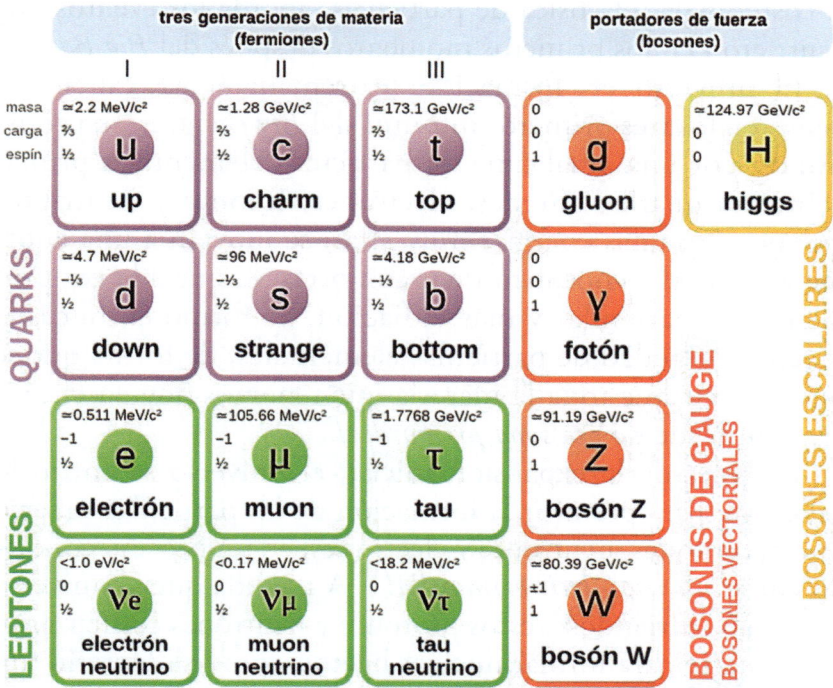

Figura 4.6. Modelo estándar de física de partículas (© De Fabsanhvasq. Tomado de[16]).

Sorprendentemente, aunque la gravedad es una de las fuerzas fundamentales, no se ha encontrado una partícula mediadora en el contexto del Modelo Estándar. Teóricamente, el gravitón sería la partícula mediadora de la gravedad en una teoría cuántica de la gravedad, pero su existencia aún no ha sido confirmada experimentalmente.

LA SOPA PRIMORDIAL DEL UNIVERSO Y LA FORMACIÓN DE LAS PARTÍCULAS SUBATÓMICAS

La teoría de la sopa primordial describe las condiciones del universo temprano y los procesos que condujeron a la formación de las partículas subatómicas. Esta teoría, enmarcada en la cosmología y la física de partículas, aborda los eventos que ocurrieron en los primeros momentos después del *Big Bang*.

El universo en formación, extremadamente caliente y denso en los tres primeros minutos del *Big Bang*, estaba constituido por una amalgama de partículas elementales principalmente quarks, gluones, electrones, fotones y neutrinos, que poseían unas energías muy altas, se movían a una enorme velocidad y chocaban unas con otras, lo que a la vez producía más partículas y más radiación. Se formó entonces la práctica totalidad de partículas elementales, de forma que se puede decir que toda la materia que tenemos hoy en el universo procede de esa *sopa primordial*.

Después de la expansión inicial, el universo se enfrió lo suficiente para permitir la formación de las partículas subatómicas, protones, neutrones y electrones, en un proceso conocido como *nucleosíntesis primordial*.[17] A medida que el universo continuó enfriándose, estos protones y neutrones comenzaron a fusionarse para formar núcleos ligeros, como el deuterio (un isótopo del hidrógeno), helio y trazas de litio. Este proceso ocurrió en un período llamado la era de la nucleosíntesis, que duró solo unos pocos minutos.

Unos 380 000 años después del *Big Bang*, el universo se había enfriado lo suficiente como para que los electrones se unieran a los núcleos formados anteriormente, dando lugar a los primeros átomos de hidrógeno y helio en un proceso conocido como recombinación. La formación de átomos marcó el fin de la era de la radiación y el inicio de la era de la materia, permitiendo que la luz viajara libremente a través del universo y formando la radiación de fondo de microondas que observamos hoy.

La formación de los elementos químicos

La formación de los elementos químicos sigue varias etapas en las que se va necesitando una mayor energía.

Primera etapa: la formación de los elementos más simples por fusión nuclear.

Los átomos más simples, en los que se encuentran las tres partículas subatómicas más conocidas, fueron los primeros que se formaron, en los 20 primeros minutos.[18] La temperatura pasa de los 10^9 °K de los tres primeros minutos, hasta los 10^7 °K al final de estos 20 primeros minutos. A lo largo de estos 17 minutos se forma Hidrógeno (H^1), constituido por un protón y un electrón, que será el primer elemento y que en ese momento constituye el 100 % del universo. Es el inicio del grupo 1 de elementos de la Tabla Periódica.

En una estrella tipo nuestro Sol, que tiene 5000 Ma, el H^1 se concentra en el núcleo central, por la fuerza gravitacional, y es desplazado a la capa más externa dando lugar por fusión nuclear a la aparición del Helio (He^2). De esta forma la proporción de H^1 decae al 75 %, con la aparición de un 25 % de He^2 y aparecen trazas de Litio (Li^3).

Con el paso del tiempo, la materia se agrupó bajo la influencia de la gravedad para formar las primeras estrellas. Estas estrellas, al quemar H en sus núcleos mediante reacciones de fusión nuclear, dieron lugar a la *nucleosíntesis estelar*, el primer y más simple proceso, que ocurre en el núcleo de las estrellas de la secuencia principal. En esta etapa, las estrellas transforman el H en He a través de la llamada *cadena protón-protón*, que predomina en estrellas como el Sol. En este proceso, dos protones se fusionan para formar deuterio (D, un isótopo del H que posee un protón, un neutrón y un electrón), que luego se combina con otro protón para formar He^3 (un isótopo del He^2). Finalmente, dos núcleos de He^3 se combinan para producir He^4, el isótopo del He más abundante, liberando energía en forma de luz y calor (Figura 4.7).

Así pues, con la energía de la muerte de una estrella tipo nuestro Sol —que posee los 3 elementos primordiales— se realizan nuevas fusiones nucleares, o nucleosíntesis. La fusión del He_2 origina el Carbono (C^6): $He^2 + He^2 + He^2 = (C^6)$. Mediante las fusiones de H^1 y He^2 se forman el Nitrógeno (N^7) y el Oxígeno (O^8).

La fusión del C^6 no se realiza en esas condiciones. Cuando el C^6 se reúne en el centro, la estrella tipo Sol se expande y aumenta el tamaño. Se desintegra al escaparse los elementos componentes de las capas externas, que se dispersan en el universo y la estrella pase a ser una *nebulosa planetaria:* una estructura de gas y polvo en expansión alrededor del cuerpo celeste que se ilumina por la radiación de la estrella central. La parte de la estrella, que no se dispersa, es el *núcleo de Carbono inerte,* se convierte en una estrella enana blanca de enorme masa.

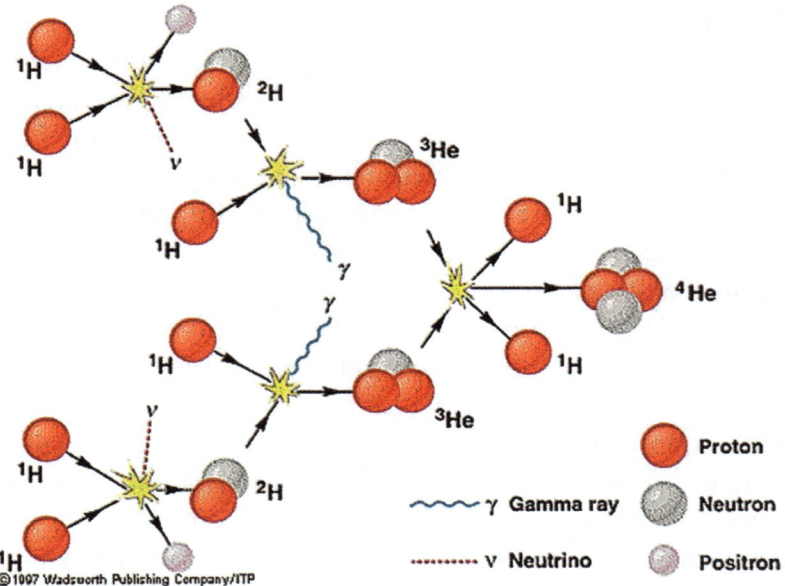

Figura 4.7. Representación de la cadena protón-protón que funciona eficientemente en las estrellas como nuestro Sol (Tomado de[19]).

En resumen, las estrellas como el Sol empezaron formando desde el H, el He, O, N, C que se expanden al universo. La mayor parte del C se queda en la enana blanca.

Segunda etapa: Etapa de fusión nuclear en estrellas masivas.

Para que se sigan produciendo más elementos se necesitaron estrellas más grandes, masivas de al menos 15 masa solar y con altas temperaturas, de unos 30 000 °K. Estas estrellas tienen una vida media muy corta, de unos 12 Ma, por lo que los procesos que se producen en ellas son enormemente rápidos. En efecto, a medida que las estrellas masivas envejecen, el C se acumula en sus núcleos y, bajo condiciones de mayor temperatura y presión, comienza a fusionarse en elementos más pesados como C, O, Ne, Na, o Mg entre otros elementos.

Las estrellas de masa intermedia y alta pueden realizar una serie de reacciones de fusión en capas concéntricas, creando elementos cada vez más pesados hasta llegar al Fe y al Níquel (Ni). Los elementos más pesados se forman en la estrella a partir de la fusión de los núcleos ligeros. De esta forma aumenta el O^8 y aparecen otros: Neón (Ne^{10}), Sodio (Na^{11}), Magnesio (Mg^{12}), Silicio (Si^{14}), Potasio (K^{19}); la fusión del Si con He dará el Azufre (S^{16}), Argón (Ar^{18}), Calcio (Ca^{20}) y Titanio (Ti^{22}), Cromo (Cr^{24}) proceso que llega hasta la formación del Hierro (Fe^{26}). Podríamos decir que la *ceniza* más pesada de la fusión nuclear en los interiores estelares es el Fe^{26}. Entonces a la estrella le quedan solo 6 segundos de vida, va a producirse el colapso y muere.

El Fe^{26} es muy estable, por lo que la formación de átomos más pesados que el Fe^{26} necesitan absorber energía, y esta energía no se encuentra disponible en esas condiciones.

Tercera etapa: Etapa de Bombardeo de Neutrones.

El Fe^{26} se concentra, por la fuerza de la gravedad en el núcleo central; se aprietan los electrones de tal forma que un protón y un electrón origina un neutrón (*Neutronización*) y un neutrino. Falta un segundo de vida de la estrella masiva. Los neutrones se concentran en el núcleo de forma *estrella de neutrones,* que es lo máximo que se puede comprimir una estrella. Las Estrellas de neutrones, al igual que las enanas blancas son muy densas al estar formadas solamente por neutrones. El núcleo central de la *estrella de neutrones* genera una onda de choque que lanza fuera los elementos de las capas externas y se transforma en una *Supernova de colapso gravitatorio.*

Los elementos más pesados que el Fe^{26} tienen su origen en las *Supernovas*. La energía necesaria procede de que los remanentes de las *Supernovas* usan los elementos de las capas externas para generar *nucleosíntesis explosivas,* en las que se produce una nueva síntesis de elementos por el bombardeo de neutrones al (Fe^{26}). El (Fe^{26}) capta neutrones pasando a formar Cobre (Cu^{29}), que de nuevo sufre el bombardeo de neutrones y así sucesivamente formándose en elementos más pesados, el Estroncio (Sr^{38}) y Cloro (Cl^{17}). Captando neutrones se forman otros pesados como el Cobalto (Co^{27}), y de él el Níquel (Ni^{28}) y esto se va repitiendo en el interior de las estrellas a lo largo de Ma, hasta llegar al Circonio (Zr^{40}).

El núcleo de la estrella se concentra y se convierte o en una estrella de neutrones o en un agujero negro.

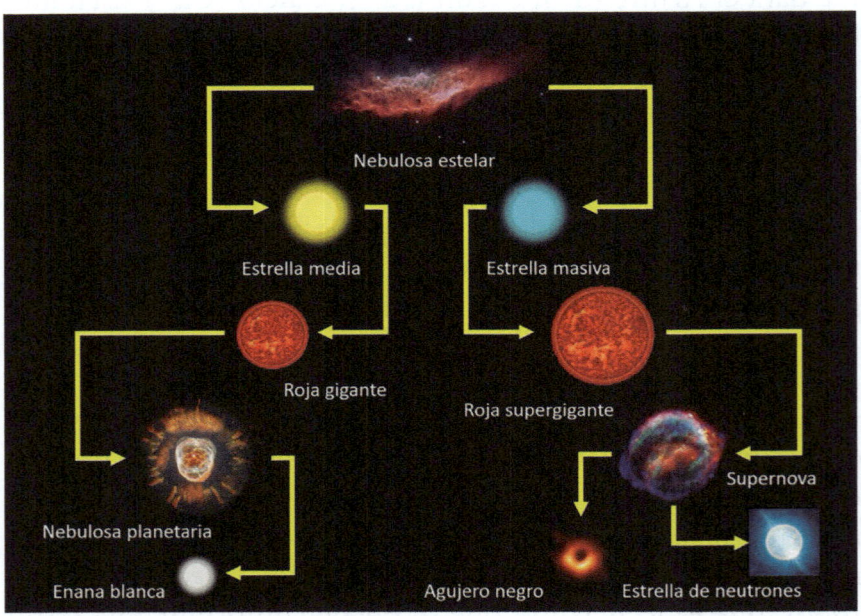

Figura 4.8. La vida de las estrellas: relación entre la muerte y formación de estrellas.

En resumen, las estrellas masivas producen durante su vida nucleosíntesis estelar y van creando núcleos con elementos en el centro de la estrella. Después usan los elementos que estaban en la envoltura cuando explotan a Supernovas para producir nucleosíntesis explosivas creando los elementos hasta el Zr^{40}. Es decir, los elementos más pesados que el Fe^{26} tienen su origen en las *Supernovas*. La energía necesaria procede de que los remanentes de las *Supernovas* usan los elementos de las capas externas para generar *nucleosíntesis explosivas,* en las que se produce una nueva síntesis de elementos por el bombardeo de neutrones al (Fe^{26}).

El Zr^{40} capta un neutrón y va pasado sucesivamente a Plata (Ag^{47}), hasta el Plomo (Pb^{82}).

Etapa final: Sistemas binarios.

Por último, se forman sistemas binarios, de dos estrellas, cuya temperatura permite la formación de los elementos más pesados.

Para llegar a elementos más pesados se necesitaron otros procesos nuevos consistentes en combinaciones de dos estrellas o combinaciones con los remanentes de procesos anteriores: *Estrellas de Neutrones* y *Estrellas enanas blancas*.

La interacción de dos estrellas de tamaños cercanos al Sol puede producir una explosión de las capas externas de forma que el núcleo de C_6 inerte se puede fusionar dando lugar a una explosión termonuclear que eleva la temperatura y se convierte en una *Supernova termonuclear*. Al igual que las *Supernovas de colapso gravitatorio* generan nuevos elementos pesados como el Zinc (Zn^{30}).

Siguen faltando elementos que requieren para su formación un binario de dos estrellas más masivas. Dos *estrellas de alta masa de neutrones* que giran entre sí pierden energía y se acercan una a la otra y la fuerza es tan grande que se destruye una a la otra formando una *Kilonova* que lanza neutrones. Este flujo de neutrones rodea el sistema binario y esos elementos captan electrones y dan elementos de peso más alto como el Bismuto (Bi^{83}), Oro (Au^{79}), Uranio(U^{92}) o Plutonio (Pu^{94}) además de la Plata.

En la Tierra, los elementos químicos se distribuyeron y reorganizaron a través de procesos geológicos y químicos. La diferenciación planetaria, impulsada por el calor interno y la gravedad, permitió que los elementos más pesados como el hierro y el níquel se hundieran hacia el núcleo, mientras que los elementos más ligeros como el silicio y el oxígeno formaron el manto y la corteza. Además, la actividad volcánica, el movimiento tectónico y la interacción con la atmósfera y los océanos continuaron modificando la distribución y la forma química de estos elementos.

La organización de los elementos químicos: La Tabla Periódica

La Tabla Periódica es una de las herramientas fundamentales en la química moderna, que implica una organización sistemática de los elementos químicos según sus propiedades. Desde su concepción en el siglo XIX por Dimitri Mendeléyev, que basó la organización de los elementos según su peso atómico y propiedades químicas, lo que permitió predecir la existencia y propiedades de elementos que aún no se habían descubierto, hasta la actualidad que se emplea como criterio de organización el número atómico; la Tabla Periódica ha evolucionado considerablemente, reflejando avances en nuestra comprensión de la estructura atómica y las propiedades de los elementos. Actualmente, la Tabla Periódica la componen 118 elementos y grandes laboratorios de Japón, Rusia, Estados Unidos y Alemania compiten por ser los primeros en obtener los siguientes: el 119 y el 120.

Más allá de su papel crucial en química, la Tabla Periódica trasciende a otras disciplinas, como la física y la biología. Se ha convertido en un icono de la ciencia y de la cultura universales. Hace unos años, para conmemorar su siglo y medio de vida Naciones Unidas declaró el 2019 como el Año Internacional de la Tabla Periódica.

92

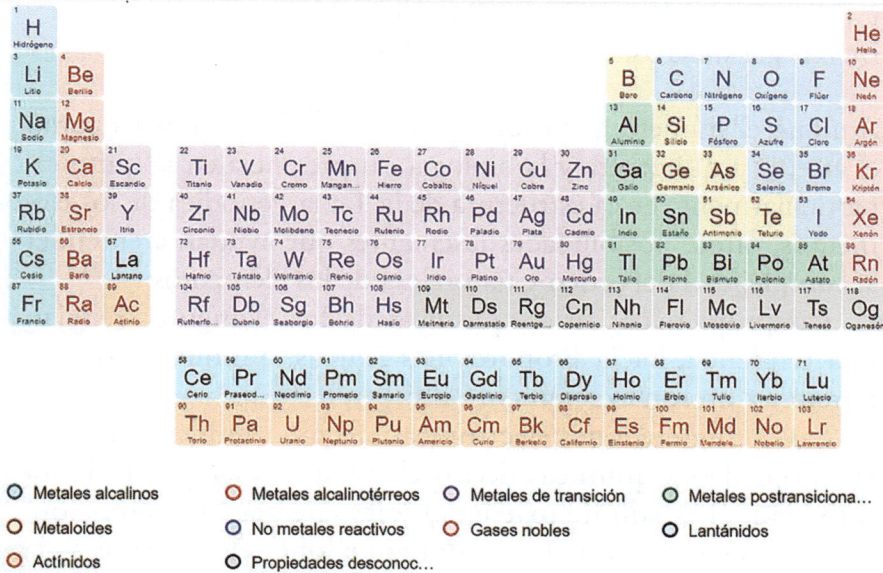

Figura 4.9. La Tabla Periódica, con los 118 elementos descritos hasta el momento, indicando la similitud de comportamiento químico empleado para su agrupación.

Así, en la versión actual de la tabla, los elementos se distribuyen en orden creciente de los pesos atómicos, y su disposición en la tabla muestra tendencias periódicas, de modo que reúne a aquellos con un comportamiento similar en una misma columna o grupo (Figura 4.9). Los 118 elementos, conocidos hasta la actualidad, se distribuyen en 7 filas horizontales llamadas periodos y 18 columnas verticales, conocidas como grupos. Los elementos que pertenecen a cada grupo tienen propiedades similares. Por ejemplo, el grupo 1 lo forman metales alcalinos, el grupo 8 la familia del hierro o el grupo 18 los gases nobles. Tras el hallazgo e incorporación del flerovio y livermorio (Fl^{114} y Lv^{116}), en 2016 se incorporaron cuatro nuevos elementos a la Tabla Periódica: nihonio (Nh), moscovio (Mc), téneso (Ts) y oganesón (Og), cuyos números atómicos son, respectivamente 113, 115, 117 y 118.[21]

Aunque el número áureo es más conocido en contextos como el arte, la arquitectura y la biología, su presencia en la química, particularmente en la estructura de la Tabla Periódica de los elementos, ofrece posibilidades fascinantes que ayudan a entender la complejidad del orden y naturaleza de los elementos[22,23,24].

Las propiedades físico-químicas de los elementos reflejan una tendencia hacia Proporciones Áureas, aunque estas proporciones no son exactamente Phi.

Las configuraciones electrónicas afectan significativamente las propiedades químicas de los elementos, incluyendo la reactividad, el estado de oxidación y las energías de ionización. En la ordenación actual, las configuraciones electrónicas —la distribución de electrones en los niveles y subniveles de energía de un átomo— siguen un patrón lógico que destaca la periodicidad de sus propiedades. La disposición de los electrones en los átomos sigue principios de minimización de energía, ya que las configuraciones electrónicas que resultan en energías más bajas son más estables. De forma que la aparición de Proporciones Áureas en la distribución de electrones y en las propiedades de los elementos estarían relacionadas con la optimización energética. Esta optimización de la estructura de la Tabla periódica —como ocurre con la plenitud de funciones de un proceso evolutivo— se apoya en Proporciones Áureas.

Las energías de ionización —las energías necesarias para remover un electrón de un átomo— las afinidades electrónicas y los radios atómicos de los elementos exhiben patrones que pueden ser descritos usando Proporciones Áureas. Estas propiedades, que muestran una tendencia periódica en la Tabla Periódica al depender de la configuración electrónica y la estructura atómica, reflejan una armonía subyacente que parece estar influenciada por Phi. Por ejemplo, al comparar las energías de ionización de los elementos del grupo 1 (metales alcalinos) y del grupo 2 (metales alcalinotérreos) anteriormente citados, encontramos los siguientes valores: Li (520 kJ/mol), Na (496 kJ/mol), K (419 kJ/mol), en los metales alcalinos y Be (899 kJ/mol), Mg (737 kJ/mol), Ca (590 kJ/mol) en los alcalinotérreos. La proporción aproximada entre las energías de ionización de Mg y Be es 899/737 ≈ 1,22, y entre Ca y Mg es 737/590 ≈ 1,24.

También analizando propiedades como la afinidad electrónica y las propiedades de enlace de los halógenos, así como las energías de ionización y la reactividad química de los gases nobles, aparecen muestran patrones que pueden relacionarse con el número Phi.

Cabe citar, a título de ejemplo lo que ocurre con las energías de Ionización, en las que, al comparar los valores correspondientes a elementos en diferentes grupos y periodos, se pueden encontrar proporciones cercanas a Phi.

Los elementos en la espiral

Esta latencia de Phi en las propiedades fisicoquímicas de los elementos distribuidos en orden creciente de sus números atómicos nos lleva a pensar en la estructura de la Tabla según una Espiral Áurea en la que la separación de cada vuelta sigue los números de la secuencia de Fibonacci: 1,2,3,5,8,13 (Figura 4.10).

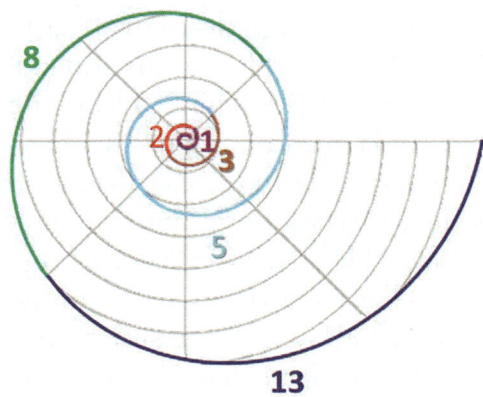

Figura 4.10. Espiral con separaciones de 1, 2, 3, 5, 8, 13 en cada vuelta. Aparecen los 8 ejes, formando ángulo de 45 ° entre sí, que delimitan el inicio y final de cada vuelta.

95

Se inicia con el H^1 de número atómico más bajo y, siguiendo las 7 filas horizontales, acaba en el Og^{118} (Para facilitar la identificación de los elementos en la espiral, se colorean según el grupo (columna) en que están colocados en la Tabla Periódica según la Figura 4.11).

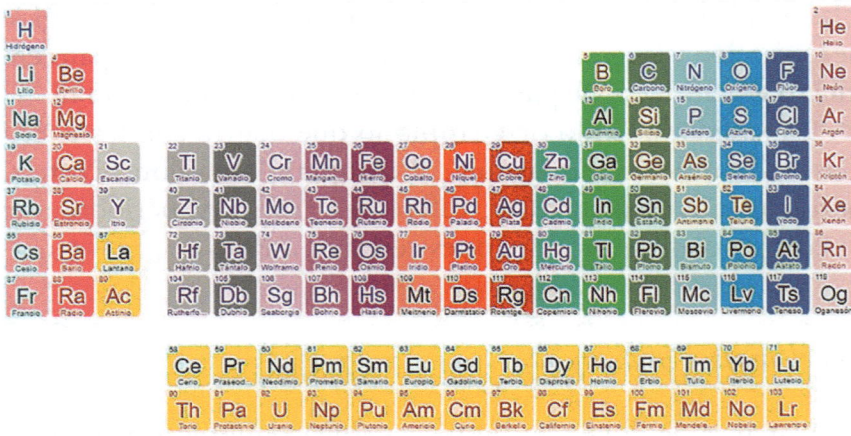

Figura 4.11. Los elementos actuales de la Tabla Periódica distribuidos en los 18 grupos, coloreados para facilitar la identificación de su lugar sobre la Espiral.

Comenzamos con los cuatro elementos más simples H-He-Li-Be, componentes de los grupos 1 (rosa),2 (rosa fuerte) y 18 (rosa claro), según el código de color de la Figura 4.11. El Hidrógeno (H^1) y el Helio (He^2) están situados en la vuelta 1, le sigue el Litio (Li^3) en la vuelta 2. El Li da paso al Berilio (Be^4) del grupo 2, en la vuelta 3 (Figura 4.12).

El grupo 18 (en rosa pálido) tiene el elemento segundo y último (118). Los elementos según sus números atómicos se sitúan en los ejes trasversales: He^2, Ne^{10}, Kr^{36}; el Ar^{18} se sitúa en el otro eje trasversal; todos ellos en la vuelta 3. En el mismo eje se sitúa el Rn^{86}. Por su parte, Xe^{54} y Og^{118} se sitúan en el segundo eje, donde ya estaba el Ar^{18}, en la vuelta 5 y 8 respectivamente.

Del grupo 1 (rosa), en la vuelta 3, aparecen Na^{11} y K^{19}; en la vuelta 8, Rb^{37} y Cs^{55}, mientras que en la vuelta 13 se sitúa Fr^{87}; una posición más alta de los del grupo 18.

En el sentido contrario a las agujas del reloj un número atómico mayor del grupo 1 se sitúan los elementos del grupo 2 (rosa fuerte). En el sentido de las agujas del reloj —un número atómico menos— si sitúan los elementos del grupo 18 (en color rosado).

De forma similar se sitúan los siguientes grupos o columnas: los 15,16 y 17 (Figura 4.12a), iniciados por N^7, O^8 y F^9 en la vuelta 3, tres espacios hacia mayores números atómicos de Be^4. Se van colocando los elementos segundos en la misma vuelta 3.

La figura 4.12b muestra la localización de los grupos 9 al 14, de igual forma que los anteriores. La vuelta 3 se completará con los elementos iniciales de los grupos 13 y 14, B^5 (verde intenso) y C^6 (verde seco), y los segundos de estos grupos: Al^{13}.

La figura 4.12b muestra que, en la siguiente vuelta, la 5, se sitúan los primeros elementos de los grupos 3 al 12 y avanza hacia la vuelta 8 con los elementos de la fila 4 y fila 5. La vuelta 8 se completa con los Lantánidos de números atómicos entre 57 a 71 ambos inclusive (color amarillo).

Continúan los elementos en la última vuelta, la 13, con la fila 6 y 7. Los elementos Actínidos se sitúan dentro de la vuelta 7 —números atómicos del 89 al 103 (color amarillo) y continúa con los elementos conocidos (Og^{118})—.

Desde el 120 al 145 son elementos no descubiertos aún y que posiblemente no existan debido a su elevado peso atómico.

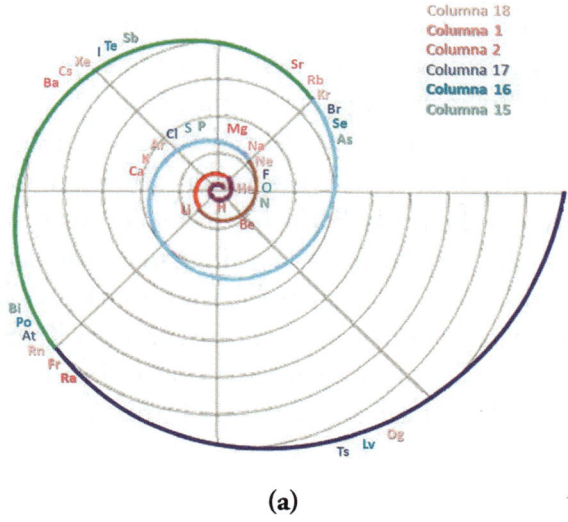

(a)

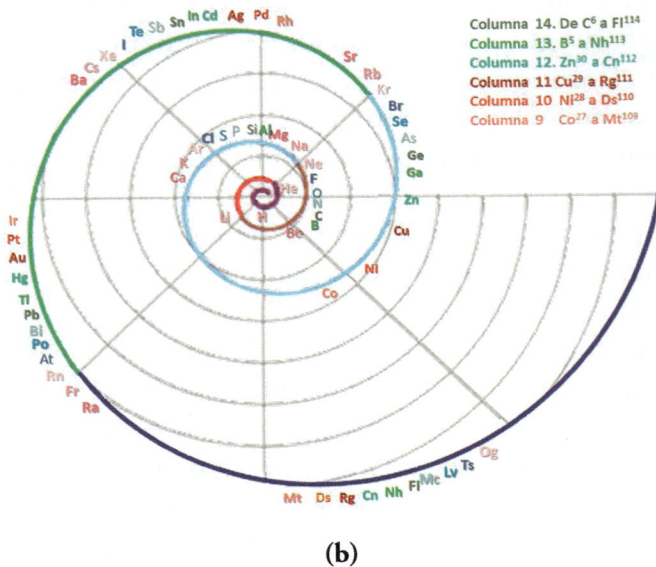

(b)

Figura 4.12. (a) Localización de los elementos de los grupos 1, 2, 18, 15, 16 y 18 en la Espiral Áurea según los números atómicos. (b) Localización de los elementos de los grupos 9 al 14.

En resumen, los elementos de peso atómico del 1 al 118, según el orden de aparición, alcanza la estructura de la Espiral Áurea.

En conclusión, el número áureo, con sus propiedades matemáticas únicas, parece manifestarse en la estructura de la Tabla Periódica de los elementos. Al analizar las relaciones entre números atómicos, configuraciones electrónicas y propiedades físico-químicas, se pueden identificar patrones que se aproximan a Phi y que sugieren una armonía subyacente en la disposición de los elementos, reflejando principios de optimización energética y simetría matemática. La presencia del número áureo en la Tabla Periódica no solo enriquece nuestra comprensión de la química y la física, sino que también destaca la profunda conexión entre las matemáticas y las ciencias naturales. Esta conexión continúa inspirando investigaciones y descubrimientos, proporcionando una visión más profunda de las leyes fundamentales que rigen el universo.

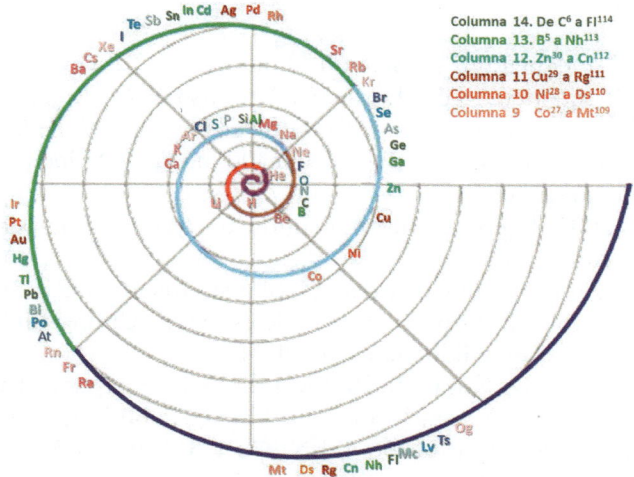

Columna 14. De C^6 a Fl^{114}
Columna 13. B^5 a Nh^{113}
Columna 12. Zn^{30} a Cn^{112}
Columna 11 Cu^{29} a Rg^{111}
Columna 10 Ni^{28} a Ds^{110}
Columna 9 Co^{27} a Mt^{109}

Figura 4.13: Espiral Áurea con todos los elementos químicos, partiendo de los de bajo número y masa atómicos, hasta los más pesados. Los grupos del 3 al 12 tienen su comienzo en la fila 4 por lo que se inician en la vuelta 3.

La simetría y la proporción son principios fundamentales en la naturaleza. La presencia de Phi en la Tabla Periódica puede reflejar una simetría matemática que subyace en la estructura atómica y las interacciones químicas. Esta simetría podría ser un reflejo de la belleza inherente de las leyes naturales.

Bibliografía

1. Kaldari, R. adaptation to Spanish: Luis Fernández García, wiping WMAP: Basquetteur -File: Evolución Universo WMAP.jpg, Original version: NASA. https://es.wikipedia.org/wiki/Big_Bang#/ media/Archivo:Evolucion_Universo_CMB_Timeline300_no_WMAP.jpg. Accedido, 2 de junio de 2024.
2. Singh, S. (2005) Big bang: the origin of the universe. Ed. Harper Perennial. New York, USA.
3. "Estrellas". Autor: Equipo editorial, Etecé. De: Argentina. Para: *Concepto.de*. Disponible en: https://concepto.de/estrellas/. Última edición: 14 de julio de 2022. Accedido, 30 mayo, 2024
4. Prialnik, D. (2001). Novae. In Paul Murdin (ed.). Encyclopedia of Astronomy and Astrophysics. Institute of Physics Publishing/Nature Publishing Group. pp. 1846–1856. ISBN 978-1-56159-268-5.
5. Tanvir, N. et al. (2013). A 'kilonova' associated with the short-duration γ-ray burst GRB 130603B. Nature.500: 547–549. https://doi.org/10.1038/nature12505
6. Riveiro, A. (2024). El peligro de las kilonovas: ¿Cuál es la distancia mínima? https://www.astrobitacora.com/el-peligro-de-las-kilonovas-cual-es-la-distancia-minima/. Accedido, 2 de junio de 2024
7. http://www.nasa.gov/multimedia/imagegallery/image_feature_219.html Dominio público, https://commons.wikimedia.org/w/index.php?curid=14301. Accedido, 2 de junio de 2024.
8. De Event Horizon Telescope, uploader cropped and converted TIF to JPG - Esta imagen ha sido extraída del archivo, CC BY 4.0, https://commons.wikimedia.org/w/index.php?curid=77925953
9. https://science.nasa.gov/missions/hubble/hubble-goes-high-definition-to-revisit-iconic-pillars-of-creation. Accedido, 5 de junio de 2024
10. https://hubblesite.org/contents/media/images/2013/13/3167-Image.html?news=true. Accedido, 5 de junio de 2024.
11. Abbott, BP. (2016). Observation of Gravitational Waves from a Binary Black Hole Merger. Phys. Rev. Lett. 116: 061102. DOI:10.1103/PhysRevLett.116.061102
12. Wilkins, DR. et al. (2021). Light bending and X-ray echoes from behind a supermassive black hole. Nature, 595: 657-660. DOI:10.1038/s41586-021-03667-0
13. Zyla, PA. et al. (Particle Data Group). (2020). Review of Particle Physics. Progress of Theoretical and Experimental Physics, 2020(8), 083C01. DOI:10.1093/ptep/ptaa104.
14. Yndurain, FJ. The Theory of Quark and Gluon Interactions, Springer-Verlag 2006

15. Greiner, W and Müller, B. (2000). Gauge Theory of Weak Interactions. Springer. ISBN 3-540-67672-4

16. De Fabsanhvasq - Trabajo propio, CC BY-SA 4.0, https://commons.wikimedia.org/w/index.php?curid=114975485. Accedido, 3 de junio de 2024

17. Coc, A. and Vangioni, E. (2017). Nucleosíntesis primordial Revista Internacional de Física Moderna Evol. 26, n° 08, 1741002. https://doi.org/10.1142/S0218301317410026

18. Castillo, A. El origen de los Elementos. De las Supernovas a la tabla Periódica. URL: https://www.youtube.com/watch?v=hdmq404KxUs).

19. https://paolera.wordpress.com/2013/11/22/. Accedido, 5 de junio de 2024.

20. Scerri, E. (2019). The Periodic Table: Its Story and Its Significance. Oxford University Press

21. Öhrström, L. and Reedijk, J. (2016). Names and symbols of the elements with atomic numbers 113, 115, 117 and 118 (IUPAC Recommendations 2016). Pure and Applied Chemistry, 88: 1225-1229. https://doi.org/10.1515/pac-2016-0501.

22. Heyrovska, R. (2005). The Golden ratio, ionic and atomic radii and bond lengths. Molecular Physics, 103: 877-882. DOI: 10.1080/00268970412331333591

23. Boeyens, J. and Comba, P. (2013). Chemistry by Number Theory. Structure and Bonding. 148: 1–24. DOI: 10.1007/978-3-642-31977-8_1

24. Currie, HR. and Currie GM. (2020). An Investigation of the Application of the Golden Ratio and Fibonacci Sequence Associated with the Chart of Nuclides. Open Science.Journal 5(2)

5.
La Galaxia Vía Láctea. Los planetas y las lunas

La Tierra, nuestro hogar, es el tercer planeta del Sistema Solar, compuesto por el Sol, ocho planetas, lunas, asteroides y cometas. Con 4,54 mil millones de años de antigüedad, la Tierra ocupa una posición privilegiada en la galaxia, la Vía Láctea, que a su vez forma parte del supercúmulo de galaxias Laniakea, de tal extensión que tardaríamos en recorrerlo 500 Ma a la velocidad de la luz. Las distancias al Sol y los tiempos orbitales de los planetas siguen una proporción cercana a Phi (φ).

LANIAKEA. LA VÍA LÁCTEA

Laniakea, un término hawaiano que significa "cielo inconmensurable," es el nombre dado al supercúmulo de galaxias en el que se encuentra nuestra galaxia, la Vía Láctea, que recibe este peculiar nombre porque, al verse desde la Tierra, parece un camino blanco en el cielo de la noche (Figura 5.1). Este supercúmulo, identificado y definido por un grupo de astrónomos en 2014, dirigido por el astrónomo R. Brent Tully, de la Universidad de Hawái, representa una de las estructuras más grandes conocidas en el universo.[1]

Figura 5.1. La Vía Láctea (Tomada de[2]).

Las galaxias no están aisladas, sino que se agrupan en cúmulos debido a la atracción gravitatoria mutua. Estos cúmulos, a su vez, se organizan en supercúmulos, agrupaciones aún más grandes y extensas de galaxias y cúmulos galácticos, que están interconectados a través de filamentos de materia oscura, gas y galaxias, formando una estructura en red conocida como la red cósmica. Esta red es la arquitectura a gran escala del universo, en la que las galaxias y los cúmulos se disponen a lo largo de filamentos, separados por vastos vacíos cósmicos (Figura 5.2).

Laniakea es una vasta estructura cósmica, que ocupa un espacio de diámetro de unos 520 Ma luz, cuya forma se asemeja a una compleja red de filamentos conectados a un punto central de convergencia, conocido como el *Gran Atractor*, una región de atracción gravitacional extremadamente intensa que influye en el movimiento de las galaxias dentro de este supercúmulo.

El *Gran Atractor* está ubicado en la constelación de Centaurus y actúa como el centro gravitacional del supercúmulo. Su influencia es tan fuerte que afecta el movimiento de nuestra propia galaxia, que se mueve hacia esta región a una velocidad de cientos de kilómetros por segundo. A pesar de esta fuerte atracción gravitatoria, la naturaleza exacta del Gran Atractor aún es objeto de estudio, debido en parte a que se encuentra en una región del cielo oscurecida por el plano galáctico de la Vía Láctea, lo que dificulta su observación directa.

Figura 5.2. Laniakea y situación de nuestra galaxia, la Vía Láctea (Modificado de[3]).

No es una estructura estática, sino que se observa cómo sus galaxias están en constante movimiento, atraídas hacia el Gran Atractor y hacia otras regiones de alta densidad dentro del supercúmulo. Debido a la expansión acelerada del universo, algunas galaxias situadas en sus límites podrían estar moviéndose lo suficientemente rápido como para que puedan escapar de la atracción gravitatoria del supercúmulo, lo que sugiere que los límites de Laniakea pueden cambiar con el tiempo.

Estrellas y galaxias se formaron desde un universo muy uniforme que aparece con el *Big Bang* a lo largo de 13 000 Ma. Las partículas que se agitaban en regiones menos uniformes impulsadas por las radiaciones fueron atrayéndose por la fuerza de la gravedad provocada por su propia masa, lo que permitió que atrajeran materia.

Así se crearon las galaxias formadas por polvo, gas y un número astronómico de estrellas, unidas lógicamente por la fuerza de la gravedad.

La Vía Láctea es una galaxia espiral barrada, con un diámetro estimado de 100 000 años luz y un espesor de aproximadamente 1000 años luz en su disco, que contiene entre 100 y 400 000 millones de estrellas, además de una cantidad comparable de planetas, gas interestelar, y materia oscura. Es un vasto y complejo sistema estelar que alberga miles de millones de estrellas, planetas, nubes de gas y polvo, y estructuras misteriosas como agujeros negros y cúmulos globulares. Durante siglos la humanidad ha observado la Vía Láctea como una banda luminosa en el cielo nocturno, sin comprender plenamente su naturaleza.

Nuestro Sol se encuentra a unos 27 000 años luz del centro galáctico, en el brazo de Orión, un pequeño brazo espiral que se ramifica entre los brazos mayores de Sagitario y Perseo (Figura 5.3).

La estructura de la Vía Láctea (Figura 5.3a) incluye un núcleo denso, que alberga un agujero negro supermasivo llamado Sagitario A, una barra central, brazos espirales que se extienden hacia afuera desde la barra (Figura 5.3b), y un halo que rodea el disco galáctico. Este halo contiene cúmulos globulares, estrellas viejas, y una gran cantidad de materia oscura, que representa una porción significativa de la masa total de la galaxia. Además, se han identificado flujos de estrellas y gas que parecen ser restos de galaxias enanas que fueron absorbidas por la Vía Láctea, un sistema estelar dinámico y complejo que ha evolucionado durante miles de Ma.

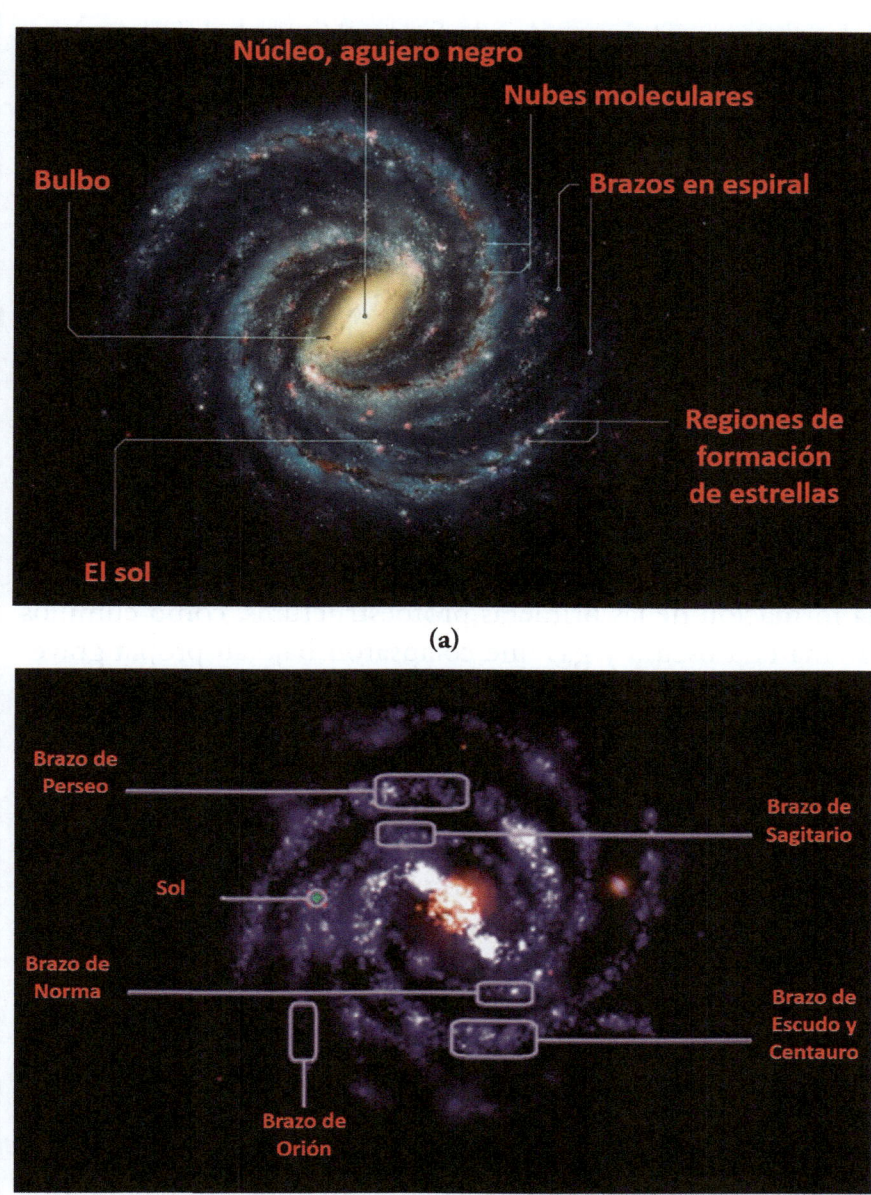

(a)

(b)

Figura 5.3. (a) Zonas de la Vía Láctea (Modificado de[4]). (b) Brazos de la Vía Láctea (Modificado de[5]).

107

Las teorías modernas sobre la formación de la Vía Láctea se basan en el marco cosmológico conocido como el *Modelo de Lambda-CDM* (Lambda-Cold Dark Matter)[6], que describe la evolución del universo desde el *Big Bang* hasta la actualidad. Este modelo sugiere que las galaxias se forman a partir de pequeñas perturbaciones en la distribución de la materia en el universo temprano, que crecen con el tiempo debido a la gravedad.

Según este modelo Lambda-CDM, después del *Big Bang* el universo estaba compuesto principalmente por materia oscura, hidrógeno, helio y pequeñas cantidades de otros elementos ligeros. Durante los primeros cientos de Ma, las pequeñas fluctuaciones en la densidad de la materia oscura comenzaron a atraer materia bariónica (hidrógeno y helio) hacia los pozos de gravedad formados por la materia oscura. Este proceso llevó a la formación de las primeras protoestructuras, como cúmulos de materia oscura y gas que colapsaron bajo su propia gravedad, dando lugar a las primeras estrellas y galaxias.

La Vía Láctea, como otras galaxias espirales, se formó a partir de la *acreción* jerárquica (la acreción es un término que se refiere al proceso mediante el cual una galaxia crece y se desarrolla a través de la acumulación de gas, polvo, y otras galaxias más pequeñas a lo largo del tiempo) de estas protoestructuras. Durante miles de Ma, pequeños halos de materia oscura y las galaxias enanas que contenían se fusionaron para formar estructuras más grandes. Este proceso de fusión no fue suave ni homogéneo; fue violento y caótico, con colisiones que redistribuyeron estrellas, gas y materia oscura en una estructura cada vez más masiva. Este fenómeno de acreción de galaxias enanas y halos de materia oscura continuó durante miles de Ma más, y todavía continúa hoy en día, aunque aparentemente en menor medida.

Figura 5.4. Recreación artística de los restos de Gaia Encelado (las flechas amarillas representan las posiciones y movimientos de las estrellas originadas en Gaia-Encelado en una simulación de una fusión galáctica con la Vía Láctea. Tomado de[7]).

Este proceso explica la presencia de corrientes estelares y subestructuras en el halo galáctico de la Vía Láctea, restos de galaxias enanas y cúmulos globulares que fueron destruidos y absorbidos por la misma. La fusión con la galaxia enana de Sagitario es una de las fusiones más significativas en la historia reciente. Sagitario ha sido parcialmente destruida y absorbida por nuestra galaxia, y ha dejado una huella en la distribución de las estrellas en el halo, influyendo en la estructura del disco galáctico. También se han identificado otros eventos de fusión, como el *Gaia-Enceladus*, una fusión masiva que ocurrió hace unos 10 000 Ma y que contribuyó significativamente a la masa del halo galáctico (Figura 5.4). La materia oscura, cuya presencia fue propuesta inicialmente para explicar la velocidad de rotación de las estrellas en el disco de la Vía Láctea (que no podía ser explicada únicamente por la masa visible de la galaxia), juega un papel fundamental en la formación y evolución de nuestra galaxia. Aunque no interactúa directamente con la luz, la materia oscura influye en la estructura y dinámica de las galaxias a través de su gravedad. Se estima que aproximadamente el 85 % de la masa de la Vía Láctea está en forma de materia oscura, que forma un halo masivo que rodea la galaxia visible.

Observaciones de la curva de rotación de la galaxia mostraron que las estrellas situadas en las regiones exteriores del disco se mueven a velocidades mucho mayores de lo esperado si solo se considerara la masa de las estrellas y el gas visibles. Esto sugiere la existencia de una gran cantidad de materia no visible, distribuida en un halo que se extiende mucho más allá del disco.

Además de las fusiones, la evolución de la Vía Láctea ha sido moldeada por la formación y migración de estrellas dentro de la galaxia. La formación estelar en la Vía Láctea ha ocurrido de manera continua durante miles de Ma, con episodios de mayor intensidad relacionados con fusiones galácticas y colisiones. Las estrellas no permanecen necesariamente en el lugar donde se formaron; la dinámica galáctica, como las interacciones con los brazos espirales y la barra, puede causar la migración de estrellas a lo largo del disco galáctico. Este fenómeno de migración estelar explica algunas de las variaciones en la composición química observadas en diferentes partes del disco galáctico. Las estrellas pueden formarse en una región y luego migrar hacia el interior o exterior del disco, lo que mezcla las poblaciones estelares y crea una distribución más homogénea de elementos químicos a lo largo de la galaxia.

El Sistema Solar

El Sistema Solar dista aproximadamente 25 800 años luz del centro de la Vía Láctea. En espacio interplanetario hay material proveniente de diferentes elementos de la galaxia, tanto de cometas y asteroides como de la actividad de los planetas que expulsan partículas que, al no ser retenidas por atmósfera alguna, escapan al espacio. Por tanto, podría decirse que el polvo del espacio interplanetario es una variedad del polvo interestelar. Además, el Sol expulsa un plasma formado por gases, material disperso sólido y partículas cargadas en el llamado *viento solar*. Cuando este plasma llega a la ionosfera de la atmósfera terrestre se produce un bello fenómeno visible denominado *aurora boreal*.

Origen

El origen del Sistema Solar ha sido objeto de investigación y debate durante siglos. Desde las primeras concepciones mitológicas hasta las teorías científicas modernas, el entendimiento de cómo se formó ha evolucionado drásticamente, gracias a la evolución tecnológica de las últimas décadas que han permitido obtener datos, mediante observaciones astronómicas, simulaciones computacionales, el estudio de cuerpos celestes, etc., que han llevado al desarrollo de teorías complejas, que en la actualidad aún están reformulándose y renovándose gracias al continuo aporte de datos.

Las primeras teorías sobre el origen del Sistema Solar eran mitológicas y religiosas, y no fue hasta el Renacimiento cuando se empezó a buscar una explicación natural y científica, gracias a la obra de Copérnico en el siglo XVI, quien propuso un modelo heliocéntrico en lugar del geocéntrico imperante hasta el momento. Esta idea revolucionaria sentó las bases para el desarrollo posterior de teorías, y así, en el siglo XVIII, surgieron las primeras teorías científicas, la más notable de ellas fue la hipótesis de la *Nebulosa Solar*[8] (hace aproximadamente 4600 Ma, el Sistema Solar era una nube de polvo y gas) propuesta por Emmanuel Kant en 1755[9] y desarrollada independientemente por Pierre-Simon Laplace en 1796. Según esta hipótesis, el Sistema Solar se formó a partir de una gran nube de gas y polvo en rotación que colapsó bajo su propia gravedad. A medida que la nube se contraía, aumentaba su velocidad de rotación, lo que provocó la formación de un disco plano en el que el material se condensaba para formar el Sol en el centro y los planetas alrededor. Esta teoría fue ampliamente aceptada durante mucho tiempo, si bien con algunas modificaciones,[10] hasta llegar a la teoría moderna del disco protoplanetario, que sugiere que el Sistema Solar se formó hace unos 4600 Ma a partir de una nebulosa solar, una nube gigante de gas y polvo interestelar, que, bajo la influencia de la gravedad, comenzó a colapsar y rotar, formando un disco plano de material alrededor de un protosol situado en el centro. Este disco, conocido como *disco protoplanetario*, fue el sitio de formación de los planetas, lunas, asteroides y cometas.

En el centro del disco, la mayor parte del material se acumuló para formar el Sol. A medida que la nebulosa colapsaba, la temperatura y la presión en el centro aumentaron, lo que eventualmente llevó al inicio de la fusión nuclear. El Sol, al encenderse, comenzó a emitir energía en forma de luz y viento solar con impacto significativo en la evolución del disco protoplanetario (Figura 5.5).

Figura 5.5. Tres discos protoplanetarios observados con el instrumento SPHERE (ESO/ Basado en imágenes publicadas por T. Stolker, J. de Boer y C. Ginski en Astronomy & Astrophysics. Tomado de[11]).

El Sistema Solar no está estático en la Vía Láctea, sino que orbita alrededor del centro galáctico a una velocidad promedio de 828 000 kilómetros por hora (230 km/s). A esta velocidad, el Sistema Solar tarda aproximadamente 225-250 Ma en completar una órbita alrededor de la galaxia, un período conocido como un *año galáctico*. Durante este tiempo, el Sistema Solar atraviesa diferentes regiones de la galaxia, lo que podría haber influido en los cambios climáticos a largo plazo y en eventos de extinción masiva en la Tierra a lo largo de su historia.

Su ubicación en la Vía Láctea ha sido fundamental para el desarrollo y la continuidad de la vida en la Tierra. Si estuviera más cerca del centro galáctico, la Tierra podría estar expuesta a niveles peligrosos de radiación, debido a la mayor densidad de estrellas y la presencia de un agujero negro supermasivo en el centro galáctico. Esta exposición podría desestabilizar la atmósfera terrestre y aumentar las tasas de mutación, afectando la biodiversidad y potencialmente limitando la evolución de formas de vida complejas. Por otro lado, si estuviera más alejado del centro galáctico, podría encontrarse en una región con una menor concentración de elementos pesados, lo que podría haber impedido la formación de planetas rocosos como la Tierra. Los elementos pesados son fundamentales para la formación de planetas y para el desarrollo de la vida tal como la conocemos, ya que constituyen los bloques de construcción de la química orgánica.

Los planetas

El Sistema Solar está compuesto por una diversidad de planetas, cada uno con características únicas que los hacen fascinantes objetos de estudio (Figura 5.6).

La formación de los planetas se produjo en varias etapas. Inicialmente, en el disco protoplanetario, las partículas de polvo chocaban y se adherían entre sí, formando pequeños cuerpos llamados *planetesimales*, los cuales varían en tamaño desde unos pocos kilómetros hasta cientos de kilómetros, continuaron acumulando material a través de colisiones y acreción formando eventualmente cuerpos más grandes llamados protoplanetas.[12,13]

La diferenciación entre los planetas terrestres (Mercurio, Venus, Tierra y Marte) y los planetas gigantes (Júpiter, Saturno, Urano y Neptuno) se debió a la temperatura en diferentes partes del disco protoplanetario. En las regiones más cercanas al Sol, donde las temperaturas eran más altas, solo los materiales rocosos y metálicos podían condensarse, lo que llevó a la formación de planetas terrestres. En las regiones exteriores más frías, los materiales volátiles como el hielo de agua, metano y amoníaco pudieron condensarse, lo que permitió la formación de los núcleos de los planetas gigantes, que luego atrajeron grandes cantidades de gas del disco.[14]

La Tierra es el tercer planeta del Sistema Solar, orbitando a una distancia media de 149,6 millones de kilómetros del Sol. Tiene una edad estimada en 4540 Ma y está ubicado en un entorno específico dentro de la galaxia que habitamos: la Vía Láctea. Es un planeta rocoso, con un radio promedio de 6371 km y una masa de aproximadamente 5.97×10^{24} kg. Su superficie está compuesta principalmente de agua y tierra firme, con los océanos cubriendo alrededor del 71 % de su superficie. La atmósfera terrestre, una mezcla de nitrógeno (78 %), oxígeno (21 %), argón (0,93 %) y dióxido de carbono (0,04 %), junto con pequeñas cantidades de otros gases, juega un papel crucial en la regulación del clima y en la protección contra la radiación solar dañina. Está estructurado en capas, comenzando con el núcleo interno sólido compuesto de hierro y níquel, seguido por el núcleo externo líquido, el manto (que está en constante movimiento debido a la convección), y finalmente la corteza, que es la capa más externa y donde se encuentran los continentes y los océanos. Estos elementos han permitido la existencia y evolución de la vida en la Tierra, con la biosfera interactuando constantemente con los demás sistemas terrestres (litosfera, hidrosfera y atmósfera).

Mercurio, por su parte, es el planeta más cercano al Sol y el más pequeño del Sistema Solar, con un diámetro de aproximadamente 4880 km. Su proximidad al Sol y su baja inclinación axial de solo 0,034° hacen que tenga una temperatura superficial extrema, que varía entre 430 °C en el día y -180 °C en la noche. Mercurio carece de una atmósfera significativa, aunque tiene una exosfera muy delgada compuesta de átomos liberados de su superficie por el impacto de micrometeoritos y el bombardeo del viento solar. Su superficie está llena de cráteres, similares a los de la Luna, lo que indica que ha estado geológicamente inactivo durante miles de Ma.

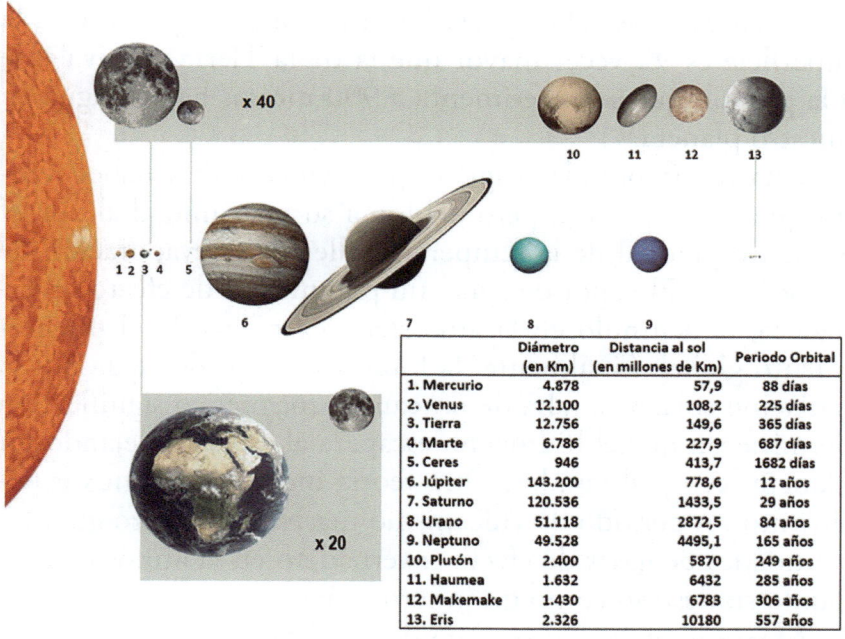

		Diámetro (en Km)	Distancia al sol (en millones de Km)	Periodo Orbital
1. Mercurio		4.878	57,9	88 días
2. Venus		12.100	108,2	225 días
3. Tierra		12.756	149,6	365 días
4. Marte		6.786	227,9	687 días
5. Ceres		946	413,7	1682 días
6. Júpiter		143.200	778,6	12 años
7. Saturno		120.536	1433,5	29 años
8. Urano		51.118	2872,5	84 años
9. Neptuno		49.528	4495,1	165 años
10. Plutón		2.400	5870	249 años
11. Haumea		1.632	6432	285 años
12. Makemake		1.430	6783	306 años
13. Eris		2.326	10180	557 años

Figura 5.6. El Sistema Solar.

Se piensa que Mercurio es el núcleo residual de un protoplaneta más grande que perdió la mayor parte de su manto y corteza debido a impactos catastróficos durante las etapas tempranas de formación del Sistema Solar. Esta teoría se ve apoyada por la alta densidad de Mercurio, que sugiere un núcleo metálico grande en proporción a su tamaño total. Otros modelos proponen que Mercurio se formó en una región con condiciones de alta temperatura que provocaron la vaporización y posterior pérdida de los elementos más ligeros.

Venus es el segundo planeta del Sistema Solar en proximidad al Sol y es similar en tamaño y composición a la Tierra, con un diámetro de aproximadamente 12 104 km. Sin embargo, Venus posee una atmósfera extremadamente densa compuesta principalmente de dióxido de carbono, con nubes espesas de ácido sulfúrico que cubren todo el planeta. Esta atmósfera provoca un efecto invernadero descontrolado, lo que eleva la temperatura superficial hasta unos 465 °C, haciéndolo el planeta más caliente del Sistema Solar. La presión en la superficie es 92 veces mayor que la de la Tierra, equivalente a la presión que se experimenta a 900 metros bajo el agua en nuestro planeta.

Una teoría popular sugiere que Venus podría haber tenido agua en el pasado, pero debido a su proximidad al Sol, el aumento gradual de la temperatura llevó a la evaporación de los océanos. El vapor de agua, un potente gas de efecto invernadero, se acumuló en la atmósfera, exacerbando el calentamiento global. Finalmente, la fotodisociación del agua por la radiación solar y la falta de un campo magnético significativo permitieron que el hidrógeno escapara al espacio, dejando un planeta seco y abrasador. Otra teoría indica que Venus experimentó un período de vulcanismo masivo que liberó grandes cantidades de gases de efecto invernadero en la atmósfera, sellando su destino como un infierno tóxico.

Marte es el cuarto planeta desde el Sol y el segundo más pequeño del Sistema Solar, con un diámetro de aproximadamente 6779 km. Es conocido como el planeta rojo debido al óxido de hierro predominante en su superficie. Posee una atmósfera muy delgada, compuesta en su mayoría de dióxido de carbono, con trazas de nitrógeno y argón. Su clima es frío, con una temperatura media de alrededor de -60 °C, pero puede oscilar entre 20 °C en el verano en el ecuador y -125 °C en los polos durante el invierno. Su paisaje está marcado por montañas gigantes, vastas llanuras, y el sistema de cañones más grande del Sistema Solar, el Valle del Marinero (del latín *Valles Marineris*) que recorre el ecuador de

Marte (Figura 5.7a). También destaca el Monte Olimpo, el volcán más grande conocido en el Sistema Solar, con una altura de 22 km (Figura 5.7b).

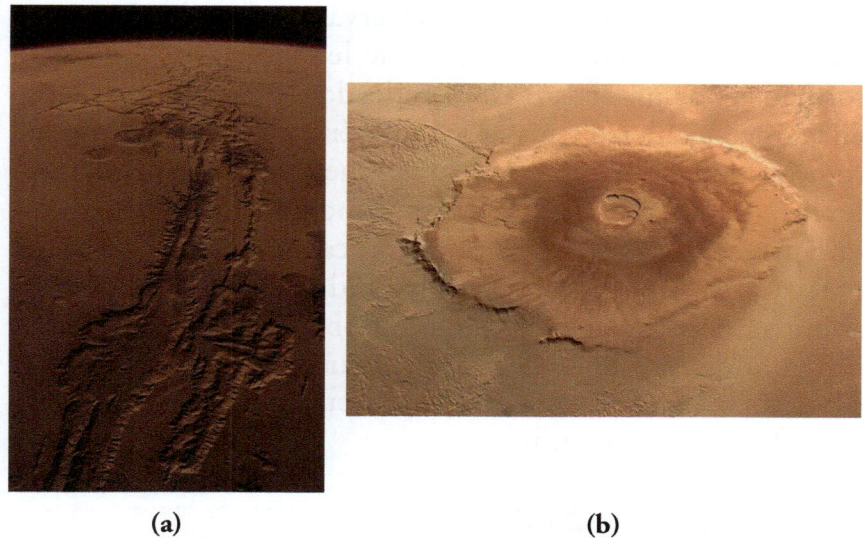

(a)   (b)

Figura 5.7. Estructuras geológicas en Marte: (a) El Valle del Marinero (Tomado de[15]). (b) El Monte Olimpo (Tomado de[16]).

Se considera que Marte es un protoplaneta que no logró alcanzar el tamaño de la Tierra o Venus. Su tamaño más pequeño y la distancia mayor al Sol motivan una menor actividad geológica y la presencia de un campo magnético menos potente, lo que permitió que el viento solar erosionara intensamente su superficie. Un aspecto intrigante de este planeta es la evidencia de que existió agua líquida en su pasado, lo que ha llevado a especulaciones sobre su potencial para haber albergado vida. Las teorías sugieren que pudo haber tenido un clima más cálido y húmedo en su juventud, pero la pérdida de su campo magnético y la disminución de su actividad volcánica llevaron a la pérdida gradual de su atmósfera y el enfriamiento del planeta.

Recientemente el Rover Curiosity encontró las primeras muestras de azufre nativo cristalizado fuera de la Tierra (Figura 5.8a).

El azufre es abundante en la superficie de Marte, mayoritariamente en forma de sulfato, pero no se había encontrado hasta ahora en forma nativa. Otro extraño hallazgo, una peculiar roca que han llamado *Cheyava Falls* lo ha protagonizado el Rover Perseverance. En ella se observan unas pequeñas manchas, bautizadas como manchas de leopardo (*leopard spots*), formadas por un centro claro rodeado de una banda oscura en la que hay hierro y fosfato. También se observa un mineral rojo que forma bandas y costras, que podría ser hematites. La roca está atravesada por venas blancas de sulfato de calcio, que parece rellenar fracturas de la roca y que probablemente no sea yeso, sino una fase menos hidratada, pero que hasta ahora se desconoce cuál (Figura 5.8b). Hasta el momento, ninguno de esos hallazgos es una prueba directa o indirecta de vida presente o pasada en el planeta. Pero sí son extraños y de alto interés científico.

(a)

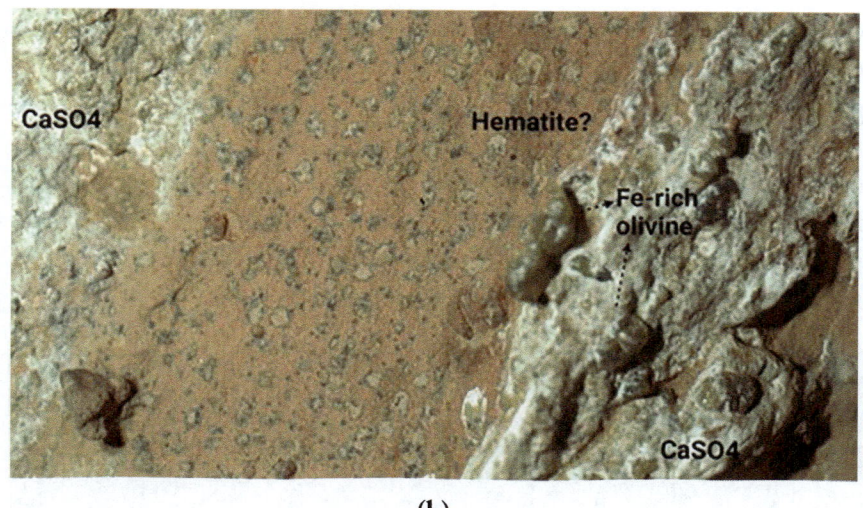

(b)

Figura 5.8. (a) Masas cristalinas de azufre nativo en Marte, observadas y analizadas por el Rover Curiosity (Tomado de[17]). (b) La roca Cheyava Falls, encontrada por el Rover Perseverance (Tomado de[18]).

Júpiter es el gigante del Sistema Solar, con un diámetro de 142 984 km, el mayor de todos los planetas. Es un gigante gaseoso compuesto principalmente de hidrógeno y helio, con trazas de otros gases como metano, amoníaco y vapor de agua. Júpiter carece de una superficie sólida; en su lugar, su atmósfera se va densificando a medida que se desciende, eventualmente en transición hacia un océano de hidrógeno metálico. Una característica icónica de Júpiter es la *Gran Mancha Roja*, una tormenta anticiclónica masiva que ha estado activa por al menos 400 años. Además, Júpiter posee un sistema de anillos débil y más de 79 lunas conocidas, siendo las más grandes las lunas galileanas: Ío, Europa, Ganímedes y Calisto (Figura 5.9).

Se considera el primer planeta en formarse en el Sistema Solar, capturando la mayor parte de los restos de gas después de la formación del Sol.[19] La teoría más aceptada sobre su origen es el *modelo de acreción del núcleo*, en el que un núcleo sólido masivo se formó inicialmente a través de la acumulación de planetesimales. Una vez que este núcleo alcanzó una masa

119

crítica, comenzó a atraer rápidamente grandes cantidades de gas del disco protoplanetario, creciendo hasta convertirse en el gigante que es hoy. Otra teoría, aunque menos aceptada, es la *inestabilidad del disco*, en la que regiones del disco protoplanetario colapsaron rápidamente debido a inestabilidades gravitacionales, formando Júpiter directamente como un gigante gaseoso.[20] La presencia de elementos pesados en su composición sugiere que el modelo de acreción del núcleo es más probable.

Figura 5.9. Lunas del Sistema Solar.

Saturno es el segundo planeta más grande del Sistema Solar, con un diámetro de 120 536 km, y es conocido por su extenso y complejo sistema de anillos. Al igual que Júpiter, Saturno es un gigante gaseoso compuesto principalmente de hidrógeno y helio, aunque es menos denso, siendo el único planeta del Sistema Solar con una densidad menor que la del agua. Sus anillos están compuestos principalmente de partículas de hielo y polvo, y se dividen en varios anillos más pequeños por la influencia de las lunas de Saturno. Saturno también tiene una impresionante colección de lunas, con más de 80 conocidas, siendo Titán la más grande y destacada por su densa atmósfera rica en nitrógeno.

Se formó de una manera similar a Júpiter,[19] mediante el proceso de acreción del núcleo. Sin embargo, debido a su ubicación más alejada del Sol, la cantidad de material disponible para su formación fue menor, lo que resultó en un planeta de menor tamaño y densidad. Al igual que Júpiter, Saturno acumuló gas hidrógeno y helio del disco protoplanetario una vez que su núcleo alcanzó una masa crítica. La formación de sus anillos sigue siendo un tema de debate; una teoría sugiere que los anillos se formaron a partir de los restos de una luna que fue destruida por la fuerza gravitacional de Saturno. Otra teoría propone que los anillos son restos primordiales del disco de material que rodeaba a Saturno durante su formación, que no llegaron a formar una luna debido a las interacciones gravitacionales.

Urano es el séptimo planeta desde el Sol y el tercero más grande en diámetro, con 50 724 km, aunque su masa es menor que la de Neptuno. Es un gigante helado compuesto principalmente de hidrógeno y helio, pero con una cantidad significativa de agua, amoníaco y metano en su interior. Este último es responsable del color azul verdoso del planeta, ya que el metano absorbe la luz roja y refleja la azul (Figura 5.10a). Una de las características más peculiares de Urano es su inclinación axial extrema, de 98°, lo que hace que gire de lado en comparación con los otros planetas. Esta inclinación provoca estaciones extremas y únicas en el Sistema Solar. Urano también tiene un sistema de anillos y, al menos, 27 lunas conocidas (Figura 5.10b).

Se formó en la región exterior del Sistema Solar, donde el calor del Sol era lo suficientemente bajo como para permitir la condensación de hielos. Según el modelo de acreción del núcleo, Urano comenzó como un núcleo rocoso que acumuló material helado antes de atraer una envoltura gaseosa. Una de las más aceptadas para explicar su inclinación es que sufrió una colisión gigante con un protoplaneta de tamaño significativo, que cambió su orientación axial. Otras teorías sugieren que también podrían haber influido interacciones gravitacionales con Neptuno u otros objetos masivos durante las primeras etapas de formación del Sistema Solar.

Neptuno (Figura 5.10c) es el planeta más alejado del Sol, con un diámetro de 49 244 km, y es similar en composición a Urano, clasificándose como un gigante helado. Su color azul intenso es causado por la absorción de luz roja por el metano en su atmósfera, similar a Urano (Figura 5.10d). Sin embargo, Neptuno es más dinámico, con sistemas de tormentas más intensos, incluidos vientos que superan los 2000 km/h, los más rápidos conocidos en el Sistema Solar. También tiene un sistema de anillos y 14 lunas conocidas, siendo Tritón la más grande. Tritón es particularmente interesante debido a su órbita retrógrada, lo que sugiere que es un objeto capturado, posiblemente un planeta enano del cinturón de Kuiper (Figura 5.9).

Se formó en una región similar a la de Urano, acumulando material helado y luego capturando una envoltura gaseosa. Se cree que Neptuno y Urano se formaron a través del proceso de acreción del núcleo, aunque Neptuno está más alejado y tiene una dinámica atmosférica más activa. La presencia de Tritón, posiblemente una luna capturada, sugiere que Neptuno ha tenido interacciones gravitacionales significativas con otros cuerpos en el Sistema Solar. La hipótesis más aceptada es que Neptuno se formó más cerca del Sol y luego migró a su posición actual debido a interacciones gravitacionales con Júpiter y Saturno, lo que también explicaría la captura de Tritón.

Es de destacar que una de las características clave de la teoría moderna del origen del Sistema Solar es la inclusión de la migración planetaria. Este proceso sugiere que los planetas no se formaron necesariamente en sus posiciones actuales, sino que se desplazaron a lo largo del tiempo debido a interacciones gravitacionales con el disco de gas y polvo o entre ellos. La migración planetaria es especialmente importante para explicar la existencia de Júpiter y Saturno en sus posiciones actuales, así como la distribución de otros cuerpos como asteroides y cometas.

Además, las resonancias orbitales, en las que dos o más cuerpos celestes tienen períodos orbitales que son múltiplos enteros entre sí, han jugado un papel importante en la evolución del Sistema Solar. Estas resonancias han contribuido a estabilizar las órbitas de algunos planetas y a causar inestabilidades en otras, lo que ha llevado a reordenamientos significativos en la estructura del Sistema Solar.

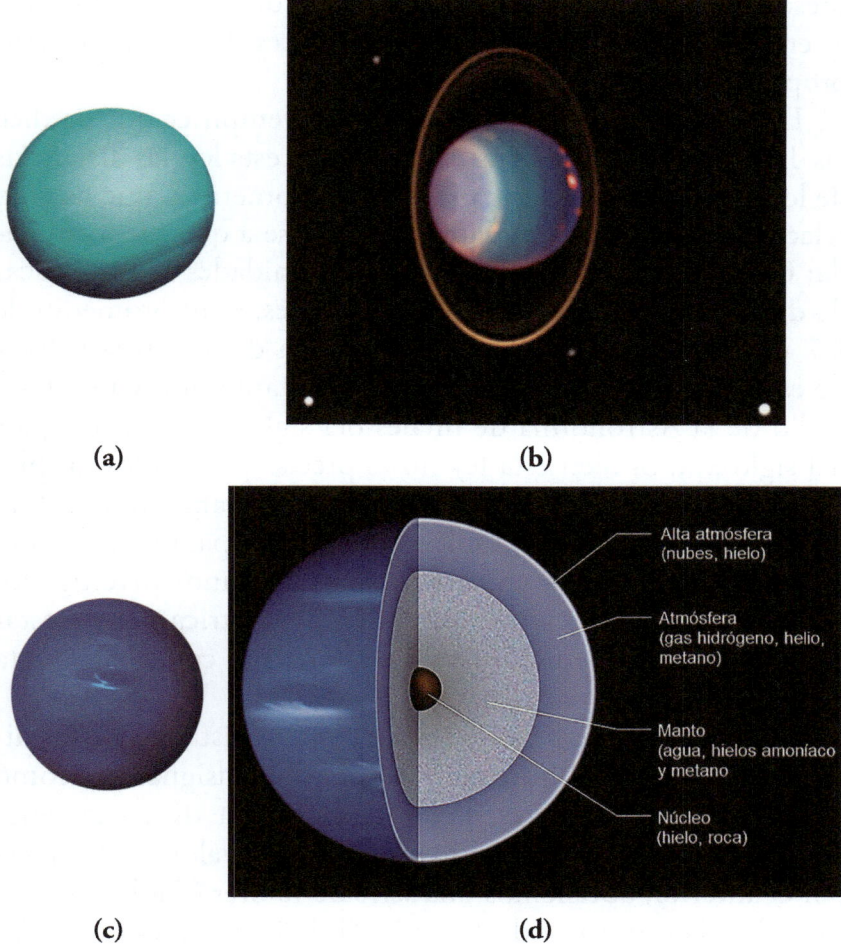

(a)   **(b)**

(c)   **(d)**

Figura 5.10. (a) Urano. (b) Imagen de los anillos y alguno de los satélites tomada por el telescopio espacial Hubble (Tomado de[21]). (c) Neptuno. (d) Estructura interna de Neptuno (Tomado de[22]).

El número Phi aparece en el Sistema Solar y en el universo. Desde las distancias entre los planetas hasta la estructura de los anillos de Saturno y la forma del universo mismo, en la distribución los de planetas, lunas y asteroides del Sistema Solar, aparece Phi una y otra vez en diferentes manifestaciones.

Uno de los primeros lugares en los que se ha buscado la presencia de la Proporción Áurea en el contexto astronómico es en la disposición de los cuerpos celestes dentro de nuestro propio Sistema Solar.

La *ley de Titius-Bode*[23] es una fórmula empírica que predice las distancias de los planetas al Sol. Según esta ley, las distancias de los planetas siguen una progresión geométrica, que ha sido relacionada con la Proporción Áurea; pese a que fue formulada: 0,38; 0,72; 1; 1,52; 5,2; 9,54 ua (unidades astronómicas de distancia; no se conocían los asteroides, a un promedio de 2,7 ua), datos posteriores han puesto en discusión la validez de esta ley. Pese a ello supuso un importante hito en el desarrollo de la Astronomía de finales del siglo XVIII y principios del siglo XIX. Si bien esta ley no es precisa para todos los planetas (por ejemplo, falla en predecir correctamente la órbita de Neptuno), ha sido notablemente precisa para otros, como la Tierra, Marte y los planetas enanos. Algunos investigadores han sugerido que esta progresión geométrica podría estar vinculada a la Proporción Áurea, aunque la conexión exacta sigue siendo objeto de debate.

Podemos ver una relación con Phi en la distancia de los diferentes planetas del Sistema Solar al Sol. Si asignamos, como hemos comentado antes, la unidad para la distancia entre Mercurio y el Sol y vamos dividiendo cada valor de distancia por el anterior, obtenemos una serie de valores (Tabla 5.1) que sumados dan un valor de 16,187. Al dividir este valor por 10 —incluimos los 8 planetas más Plutón (hasta 2006 considerado como planeta) y Ceres, el asteroide mayor, tan grande que tiene una forma esférica (como los otros planetas) y representa un tercio del total de la masa del cinturón de asteroides situado entre Marte y Júpiter— obtenemos un valor próximo al valor de Phi.

Tabla 5.1: Relación de distancias al sol de los planetas, Plutón y Ceres

	Distancia al sol (en millones de km)	Relación entre las distancias de los planetas sucesivos
1. Mercurio	57,9	1
2. Venus	108,2	1,869
3. Tierra	149,6	1,383
4. Marte	227,9	1,523
5. Ceres	413,7	1,815
6. Júpiter	778,6	1,881
7. Saturno	1433,5	1,841
8. Urano	2872,5	2,004
9. Neptuno	4495,1	1,565
10. Plutón	5870,0	1,306
		Suma = 16,187 16,187/10 = 1,6187≈θ

La Vía Láctea, como comentamos antes, es una galaxia espiral barrada, lo que significa que tiene una estructura central en forma de barra de la que emergen brazos espirales, que siguen la Espiral Áurea, la espiral cuya forma sigue la secuencia de Fibonacci, por lo que crece en las espirales del interior comenzando en una unidad, luego otra vez una, luego dos, luego tres y cinco, etc. (Figura 5.11).

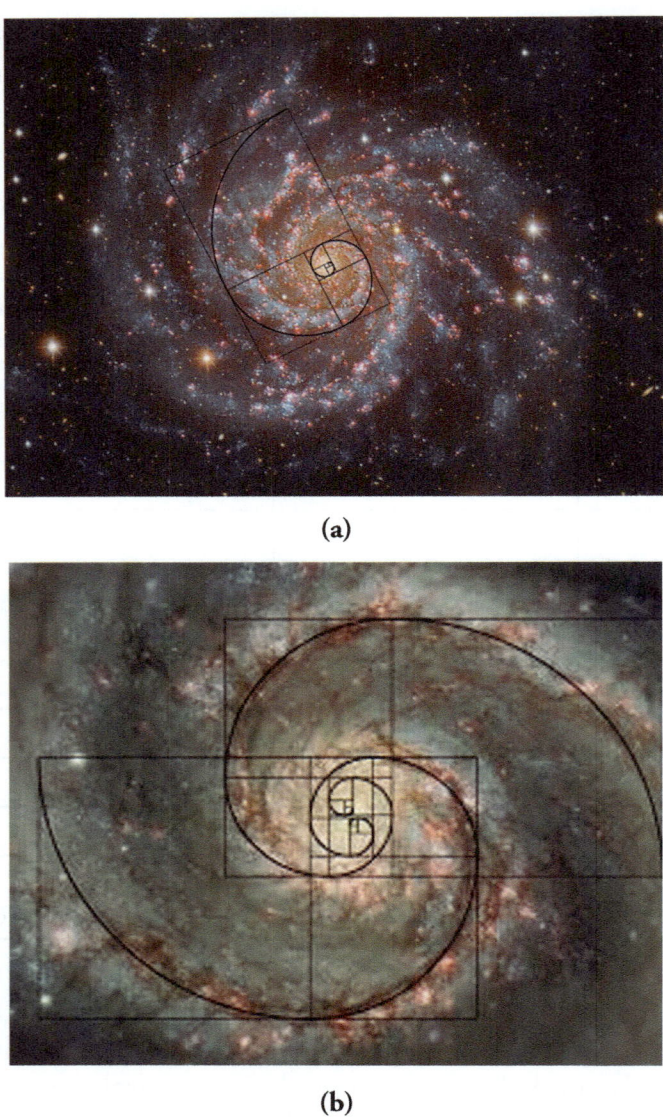

(a)

(b)

Figura 5.11. (a) La espiral de Fibonacci y el rectángulo áureo enmarcando una galaxia en espiral (Tomado de[24]). (b) Distribución ajustada a la espiral áurea de los brazos de una galaxia en espiral (Tomado de[25]).

Otra área en la que se ha explorado es en las velocidades de rotación de los planetas. Algunos investigadores han notado que las velocidades angulares de rotación de ciertos planetas

126

muestran relaciones que se aproximan a la Proporción Áurea. Por ejemplo, la relación entre el período de rotación de la Tierra (24 horas) y el de Marte (aproximadamente 24,6 horas) es cercana a 1,618, valor de Phi.

La estructura interna y la forma externa de los planetas también han sido objeto de estudios en este aspecto. Un ejemplo interesante es la relación entre los radios ecuatorial y polar de algunos planetas, como Júpiter y Saturno, que son planetas con gran achatamiento debido a su rápida rotación. Se ha argumentado que la proporción entre estos radios puede aproximarse a la Proporción Áurea.

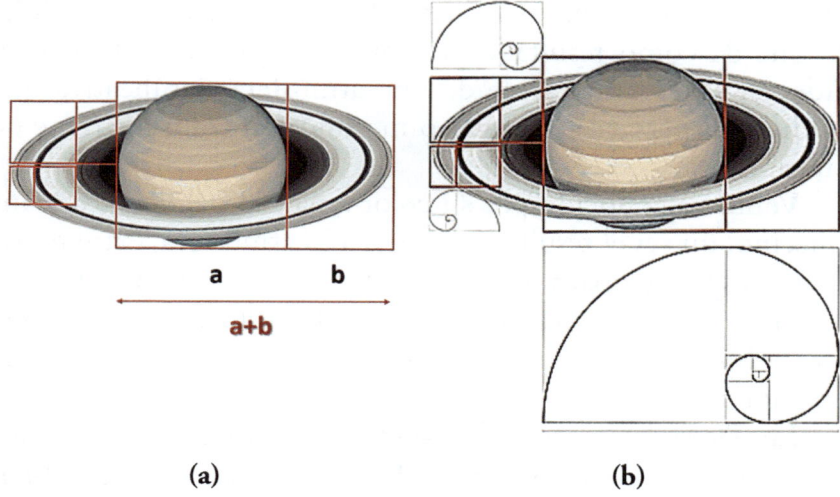

(a)   (b)

Figura 5.12. (a) Distintas zonas de Saturno y sus anillos, insertadas en rectángulos áureos. (a+b)/a = 1,618= a/b. (b) Correspondencia de los rectángulos áureos y las espirales.

Los anillos de Saturno y Saturno guardan Proporciones Áureas (Figura 5.12): el diámetro de Saturno en relación al de los anillos es muy cercano a Phi. A su vez, la región interna, en negro, entre el anillo y el planeta guarda la misma proporción que la parte externa del anillo.

Uno de los aspectos más atractivos y visualmente impactantes de los planetas y asteroides del Sistema Solar es su color, un reflejo de propiedades físicas y químicas fundamentales que resultan de factores clave como su atmósfera, su composición mineralógica, la presencia de ciertos elementos químicos, la actividad geológica, y la interacción con la radiación solar.

Mercurio presenta un color gris oscuro cuando es observado desde la Tierra, debido a la composición de su superficie, dominada por silicatos ricos en hierro, como el feldespato y el piroxeno, y en menor medida por minerales como la plagioclasa. Estos minerales no reflejan la luz solar en gran medida, lo que da como resultado la apariencia grisácea del planeta. Además, Mercurio carece de una atmósfera significativa que pudiera dispersar la luz solar o modificar el color aparente de su superficie.

Venus es conocido por su color amarillo pálido, casi blanquecino, que es el resultado de su densa atmósfera, extremadamente espesa y opaca, compuesta principalmente por dióxido de carbono con nubes gruesas de ácido sulfúrico, que dispersan la luz solar, causando el color amarillento de este planeta (Figura 5.13a).

La Tierra es quizás el planeta más variado en términos de color, dominado por el azul de los océanos (que cubren aproximadamente el 71 % del planeta), el verde de las áreas vegetadas, el marrón de los desiertos y cadenas montañosas, compuestos principalmente de minerales de óxidos de hierro y silicatos (con gamas de colores que van desde el marrón claro hasta el rojo), y el blanco de las nubes y los casquetes polares. El color azul de nuestro planeta el resultado de la dispersión de la luz solar en la atmósfera. También la superficie del océano, contribuye significativamente al color azul debido a la absorción selectiva de la luz; el agua absorbe más las longitudes de onda rojas y naranjas, mientras que refleja más las longitudes de onda azules (Figura 5.13b).

Figura 5.13. (a) Venus. (b) La tierra. (c) Marte. (d) Júpiter.

Marte, conocido como el *planeta rojo*, debe su color distintivo a la presencia de óxidos de hierro, en particular de hematita, en su superficie. Su atmósfera, compuesta principalmente de dióxido de carbono, es muy delgada y no tiene un efecto significativo en la dispersión de la luz, por lo que el color que vemos desde la Tierra es principalmente el de la superficie del planeta. La actividad geológica pasada, como el vulcanismo y la erosión, también ha contribuido a exponer diferentes capas de minerales en la superficie, lo que puede producir variaciones en el color observable (Figura 5.13c).

Júpiter está caracterizado por sus bandas de color y *la Gran Mancha Roja*. Su atmósfera está compuesta principalmente de hidrógeno y helio, pero también contiene trazas de otros compuestos como amoníaco, metano, vapor de agua y fósforo. Las bandas de colores que observamos en Júpiter son el resultado de la circulación atmosférica y la composición química variable en diferentes altitudes. Las zonas más claras son ricas en amoníaco y agua helada, mientras que las bandas oscuras, conocidas como cinturones, contienen compuestos más complejos como fósforo e hidrocarburos. Estos compuestos absorben diferentes longitudes de onda de la luz solar, y por ello aparecen bandas marrones, rojas, amarillas y blancas. (Figura 5.13d).

La Gran Mancha Roja es una gigantesca tormenta anticiclónica, que aparece como un óvalo rojo debido a la presencia de fósforo y otros compuestos químicos que son levantados desde las profundidades de la atmósfera de Júpiter hasta las capas superiores. La interacción de estos compuestos con la radiación ultravioleta del Sol podría ser responsable de la coloración roja intensa de la mancha. En la actualidad se observa como esta mancha tiene fluctuaciones de tamaño y aparentemente está disminuyendo.

Saturno, el *Gigante Dorado*, es un gigante gaseoso con una atmósfera dominada por hidrógeno y helio. Su color es el resultado de la presencia de nubes de amoníaco que forman una capa densa que dispersa la luz solar, así como otros compuestos en su atmósfera superior. Los anillos de Saturno, por su parte, son principalmente de color blanco brillante debido a la alta reflectividad del hielo de agua que los compone. Los anillos están hechos casi en su totalidad de partículas de hielo de diferentes tamaños, mezcladas con una pequeña cantidad de material rocoso, lo que les da su apariencia brillante y helada (Figura 5.12).

Urano es un planeta gigante helado que presenta un color azul verdoso, debido a la presencia principalmente de hidrógeno y helio, y un pequeño porcentaje metano en su atmósfera que absorbe la luz roja y refleja la luz azul y verde. Su color uniforme y la falta de detalles visibles en su atmósfera pueden deberse a su baja energía interna, que limita la actividad atmosférica y la generación de patrones de nubes complejos. Además, su lejanía del Sol significa que recibe menos radiación solar, lo que contribuye a su apariencia relativamente apagada en comparación con otros planetas gigantes (Figura 5.10a).

Neptuno, el planeta más alejado del Sol, presenta un color azul intenso más profundo y vibrante que el de Urano, que también es causado por la presencia de metano en su atmósfera (en mayor cantidad que en Urano). Además, está compuesta de hidrógeno, helio y aparece una neblina atmosférica, compuesta por hidrocarburos como etano y acetileno, podría contribuir a la absorción adicional de la luz y al aumento de la reflectividad en las longitudes de onda azuladas. También muestra la Gran Mancha Oscura, una tormenta similar a la Gran Mancha Roja de Júpiter, que aparece como una mancha oscura en el planeta. La energía interna de Neptuno, posiblemente generada por un mecanismo desconocido de calentamiento, podría estar impulsando la dinámica atmosférica y contribuyendo a la intensidad del color azul que observamos (Figura 5.10b).

La música del Sistema Solar: la música de las esferas

Pitágoras de Samos, el fundador de la escuela pitagórica, en la antigua Grecia alrededor del siglo VI a. C, estableció, dentro de su marco filosófico, la teoría de la *armonía de las esferas* o *música de las esferas.*[26,27] Para los pitagóricos, el cosmos estaba compuesto por un conjunto de esferas en las que se movían los cuerpos celestes. Estas esferas estaban dispuestas en un orden jerárquico, con la Tierra en el centro, siguiendo la concepción geocéntrica dominante en la antigua Grecia.

Cada esfera estaba asociada con un planeta, la Luna o el Sol, y se pensaba que los intervalos entre estas esferas correspondían a relaciones numéricas armónicas. Cada esfera está en movimiento constante y produce un sonido inaudible para los seres humanos, pero que se puede considerar como una forma de música perfecta y celestial. Esta música se origina de las proporciones matemáticas que gobiernan las distancias y velocidades de las esferas celestes, reflejando la armonía numérica que los pitagóricos creían que subyace a toda la realidad.

La idea central era que estas relaciones armónicas podían expresarse en términos de proporciones matemáticas, similares a las que se encuentran en la música. Por ejemplo, los intervalos musicales, como la octava o la quinta, se corresponden con relaciones de frecuencias que son razones simples de números enteros (2:1 para la octava, 3:2 para la quinta). Los pitagóricos extrapolaron este concepto a las esferas celestes, sugiriendo que las distancias y movimientos de los cuerpos celestes estaban organizados de acuerdo con proporciones similares.

Este enfoque no solo reflejaba una visión del universo como un lugar ordenado y racional, sino que también conectaba directamente la cosmología con la teoría musical, una disciplina que los pitagóricos estudiaban con gran detalle. Según ellos, el universo no solo era matemáticamente comprensible, sino que también poseía una belleza inherente, derivada de su estructura armónica.

La música del Sistema Solar a través de la sonificación de sus colores

La conversión de los colores de los cuerpos celestes en música supone una práctica enriquecedora que ofrece una nueva forma de experimentar, entender y disfrutar de la belleza del cosmos.

Hemos aplicado nuestro algoritmo a los colores del Sistema Solar, y hemos obtenido las correspondientes notas musicales. En primer lugar, se elige los planetas o lunas más coloridas; por ejemplo, Ceres, Júpiter y la Tierra (Figura 5.14a-c).

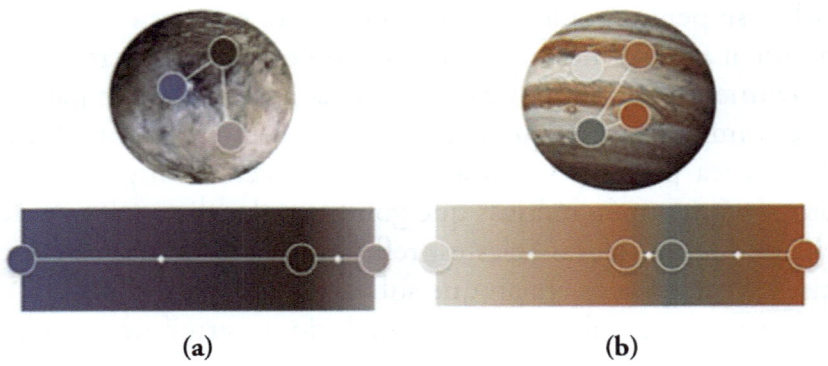

(a)   (b)

(c)

Figura 5.14. Puntos de color seleccionados para: (a) Ceres. (b) Júpiter. (c) La Tierra.

En las imágenes correspondientes seleccionadas se tomaron los puntos más significativos de cada una, y a continuación, se obtuvo los correspondientes códigos RGB de cada uno de los colores seleccionados. La aplicación de la ecuación [e.II] previamente descrita, permite traducir los valores de los RGB de los puntos seleccionados a su correspondiente λc. Estos valores se sustituyen en la ecuación [e.I] con lo cual se obtienen los valores correspondientes de λm que, a su vez, corresponden con su nota musical.

Una vez obtenidas las notas musicales se puede realizar una composición (© Eneko Azparren), que complementa la belleza de los cuerpos celestes con la belleza de la música (Figura 5.15). El tempo se corresponde con el tamaño relativo de los planetas y lunas.

Figura 5.15: Código QR correspondiente a la composición musical de los colores de los cuerpos celestes (© Eneko Azparren).

133

BIBLIOGRAFÍA

1. Tully, RB. et al. (2014). The Laniakea Supercluster of Galaxies. Nature, 513: 71-73. https://doi.org/10.1038/nature13674
2. https://pixabay.com/es/photos/v%C3%ADa-l%C3%A1ctea-galaxy-nebulosa-oscura-6657951/. Accedido, 28 de agosto de 2024.
3. https://www.pinterest.es/pin/819514463420306251/. Accedido, 28 de agosto de 2024.
4. Finkbeiner, A. (2012). Galaxy formation: The new Milky Way. Nature, 490: 24–27. https://doi.org/10.1038/490024a
5. https://es.wikipedia.org/wiki/Brazos_de_la_V%C3%ADa_L%-C3%A1ctea#/media/Archivo:Brazos_de_la_V%C3%ADa_L%-C3%A1ctea.png. Accedido,29 de agosto de 2024
6. Turner, MS. (1997) The Case for LambdaCDM. Astrophysics. https://doi.org/10.48550/arXiv.astro-ph/9703161
7. ESA (artist's impression and composition); Koppelman, Villalobos and Helmi (simulation). http://www.esa.int/Science_Exploration/Space_Science/Gaia/Galactic_ghosts_Gaia_uncovers_major_event_in_the_formation_of_the_Milky_Way. Accedido, 30 de agosto de 2024.
8. Whitehouse, D. (2006). The sun: a biography. Chichester, England; Hoboken, NJ: Wiley Ed.
9. Kant, E. (1755). Historia Natural Universal y Teoría de los Cielos. LAUTARO Editorial. BUENOS AIRES. https://josefranciscoescribanomaenza.wordpress.com/wp-content/uploads/2015/12/aquc3ad27.pdf. Accedido, 30 de agosto de 2024.
10. Rawal, JJ. (1986). Further considerations on contracting solar nebula. Earth Moon Planet 34, 93–100 (1986). https://doi.org/10.1007/BF00054038
11. https://www.globalastronomia.com/discos-protoplanetarios/. Accedido, 30 de agosto de 2024.
12. Canup, RM. and Ward, WR. (2002). Formation of the Galilean Satellites: Conditions of Accretion. The Astronomical Journal, 124: 3404-3423. DOI:10.1086/344684
13. de Pater, I. and Lissauer, JJ. (2015). Planetary Sciences (2nd ed.). Cambridge University Press. ISBN-10: 1107091616
14. Nesvorný, D. (2018). Dynamical Evolution of the Early Solar System. Annual Review of Astronomy and Astrophysics, 56: 137-174. https://doi.org/10.1146/annurev-astro-081817-052028
15. Areong - Screenshot of Celestia, GPL, https://commons.wikimedia.org/w/index.php?curid=7421709.
16. ESA/DLR/FUBerlin/AndreaLuck - Olympus Mons - ESA Mars Express, CC BY 2.0, https://commons.wikimedia.org/w/index.php?curid=130092547. Accedido, 31 de agosto de 2024.

17. https://images.theconversation.com/files/612210/original/file-20240807-17-kaax0l.jpg?ixlib=rb-4.1.0&q=45&auto=format&w=1000&fit=clip

18. NASA/JPL-Caltech/MSSS/C. Menor-Salván. https://images.theconversation.com/files/612263/ original/file-20240808-17-ehx3af.jpeg?ixlib=rb-4.1.0&q=45&auto=format&w=1000&fit=clip. Accedido, 31 de agosto de 2024

19. Stevenson, DJ. (1982). Formation of the Giant Planets. Planetary and Space Science, 30: 755-764. https://doi.org/10.1016/0032-0633(82)90108-8

20. Walsh, K. et al. (2011). A low mass for Mars from Jupiter's early gas-driven migration. Nature.475: 206–209. https://doi.org/10.1038/nature10201

21. Erich Karkoschka (University of Arizona) and NASA/ESA - http://photojournal.jpl.nasa.gov/catalog/PIA02963, Dominio público, https://commons.wikimedia.org/w/index.php?curid=12113. Accedido, 31 de agosto de 2024.

22. https://www.tayabeixo.org/sist_solar/neptuno/caracteristicas_fisicas.htm. Accedido, 31 de agosto de 2024.

23. Conklin, J. (2005). The Titius-Bode Number Sequence Deciphered. http://bellsouthpwp.net/j/o/josephconklin/jw/tb/titius.html. Accedido, 31 de agosto de 2024.

24. https://www.cnet.com/pictures/natures-patterns-golden-spirals-and-branching-fractals/ Accedido, 31 de agosto de 2024.

25. Fibonacci in Galaxies. https://express.adobe.com/page/QMYTVS7sWvULG/. Accedido, 31 de agosto de 2024.

26. Godwin, J. (1992). The Harmony of the Spheres: The Pythagorean Tradition in Music. Inner Traditions Ed. ISBN 10: 0892812656 / ISBN 13: 9780892812653

27. James, J. (1995). The Music of The Spheres: Music, Science.and the Natural Order of the Universe. Paperback Ed. ISBN 9780349105420.

6.
Evolución de la Tierra y los minerales

La temperatura de la superficie de la Tierra ha evolucionado y ha cambiado la distribución de continentes y océanos desde su origen hace 4500 millones de años (Ma) hasta la actualidad. La aparición de los minerales en la corteza terrestre cambió en el transcurso del tiempo dando lugar a la formación de nuevas especies minerales. No existe un proceso evolutivo de paso, a lo largo del tiempo, de un mineral de una composición química simple a otro de composición compleja. Sin embargo, algunos minerales con una composición concreta pueden, según los factores externos en que han formado, alcanzar tal perfección en la ordenación de los átomos, iones o moléculas que los componen que consiguen cristalizar como formas áureas.

EVOLUCIÓN DE LA SUPERFICIE DE LA TIERRA

La evolución de la superficie de la Tierra ha sido un proceso continuo y complejo que ha involucrado cambios tectónicos, climáticos, biológicos y químicos a lo largo de miles de Ma. Desde los primeros paleoclimas, que datan de los tiempos precámbricos, hasta la actualidad, la superficie terrestre ha experimentado una serie de transformaciones que han dado forma al planeta tal como lo conocemos hoy.

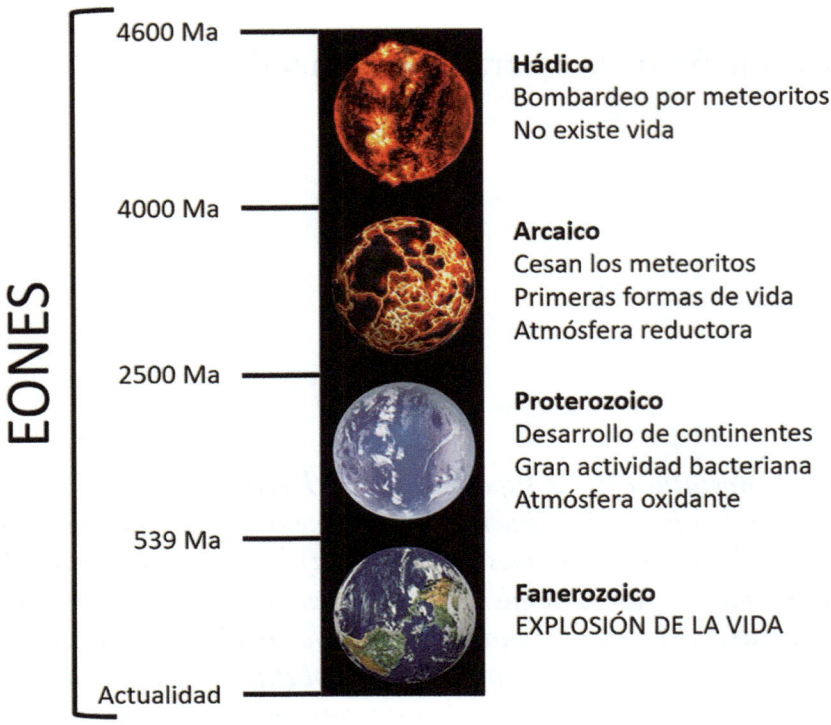

EONES

4600 Ma
Hádico
Bombardeo por meteoritos
No existe vida

4000 Ma
Arcaico
Cesan los meteoritos
Primeras formas de vida
Atmósfera reductora

2500 Ma
Proterozoico
Desarrollo de continentes
Gran actividad bacteriana
Atmósfera oxidante

539 Ma
Fanerozoico
EXPLOSIÓN DE LA VIDA

Actualidad

Figura 6.1. Los eones.

La escala de tiempo en Geología es muy amplia, y se organiza de manera jerarquizada en eones, eras, periodos, series, etc., siendo el eón la unidad de mayor intervalo de tiempo geológico. Existen 4 eones (Figura 6.1), de más antiguo a más moderno: *Hádico* (desde el origen del Sistema Solar hasta hace 4000 Ma). *Arcaico* (desde hace 4000 Ma hasta hace 2500 Ma). *Proterozoico* (entre 2500 y 539 Ma). Y, por último, *Fanerozoico* (desde hace 543 Ma hasta la actualidad). Es habitual que Hádico, Arcaico y Proterozoico se agrupen en una unidad informal llamada *Precámbrico*.

La Tierra se formó, como vimos, hace aproximadamente 4540 Ma a partir de la acumulación de polvo y gas en el disco protoplanetario que rodeaba al Sol naciente. Desde entonces, el planeta ha pasado por una serie de etapas que han moldeado su superficie y atmósfera. La historia geológica de la Tierra a lo largo de los tiempos geológicos está marcada por los eventos más significativos en la evolución de la superficie terrestre.

El objetivo del proyecto *Visible Paleo-Earth* (VPE) es visualizar en colores reales la evolución de la superficie de la Tierra desde los paleoclimas hasta la actualidad.[1] Siguiendo los datos obtenidos en tal proyecto presentamos la situación de la superficie de la Tierra en función de la temperatura en los diversos periodos de la evolución de esta.

El Eón Arcaico, que abarca desde hace 4000 a 2500 Ma, es el período en el que la Tierra comenzó a desarrollar una corteza sólida. Durante este tiempo, la superficie de la Tierra era muy diferente de la actual. La atmósfera primitiva estaba compuesta principalmente de dióxido de carbono, metano, amoníaco y vapor de agua, con poco o nada de oxígeno libre. Esta atmósfera reductora creó un ambiente en el que los primeros océanos comenzaron a formarse cuando la Tierra se enfrió lo suficiente como para permitir la condensación del vapor de agua. La Tierra alcanzó la temperatura de 4000 °C (Figura 6.2a) Posteriormente hace 4200 Ma, la temperatura había bajado a 160 °C.

Los paleoclimas de este eón estaban dominados por un clima caliente debido al alto contenido de gases de efecto invernadero en la atmósfera. La actividad volcánica era intensa, y la Tierra estaba cubierta por un océano global que interactuaba constantemente con las lavas basálticas recién formadas. Las primeras formas de vida, microorganismos extremófilos, aparecieron en este ambiente hostil, contribuyendo al inicio de los ciclos biogeoquímicos que más tarde influirían en la evolución del clima y la superficie terrestre; y aparece un primer océano y comienza el mundo de ARN.

El Eón Proterozoico, que se extiende desde hace 2500 Ma hasta hace 541 Ma, es un período clave en la evolución de la superficie de la Tierra. Durante este tiempo, ocurrieron dos eventos trascendentales: la *Gran Oxidación* y la glaciación global conocida como *Tierra Bola de Nieve*.

La *Gran Oxidación*, que ocurrió hace aproximadamente 2400 Ma, fue un evento en el que los niveles de oxígeno en la atmósfera aumentaron significativamente debido a la fotosíntesis llevada a cabo por cianobacterias. Este incremento de oxígeno libre en la atmósfera marcó un cambio fundamental en la química superficial del planeta, afectando tanto a la atmósfera como a los océanos. La oxidación de grandes cantidades de hierro en los océanos dio lugar a la formación de depósitos de hierro bandeado, una característica geológica distintiva de este período.

El aumento del oxígeno también tuvo un profundo impacto en el clima terrestre. La reducción de gases de efecto invernadero como el metano, que fue oxidado a dióxido de carbono, contribuyó al enfriamiento global y posiblemente desencadenó la primera gran glaciación de la Tierra.

La hipótesis de la *Tierra Bola de Nieve* sugiere que, durante el Proterozoico tardío, la Tierra experimentó una o más glaciaciones tan intensas que la mayor parte de su superficie, incluidos los océanos, quedó cubierta por hielo. Este fenómeno, que ocurrió entre hace 720 y 635 Ma durante el *Período Criogénico*, tuvo un impacto significativo en la superficie terrestre. El enfriamiento global fue tan extremo que afectó profundamente a la vida, aunque también pudo haber actuado como un catalizador para la evolución de formas de vida más complejas, que surgirían más adelante en el Eón Fanerozoico.

A lo largo de este eón con una temperatura de 41 °C comienza el mundo ADN y con él las primeras formas vivas. Hace 3500 Ma la temperatura bajó a 30 °C y aparecen los procariotas, bacterias y archeas. Con una temperatura de 24 °C aparecen, hace 3200 Ma, los compuestos de Hierro, el primer continente —Ur— y la fotosíntesis. Hace 2900 Ma la temperatura baja a 11 °C y tiene lugar la primera glaciación citada (Figura 6.2).

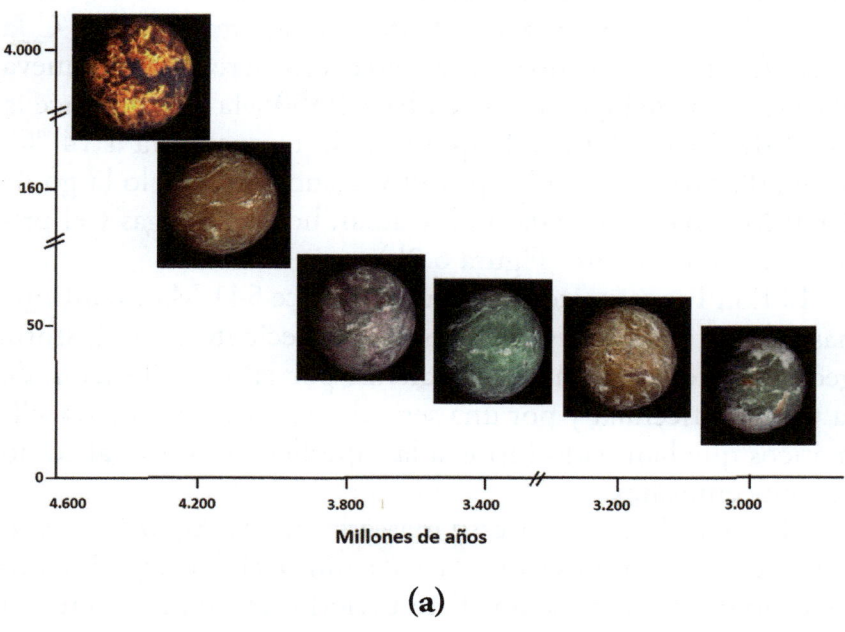

(a)

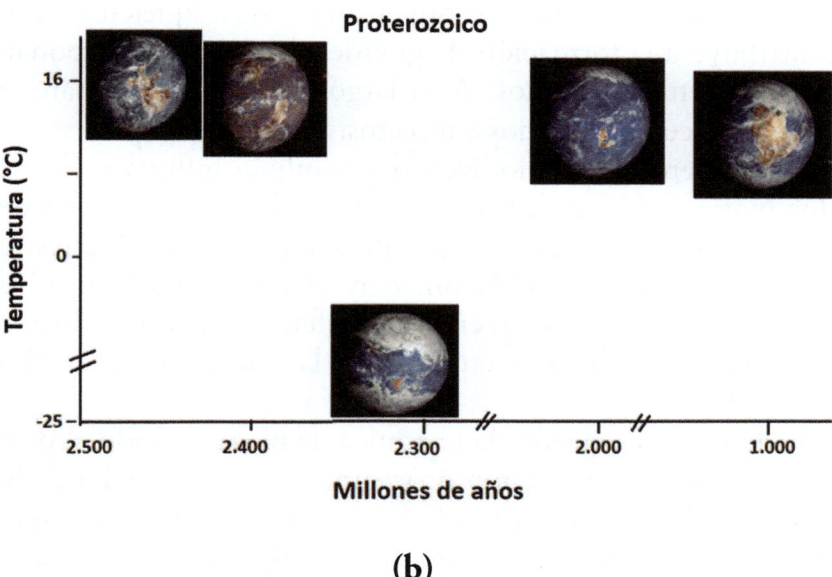

(b)

Figura 6.2. Evolución de la superficie de la tierra en los eones (a) Hádico y Arcaico. (b) Proterozoico (Modificado de[1]).

Durante el Proterozoico hay una reducción del CO_2. Hace 2500 Ma y con la lenta subida de la temperatura a 16 °C la atmósfera tiene oxígeno gracias a las cianobacterias. Una nueva glaciación tiene lugar a -24 °C, hace 2350 Ma y se produce la Edad del hielo. A medida que sube la temperatura a 14 °C, hace 2000 Ma, surgen los primitivos eucariotas. A lo largo de 1000 Ma aparece la vida multicelular, hongos y algas y el primer supercontinente (Figura 6.2b).

El Eón Fanerozoico, que comenzó hace 541 Ma y continúa hasta la actualidad, es el período más reciente de la historia geológica de la Tierra. Se caracteriza por la diversificación de la vida multicelular y por una serie de eventos tectónicos y climáticos que han dado forma a la superficie terrestre tal como la conocemos hoy.

El inicio de este eón está marcado por la *Explosión Cámbrica*, un evento en el que la vida multicelular experimentó una rápida diversificación. Este período de rápida evolución biológica tuvo un impacto profundo en la superficie terrestre, ya que la proliferación de organismos con esqueletos duros contribuyó a la formación de grandes depósitos de carbonato de calcio en los océanos. A lo largo del Cámbrico aparecen plantas, peces, tetrápodos e insectos.

El aumento de la biodiversidad también influyó en los ciclos biogeoquímicos, lo que a su vez afectó al clima. La deposición de carbonatos y la proliferación de plantas terrestres durante el Silúrico y el Devónico ayudaron a reducir los niveles de dióxido de carbono en la atmósfera, contribuyendo a un enfriamiento global que culminó en la glaciación del Carbonífero-Pérmico.

Además, en este eón, la tectónica de placas ha sido el principal motor de la evolución de la superficie terrestre. La deriva continental ha dado lugar a la formación y ruptura de supercontinentes como Pangea, que existió durante el Paleozoico tardío y el Mesozoico temprano.

Por otra parte, este eón ha estado marcado por una serie de climas extremos, incluyendo períodos de invernadero y eras glaciales. Uno de los períodos más cálidos ocurrió durante el Mesozoico, cuando los niveles de dióxido de carbono eran altos y las temperaturas globales permitieron la existencia de bosques tropicales en regiones cercanas a los polos y aparecieron los reptiles. En contraste, el Cenozoico ha sido un período de enfriamiento gradual, culminando en las glaciaciones cuaternarias que comenzaron hace aproximadamente 2,58 Ma. Durante las glaciaciones, grandes capas de hielo cubrieron vastas áreas de América del Norte, Europa y Asia, moldeando la superficie terrestre a través de la erosión glacial y la deposición de sedimentos.

Ya en el Cuaternario, que abarca los últimos 2,58 Ma, se desarrollan ciclos repetidos de glaciaciones e interglaciaciones, un fenómeno impulsado principalmente por variaciones en la órbita y el eje de rotación de la Tierra, conocido como *ciclos de Milankovitch*.[2] Estos cambios orbitales afectan la distribución de la radiación solar sobre la Tierra, lo que a su vez influye en los patrones climáticos globales y regionales. Durante las glaciaciones, enormes capas de hielo se extendieron desde los polos hacia latitudes más bajas, modificando drásticamente el paisaje a través de procesos de erosión y deposición.

El Último Máximo Glacial (LGM, por sus siglas en inglés) ocurrió hace aproximadamente 20 000 años, y marcó el punto álgido de la última glaciación. Después del LGM, la Tierra entró en un período de calentamiento global que condujo al retroceso de los glaciares y al aumento del nivel del mar, dando inicio al Holoceno, la época geológica en la que vivimos actualmente, que ha sido un período relativamente cálido y estable en comparación con las fluctuaciones climáticas del Pleistoceno. Durante este tiempo los glaciares se retiraron, dejando tras de sí una variedad de características geomorfológicas, como valles glaciares, fiordos y depósitos de morrena. Además, la estabilización del nivel del mar permitió el desarrollo de las costas modernas y la formación de deltas y estuarios[3]. En los últimos 5 Ma aparecen mamíferos, primates y los homínidos (Figura 6.3).

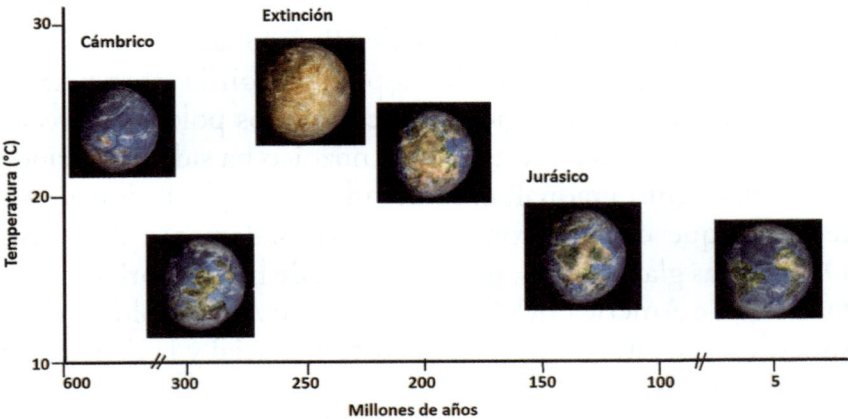

Figura 6.3. Cambios en la temperatura de la Tierra en los últimos 600 Ma. Periodos Cámbrico y Jurásico y formación de los continentes.

EVOLUCIÓN MINERAL

El origen de los minerales y su evolución a lo largo del tiempo es un tema de gran importancia en la geología, dado que los minerales, sustancias naturales inorgánicas con una estructura cristalina definida y una composición química específica, son los componentes básicos de las rocas, los bloques fundamentales que construyen la corteza terrestre y están intrínsecamente ligados a los procesos geológicos y climáticos que han moldeado nuestro planeta. A lo largo de miles de Ma, desde los primeros paleoclimas hasta la actualidad, los minerales han experimentado transformaciones complejas que reflejan la dinámica interna y externa de la Tierra. Desde su origen en los procesos magmáticos y sedimentarios hasta su evolución en respuesta a cambios tectónicos y climáticos, los minerales contribuyen a la comprensión de la evolución del planeta. Así pues, la mineralogía de planetas y lunas terrestres evoluciona como consecuencia de un conjunto de procesos físicos, químicos y biológicos, muy diversos y con diferente intensidad de incidencia a lo largo del tiempo geológico, que conducen a la formación de nuevas especies minerales.

144

La clasificación de los minerales, tradicionalmente, se basaba en su composición química y estructura cristalina y no se incluía el tiempo geológico como una variable a considerar, de modo que en general se asumía que los minerales que conocemos en la actualidad han estado presentes desde siempre. Sin embargo, no es así ya que se demuestra que a lo largo del tiempo han cambiado los compuestos químicos.

Su composición química es un reflejo de la abundancia de los elementos oxígeno, silicio, hierro y magnesio. El análisis estadístico muestra que para cada mineral existe una fuerte correlación positiva entre las complejidades químicas y estructurales y el número de elementos químicos diferentes. Se pone así de manifiesto que existe una tendencia general de aumento complejidad con la creciente complejidad química.[4]

Los principales grupos incluyen silicatos, carbonatos, óxidos, sulfuros, haluros, y fosfatos, entre otros. Cada uno de estos grupos tiene una historia geológica única, ligada a los procesos físicos y químicos que ocurren en la Tierra.

El conocimiento de la mineralogía de la Tierra y su satélite, la Luna, ha estado ligado a la evolución de las técnicas, permitiendo determinar que existen aproximadamente 5000 especies minerales, la mayoría de ellas raras, presentes sólo en unas pocas localidades.[5]

Las diferentes expediciones a la cara posterior de la luna, a Marte, etc. están proporcionando nuevos datos que permiten completar el conocimiento del Cosmos.

El número promedio de elementos químicos en un mineral aumenta en las diferentes eras de la evolución mineral. Por ejemplo, el número de compuestos oxidados aumentaron tres veces debido a la evolución de la fotosíntesis microbiana que conllevó un aumento del O_2 en la atmosfera, lo que facilitó la correspondiente triplicación de la diversidad mineral, posterior a la oxidación atmosférica. El oxígeno es el elemento cortical más abundante, presente en más del 80 % de los minerales conocidos. No resulta sorprendente que la vida condujera así a una triplicación del número de especies minerales.

Tanto la complejidad química como la estructura aumenta gradualmente en el curso de la evolución mineral: los minerales más complejos se forman con el paso del tiempo geológico, sin que los más simples sean reemplazados. Cada mineral alcanza su belleza propia de forma y de color.

Etapas de la evolución mineral

Una de las preguntas que se plantean los científicos es cuál fue el primer material cristalino que se formó después del *Big Bang*. La primera generación de átomos presentes en la atmósfera extraordinariamente caliente después de este evento eran gases, principalmente hidrógeno y helio. Se sabe que tampoco se formaron cristales en las primeras estrellas, pero ellas producen elementos más pesados, incluidos átomos formadores de minerales como el carbono, el oxígeno, el silicio y el magnesio. Se propone que el carbono puro condensado a partir de las atmósferas en expansión de estrellas energéticas dio lugar al diamante, que cristaliza a muy alta temperatura, alrededor de 4400 °C, el primer "mineral original", al que se pueden unir aproximadamente una docena más entre los que se incluyen nitruros, carburos, óxidos y silicatos, que se condensaron en forma de microcristales a temperaturas superiores a los 1500 °C. La cuestión central de la evolución de los minerales es, por tanto, explicar cómo una serie de fases en las que se disponía de 10 elementos esenciales, pudieron transformarse en los más de 5000 minerales con 72 elementos esenciales que vemos hoy.

La estimación del número actual de minerales ha cambiado rápidamente. En 2008, era de 4300, pero en noviembre de 2018 había 5413 especies minerales oficialmente reconocidas por la Asociación Internacional de Mineralogía.

En efecto, antes de la formación del Sistema Solar había alrededor de 12 minerales. El diamante, uno de los más antiguos, probablemente fue seguido por el grafito (otra forma de cristalización del carbono diferente), algunos óxidos (rutilo, corindón, espinela) y silicatos como la forsterita. Estos llamados *ur-minerales* sembraron las nubes moleculares de las que se formó el Sistema Solar.

La hipótesis propuesta en 2008 por un grupo de científicos, dirigidos por Robert Hazen[6,7], es que la mineralogía del planeta Tierra evoluciona a lo largo del tiempo como consecuencia de los diversos procesos físicos, químicos y biológicos que se van sucediendo, y que conducen a la formación de nuevas especies minerales.

Hazen y colaboradores realizan una cronología que separa los cambios en la abundancia de minerales en tres intervalos amplios, que dividieron en 10 etapas (Figura 6.4):

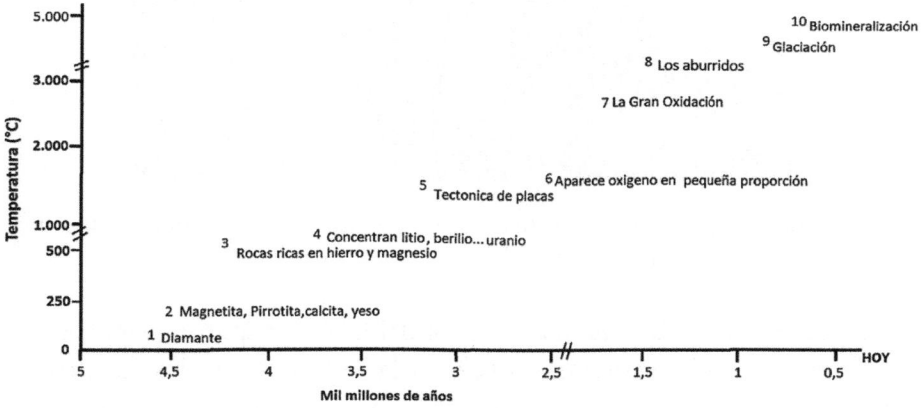

Figura 6.4. Las 10 etapas de la formación de los minerales.

Etapa 1: *el Sol se enciende*. Antes de 4.56 Ga (Ga= miles de Ma) la nebulosa presolar era una densa nube molecular formada por gas de hidrógeno y de helio con granos de polvo dispersos. Cuando el Sol se encendió derritió los granos de polvo cercanos y algunas de las gotitas fundidas se acumularon en las primeras generaciones de meteoritos, llamados *condritas* (meteoritos no metálicos rocosos que no han sufrido procesos de fusión o de diferenciación en los asteroides de los que proceden), formando como pequeños cuerpos esféricos denominados *cóndrulos*

(Figura 6.5). A partir del examen de las condritas de esa era, se pueden identificar 60 nuevos minerales con estructuras cristalinas de todos los sistemas cristalinos. Representa, por lo tanto, el punto de partida de la evolución mineral de todos los planetas y lunas de nuestro Sistema Solar.

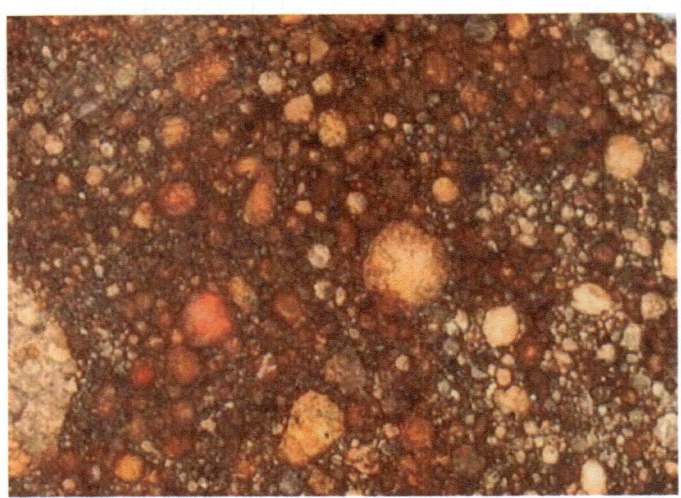

Figura 6.5. Aspecto de los minerales de la etapa 1 que se encuentran en meteoritos de condrita (Tomado de[8])

Etapa 2*: forma planetesimal.* Las condritas se agruparon por atracción gravitatoria en *planetesimales* cada vez más grandes. La posterior alteración acuosa y térmica de las condritas, la acreción y diferenciación asteroidal y la consiguiente formación de *acondritas* (meteoritos rocosos, similares a rocas ígneas, que se caracterizan por haber sufrido procesos de fusión y diferenciación en el planeta o asteroide del cual proceden) dan como resultado un repertorio mineralógico que en esta etapa se limita a los aproximadamente 250 minerales que ahora se encuentran en los diversos conjuntos de muestras lunares y de meteoritos no meteorizados. Entre los minerales importantes observados por primera vez se encuentran el cuarzo (famoso por presencia en la arena de playa), los carbonatos (que hoy forman crestas y arrecifes de piedra caliza) y los primeros minerales arcillosos. Tras la acreción y diferenciación planetaria, la evolución mineral de un planeta terrestre depende inicialmente de una secuencia de procesos geoquímicos y petrológicos, que dependen principalmente del tamaño y el contenido volátil del cuerpo, procesos que definen las Etapas 3, 4 y 5. —entre 4,55 Ga y 2,5 Ga— en las que ocurre la redistribución de la corteza terrestre y del manto, y que pueden incluir vulcanismo y desgasificación, cristalización fraccionada, sedimentación de cristales, reacciones de asimilación, metamorfismo regional y de contacto, tectónica de placas e interacciones asociadas a gran escala entre fluidos y rocas.

Los nuevos minerales formados en la Etapa 1, comenzaron a agruparse, formando asteroides y planetas. El Sistema Solar primitivo tenía una «línea de nieve» que separaba los planetas rocosos y asteroides de los gigantes gaseosos. La energía de las formas radioactivas derritió el hielo y el agua reaccionó con las rocas formando (https://es.wikipedia.org/wiki/Filosilicato) óxidos como la magnetita, sulfuros como la pirrotita, los carbonatos de dolomita y calcita, y sulfatos como el yeso.

Finalmente, los asteroides se calentaron lo suficiente como para que se produjera la fusión parcial, lo que llevó a la formación en la Tierra de un núcleo y de una corteza (Figura 6.6).

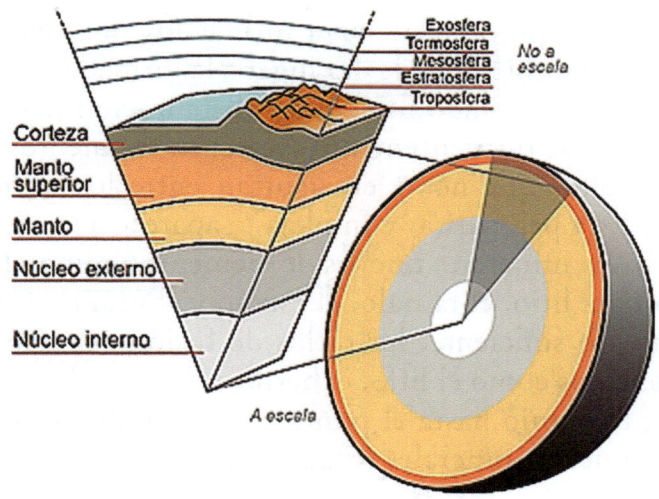

Figura 6.6. Las capas de la Tierra (Tomado de[9]).

Etapa 3: *procesos ígneos*. Se define como el período de diferenciación planetaria en las principales capas de núcleo metálico, manto de silicato y corteza basáltica de origen volcánico. Los minerales de la corteza terrestre se diversificaron sobre todo por interacciones con los primeros océanos y la atmósfera. El volcanismo, la desgasificación y la hidratación dieron lugar a hidróxidos, hidratos, carbonatos y evaporitas. En esta etapa el número total de minerales que se producen se estima en 420.[10] Las rocas ígneas también albergaban conjuntos de minerales.[11] Comenzó con una corteza hecha de rocas ricas en hierro y magnesio, como el basalto. Entre los minerales en las inclusiones que se remontan a hace 4.4 Ga se encuentran el cuarzo, la moscovita, la biotita, el feldespato de potasio, la albita, la clorita y la hornblenda. La Tierra tenía una atmósfera compuesta de N_2, CO_2 y agua, y un océano que se hizo cada vez más salino.

Etapa 4: *formación de granitoides y pegmatita*. Esta etapa marca la aparición de los primeros terrenos extensos de granito en la Tierra. El granito es una roca rica en sílice que se forma cuando el basalto húmedo se funde parcialmente, resultando un granito fundido que es menos denso que el basalto, por lo que se eleva para formar los núcleos de los continentes. También puede dar lugar a la formación de pegmatita, que es un estado final de la cristalización del granito. Este mineral frecuentemente concentra elementos raros "incompatibles" que no se encuentran entre los minerales comunes. Esta pegmatita "compleja"[12] aparece acompañada de numerosos minerales nuevos de elementos como el berilio, el boro, el litio, el tántalo, el estaño y el uranio. Con un calentamiento suficiente, los ciclos de fusión concentraron elementos raros como el litio, el berilio, el boro, el niobio, el tantalio y el uranio hasta el punto en que pudieron formar hasta 500 nuevos minerales (Figura 6.7).

(a) **(b)** **(c)**

Figura 6.7. (a) Berilo, mineral con berilio. (b) Espodumena, con litio. (c) Turmalina, con boro (©Rob Lavinski. Tomado de[6])

Etapa 5: *tectónica de placas*. Esta quinta etapa surge del gran proceso de la tectónica de placas, que tuvo lugar a escala global, por el cual las rocas húmedas de la corteza se reciclan en el manto por el proceso de hundimiento de una placa litosférica bajo el borde de otra placa, que llevó la corteza y el agua hacia el interior con interacciones fluido-roca y a aumentar la concentración de elementos raros. En particular, se formaron depósitos de sulfuro con 150 nuevos minerales de sulfosal. Los nuevos procesos de formación de minerales surgen de las consiguientes interacciones fluido-roca que operan a gran escala. De esta forma, inmensos depósitos minerales hidrotermales, vastos terrenos metamórficos y la aparición de minerales de alta presión en la superficie de la Tierra, hacen que aumentara la diversidad mineral a quizás 1500 especies formadas por procesos puramente físicos y químicos.

Después de 2,5 Ga los restantes minerales de la Tierra, más de dos tercios, son el resultado de la transformación de la Tierra por parte de los organismos vivos. Minerales como la calcita, los óxidos metálicos y muchos minerales arcillosos junto con gemas como la turquesa, la azurita y la malaquita.

Etapa 6: *biología en un mundo anóxico.* Los procesos biológicos comenzaron a afectar la mineralogía superficial de la Tierra en el Paleoarcaico (aprox. 3,8 Ga), cuando se precipitaron depósitos minerales superficiales a gran escala, incluidas formaciones de carbonato y hierro bandeado, bajo la influencia de la química atmosférica y oceánica cambiante. Antes de aproximadamente 2,45 Ga, había muy poco oxígeno en la atmósfera. La vida puede haber jugado un papel en la precipitación de capas masivas de carbonato cerca de los márgenes continentales y en la deposición de formaciones de hierro en bandas, pero no hay evidencias inequívocas del efecto de la vida sobre los minerales.

Etapa 7: *el evento de la Gran Oxidación*: Este evento, sucedido en el Paleoproterozoico (de 2,5 a 1,9 Ga), cuando el oxígeno atmosférico aumentó espectacularmente, gracias a la aparición de las bacterias que realizaban la fotosíntesis, las cianobacterias, que cambiaron la atmósfera de la Tierra al generar el nivel de 20 % de oxígeno actual, comenzó alrededor de hace 245 Ga y continuando hasta aproximadamente 2.0 o 1.9 Ga. Antes de este evento, cuando la concentración de moléculas de oxígeno en la atmósfera alcanzó a >1 % del nivel actual, los elementos que podían estar en múltiples estados de oxidación, estaban restringidos al estado más bajo, y eso limitaba la variedad de minerales que podían formar. El aumento del oxígeno atmosférico del Neoproterozoico, después de varios eventos de glaciación importantes, permitió la vida multicelular y el desarrollo de los procesos de biomineralización esquelética y transformaron irreversiblemente la mineralogía de las zonas superficiales de la Tierra. Ahora, aquellos minerales con uno o más elementos que pueden presentarse en dos o más estados de oxidación, incorporaron estos elementos en diferentes estados de oxidación, lo que aumenta exponencialmente la variabilidad de minerales. Así la oxidación de uraninita dio como resultado más de 200 nuevas especies de minerales de uranilo. Otros elementos que tienen múltiples estados de oxidación son el cobre (que aparece en 321 óxidos y silicatos), el boro, el vanadio, el magnesio, el selenio, el teluro, el arsénico, el antimonio, el bismuto, la plata y el mercurio. En total, se formaron alrededor de 2500 nuevos minerales.

Etapa 8: *Océano intermedio*. Los aproximadamente mil millones de años siguientes (1,85–0,85 Ga) se conocen a menudo como el *Aburridos Mil Millones* porque parece que sucedieron pocos cambios. Esta etapa se inició cuando ceso de una forma relativamente abrupta la producción de formaciones de hierro bandeado, lo que se ha considerado un indicio de la existencia de un cambio significativo en la química del océano, cambio gradual a un "océano intermedio" probablemente relacionado con la actividad microbiana, que produjo una mayor reducción de sulfuro microbiano y la oxidación de la superficie. Este período de tiempo se ha interpretado como una etapa en la que los océanos se oxigenaron gradualmente. No se han identificado nuevos procesos de formación de minerales a partir de esta octava etapa; sin embargo, la diversidad en minerales continuó aumentando como resultado de los procesos físicos, químicos y biológicos en curso.

Etapa 9: *Tierra bola de nieve*. En esta etapa, de 1,0 a 0,57 Ga, la Tierra experimentó fluctuaciones dramáticas en el clima y la composición atmosférica. Durante los períodos más fríos, el hielo fue el mineral superficial más abundante de la Tierra, y asociados con el hielo se encontraban capas gruesas de caliza o dolomía, con calcita, dolomita, aragonito y minerales arcillosos. En esta etapa ya no se producen prácticamente nuevos minerales.

Etapa 10: Eón Fanerozoico. La más reciente Etapa de la evolución mineral de la Tierra, que coincide con el eón Fanerozoico, fue testigo de generalización de los procesos de la biomineralización, es decir, la creación de minerales por parte de los organismos vivos.[13]

Aunque algunos biominerales se pueden encontrar en registros anteriores, fue durante la explosión del Cámbrico cuando se desarrollaron la mayoría de las formas esqueléticas conocidas, y los principales minerales esqueléticos (calcita, aragonito, apatita y ópalo).

La *hipótesis de la evolución mineral* ofrece una nueva perspectiva para considerar los minerales de forma dinámica en la geología. Desde 2019 y a partir de la información recogida de miles de estudios mineralógicos, incluida en una gran base de datos, se están publicando las líneas generales de un nuevo esquema evolutivo de clasificación, basado en lo que llaman *Agrupaciones de Tipos Naturales*.[14] Proponen el concepto de *tipos minerales*, en el que un mismo mineral podría tener varios tipos si existen para formarlo distintos mecanismos "genéticos". Se trata de ampliar el esquema anterior de clasificación de la IMA, de manera que se incluye no sólo la composición química y la estructura cristalina del mineral, sino también la información "paragenética", sobre los procesos por los que se formó, y si sucedieron en una etapa en particular. Al considerar este novedoso aspecto pasaríamos de tener casi 5.800 minerales a más de 10 500 tipos minerales.

La biomineralización

Los minerales de origen biológico son compuestos inorgánicos que se forman a través de procesos biológicos en organismos vivos. A diferencia de los minerales formados exclusivamente por procesos geológicos, estos minerales son el resultado de interacciones complejas entre componentes biológicos y químicos. La biomineralización, el proceso mediante el cual los organismos vivos producen minerales, es un fenómeno que abarca una amplia gama de organismos, desde bacterias hasta humanos, y que da lugar a una diversidad de minerales con funciones estructurales, de almacenamiento, o defensivas.

La biomineralización ha tenido un impacto significativo en la evolución de la vida en la Tierra. Las estructuras mineralizadas permitieron a los organismos colonizar nuevos nichos y desempeñaron un papel crucial en la aparición de diversas formas de vida complejas.

El registro fósil muestra que la aparición de la biomineralización coincidió con un aumento en la diversidad y complejidad de los organismos multicelulares durante el Cámbrico. Las estructuras mineralizadas proporcionaron ventajas evolutivas significativas, como protección contra la depredación y soporte estructural, lo que permitió a los organismos desarrollar formas más grandes y complejas.

Los organismos vivos son capaces de producir una amplia variedad de minerales, siendo los más comunes los carbonatos, fosfatos y silicatos, así como algunos óxidos y sulfuros.

Los carbonatos son uno de los tipos de minerales biogénicos más comunes, particularmente en organismos marinos. La calcita y la aragonita, ambas formas cristalinas de carbonato de calcio, se encuentran en conchas, esqueletos y otras estructuras de organismos marinos como moluscos, corales y foraminíferos.

Los corales (Figura 6.8a) forman esqueletos de aragonita a través de un proceso de biomineralización controlada, un proceso es vital para la formación de arrecifes de coral, estructuras ecológicamente importantes y que proporcionan hábitats para numerosas especies marinas. Los corales utilizan proteínas específicas para controlar la precipitación de aragonita, permitiendo la formación de estructuras complejas y resistentes.

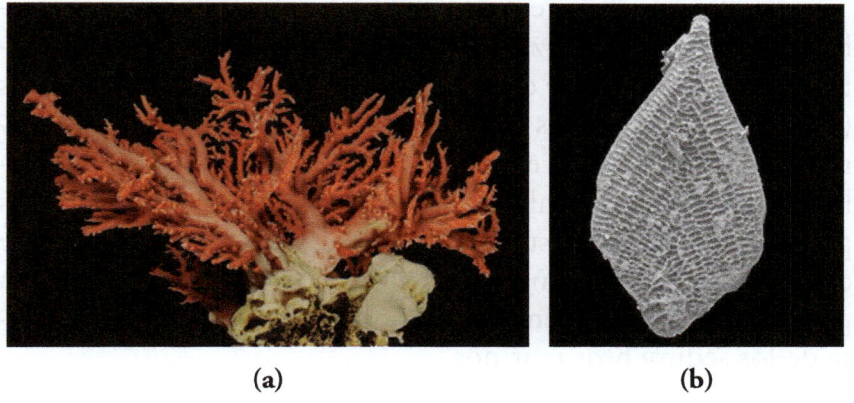

(a)   (b)

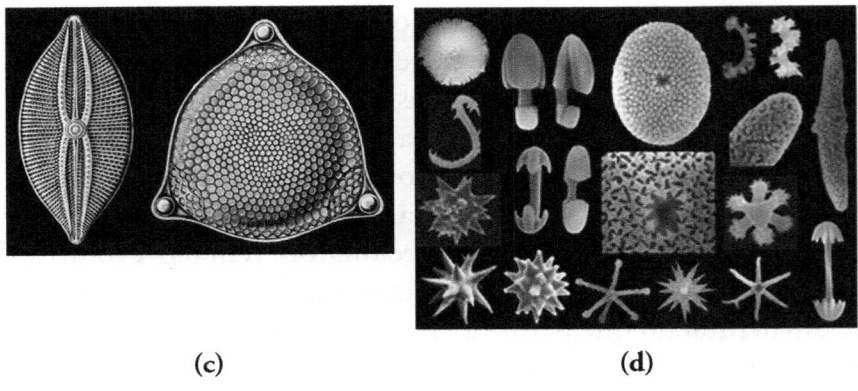

(c)   (d)

Figura 6.8. (a) Imagen de un coral (Tomado de[15]). (b) *Neoflabellina reticulata*, un foraminifero de la Edad Maastrichtiense de1,2 mm de longitud (Tomado de[16]). (c) Diatomeas (Dibujos de Ernst Haeckel. Tomado de[17]). (d) Espículas de esponjas (Modificado de[18]).

Los foraminíferos (Figura 6.8b) son protistas unicelulares que producen conchas calcáreas, comúnmente de calcita. Estas conchas tienen una importancia significativa en la geología, ya que forman parte de los sedimentos marinos y son utilizadas en estudios paleoceanográficos para inferir las condiciones del océano en el pasado.

El fosfato más común producido biológicamente es la hidroxiapatita, el componente principal de huesos y dientes en vertebrados y crucial para la función estructural y la protección de estos organismos.

Los silicatos son menos comunes que los carbonatos y fosfatos en la biomineralización, pero juegan un papel importante en ciertos grupos de organismos. Por ejemplo, las diatomeas (Figura 6.8c) son algas unicelulares que forman *frústulas* (paredes celulares) de sílice hidratada ($SiO_2 \cdot nH_2O$). Estas frústulas tienen estructuras altamente ornamentadas que son únicas para cada especie, y su formación es un proceso altamente controlado. Las diatomeas contribuyen significativamente a la producción primaria en los océanos y forman parte importante de los sedimentos marinos.

También las esponjas, en particular las esponjas de sílice (*demospongiae*), producen espículas (Figura 6.8d), estructuras esqueléticas formadas de silicato, que proporcionan soporte estructural y, además, desempeñan un papel en la defensa contra depredadores.

Los óxidos de hierro y manganeso también se forman a través de procesos biológicos, a menudo en bacterias y arqueas. Así, algunas bacterias son capaces de oxidar manganeso para formar minerales como la birnessita, un óxido complejo de manganeso (Figura 6.9a).

Los sulfuros biogénicos, por su parte, aunque menos comunes juegan un papel importante en algunos ambientes extremos, como en los respiraderos hidrotermales (Figura 6.9b). En ambientes marinos anóxicos, algunas bacterias son capaces de reducir sulfatos a sulfuros, que pueden precipitar como pirita (FeS_2). Este proceso es un ejemplo de biomineralización inducida, donde la actividad metabólica de las bacterias lleva a la formación de un mineral.

La biomineralización también juega un papel crucial en los ciclos biogeoquímicos, especialmente en el ciclo del carbono y el ciclo del fósforo. La formación y deposición de carbonatos biogénicos, por ejemplo, es un componente importante del ciclo del carbono global y tiene un impacto directo en la concentración de CO_2 en la atmósfera. Por ejemplo, la sedimentación de carbonatos provenientes de los caparazones, es un proceso clave a largo plazo, ya que cuando estos organismos mueren, sus conchas se depositan en el fondo marino, donde pueden formar depósitos de piedra caliza, "encerrando" el carbono en el ciclo geológico durante Ma.

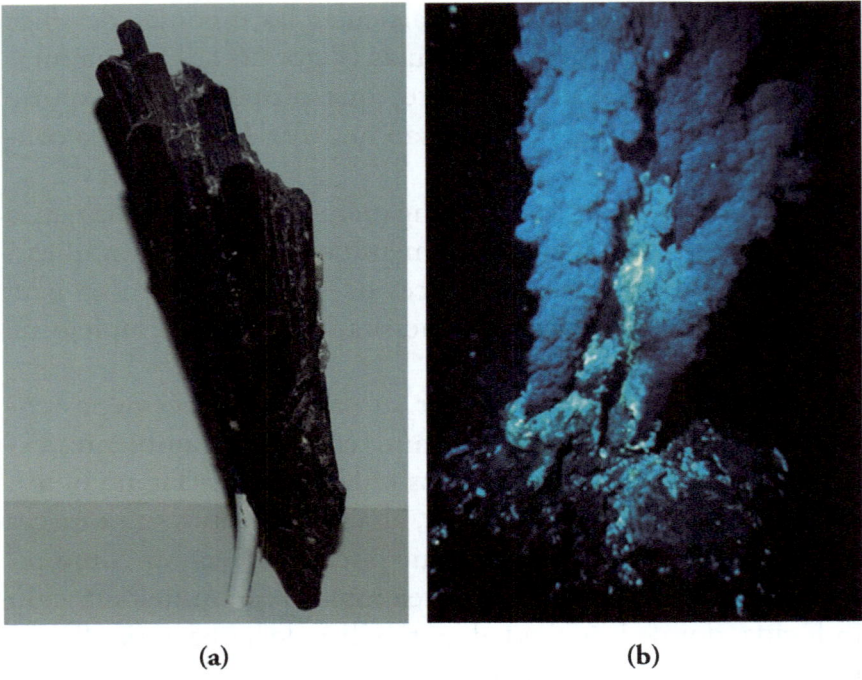

(a)   **(b)**

Figura 6.9. (a) Birnessita (Museo Smithsonian de Historia Natural. Tomado de[19]). (b) Fuente o respiradero hidrotermal de la dorsal Atlántica (© P. Rona. Tomado de[20]).

Los sistemas cristalinos

Los cristales son sólidos en los que los átomos, moléculas o iones están ordenados en una estructura repetitiva y tridimensional. El proceso que determina su formación, la cristalización, que ocurre en una variedad de contextos naturales y artificiales, lleva al establecimiento de un ordenamiento que permite la formación de formas geométricas regulares que son características de cada material cristalino.

La formación de cristales, o cristalización, puede ocurrir a partir de: (a) una solución cuando un soluto disuelto en un solvente alcanza su punto de saturación y comienza a precipitarse en forma de cristales. Por ejemplo, cuando se disuelve sal (NaCl) en agua, si el agua se evapora lentamente, las moléculas

158

de sal comienzan a agregarse y formar cristales cúbicos característicos; (b) de un fundido, cuando un líquido fundido se enfría y solidifica. A medida que el líquido se enfría, los átomos o moléculas se organizan en una estructura ordenada para minimizar la energía del sistema. Un ejemplo común es la formación de cristales de hielo (H_2O) cuando el agua líquida se congela a 0 °C; y (c) a partir de vapor, directamente a partir de una fase gaseosa, en un proceso llamado deposición o *sublimación inversa*. Un ejemplo de esto es la formación de los copos de nieve, donde el vapor de agua se congela directamente en forma de cristales de hielo en la atmósfera (Figura 6.10).

La cristalización comienza con la *nucleación*, el proceso mediante el cual se forma un núcleo o "semilla" de cristal que actúa como un centro de crecimiento, sobre el que se adsorben los átomos o moléculas adicionales, lo que conduce al crecimiento del cristal. Este proceso está gobernado por la difusión de partículas hacia el cristal y la incorporación de estas partículas en la estructura cristalina, que puede variar según las condiciones del entorno, como la temperatura y la concentración de la solución. Estos núcleos pueden crecer, según las condiciones de espacio, tiempo y reposo, hasta tamaños grandes, fáciles de apreciar a simple vista.

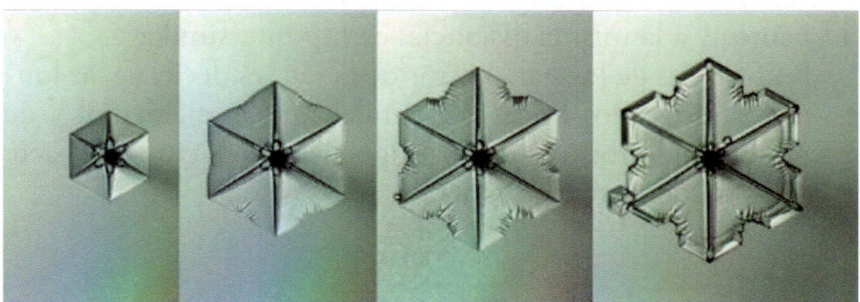

Figura 6.10. Crecimiento de un copo de nieve (Tomado de[21]).

Se consideran cristales aquellos sólidos naturales que están limitados por caras planas. Como vimos, un mineral es un sólido inorgánico de origen natural, que posee una composición química fija y una cristalización precisa, ya que la disposición interna de los átomos, iones o moléculas en determinadas posiciones del espacio es propia de cada uno. Por eso, todos los ejemplares de una misma especie mineral tienen la misma ordenación íntima de sus partículas y puede aparecer bajo varias formas diferentes; algunos de ellos son específicos de una localidad.

Existen siete sistemas cristalinos que son siete tipos fundamentales de ordenación interna de las partículas. Cada sistema cristalino se caracteriza por un paralelepípedo que se denomina *celda elemental*, configurada por la posición de las partículas. Por repetición de la celda elemental en las tres dimensiones del espacio forma una red espacial característica (Figura 6.11).

Las celdas de un cristal presentan unos elementos básicos de simetría. El primero es el eje de simetría que es una línea imaginaria que cruza a través del cristal, alrededor de la cual, al realizar este un giro completo, repite dos o más veces el mismo aspecto. El segundo elemento es el plano de simetría, que al igual que el eje, es un plano imaginario que divide el cristal en dos mitades simétricas especulares dentro de celda. Puede haber muchos planos de simetría. Por último, existe el centro de simetría, que es un punto dentro de la celda que, al juntarlo con cualquier otro punto de la superficie, repite al otro lado del centro y a la misma distancia, otro punto similar.

En función de los parámetros de la red, es decir, de las longitudes de los lados o ejes del paralelepípedo elemental y de los ángulos que forman, se distinguen los mencionados siete sistemas cristalinos (Figura 6.11):

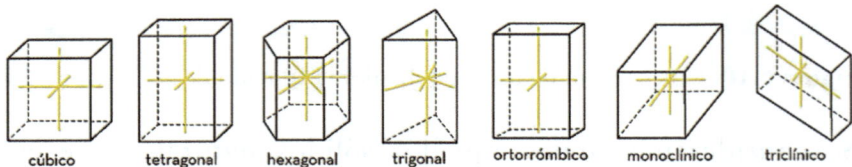

cúbico   tetragonal   hexagonal   trigonal   ortorrómbico   monoclínico   triclínico

Figura 6.11. Los sistemas de cristalización.

Sistema cúbico: es el más simétrico de todos, donde los tres ejes tienen la misma longitud y se encuentran en ángulos rectos entre sí. Ejemplos de minerales que cristalizan en este sistema son el diamante, la galena, la sal común o la fluorita.

Sistema tetragonal: similar al cúbico, pero uno de los tres ejes es de diferente longitud. Un ejemplo de este sistema es el dióxido de titanio (TiO_2) en su forma de rutilo. También la pirolusita, o el circonio, que forman formas complejas ditetragonales.

Sistema ortorrómbico: los tres ejes son de diferente longitud y forman entre sí ángulos rectos. Un ejemplo es el azufre (S) en su forma ortorrómbica o la armenita, un ciclosilicato.

Sistema hexagonal: tiene un eje principal que es perpendicular a un plano formado por otros tres ejes de igual longitud y con ángulos de 120° entre ellos. El berilo o las esmeraldas son ejemplos de este sistema.

Sistema trigonal: también llamado **romboédrico**, es un sistema en el que los tres ejes tienen la misma longitud, pero los ángulos entre ellos no son de 90°. El cuarzo, la turmalina o el corindón (rubí y zafiro) son minerales de este sistema.

Sistema monoclínico: tiene tres ejes de diferente longitud; dos de ellos se encuentran en ángulos rectos, mientras que el tercero está inclinado. El yeso es un ejemplo de cristal monoclínico.

Sistema triclínico: es el sistema menos simétrico, con los tres ejes son de diferente longitud y ninguno de los ángulos entre ellos es de 90°. Un ejemplo es el feldespato.

La estructura cristalina y la Proporción Áurea

Las Proporciones Áureas también encuentran una fascinante manifestación en la estructura de los sistemas cristalinos. La progresión de lo simple a lo complejo es función de la complejidad de la composición química de los minerales; pero, como señalamos más arriba, no existe una línea evolutiva en los minerales. Tampoco en los sistemas de cristalización en diferentes condiciones.

Como hemos visto los cristales son sólidos con una estructura interna altamente ordenada, en la que los átomos se disponen en un patrón repetitivo que se extiende en las tres dimensiones del espacio, determinándose que cada uno de los sistemas de cristalización tiene diferentes propiedades de simetría y dimensionalidad que definen cómo se distribuyen los átomos dentro de la estructura.

Así, como ejemplo podemos citar la aparición de las Proporciones Áureas en sistemas tetragonales en crecimiento. En algunos casos, los cristales tetragonales pueden crecer de manera que las proporciones de las dimensiones de las facetas cristalinas se aproximan a la Proporción Áurea.

En el sistema hexagonal, la Proporción Áurea puede aparecer en la relación entre los planos cristalinos y en las longitudes de los ejes de la celda unitaria. Por ejemplo, en los cristales de berilio, la relación entre la altura de la celda unitaria y el radio de la base hexagonal puede aproximarse a la Proporción Áurea, lo cual tiene implicaciones en la estabilidad estructural del material.

De forma aislada algunos minerales, como la pirita o el granate, cristalizan en formas áureas como el dodecaedro, áureo. La pirita, sulfuro de hierro, cristaliza también en el sistema formando cubos, dodecaedros pentagonales, o combinaciones de ambas formas.

Los granates, un grupo de minerales de la familia de los silicatos que comparten una estructura cristalina común, pero tienen una variedad de colores y composiciones; frecuentemente se encuentran cristalizados en dodecaedros.

LOS COLORES DE LOS MINERALES

Los colores de los minerales han fascinado a la humanidad desde tiempos inmemoriales, siendo una de las propiedades más evidentes y atractivas de estos materiales naturales. Sin embargo, detrás de esta apariencia visual hay una compleja interacción entre la estructura cristalina, la composición química y las condiciones de formación de los minerales. La diversidad cromática que observamos en los minerales se debe a una serie de factores que van desde la presencia de elementos traza y la absorción selectiva de la luz hasta efectos ópticos más complejos como la birrefringencia y la interferencia.

Uno de los mecanismos detrás del color de los minerales es la absorción selectiva de la luz, ya pueden absorber ciertas longitudes de onda de la luz visible, mientras que otras son reflejadas o transmitidas, siendo el color que percibimos el resultado de la combinación de las longitudes de onda no absorbidas.

Por ejemplo, el rubí debe su color rojo intenso a la presencia de cromo (Cr^{3+}) como impureza en su estructura de corindón (Al_2O_3). Los iones de cromo absorben principalmente la luz en las regiones verde y azul del espectro visible, lo que deja pasar la luz roja, dándole al rubí su característico color. Este tipo de coloración se denomina *coloración por elementos cromóforos*, donde el cromo actúa como el elemento que produce el color. Similar al rubí, la esmeralda también obtiene su color de la presencia de cromo. En este caso, los iones de cromo están presentes en el mineral berilo, y absorben la luz en las regiones roja y violeta del espectro, reflejando la luz verde que caracteriza a este mineral. Es importante notar que la diferencia en la estructura cristalina entre el corindón del rubí y el berilo de la esmeralda afecta cómo se perciben estos colores, a pesar de que ambos minerales utilizan cromo como cromóforo.

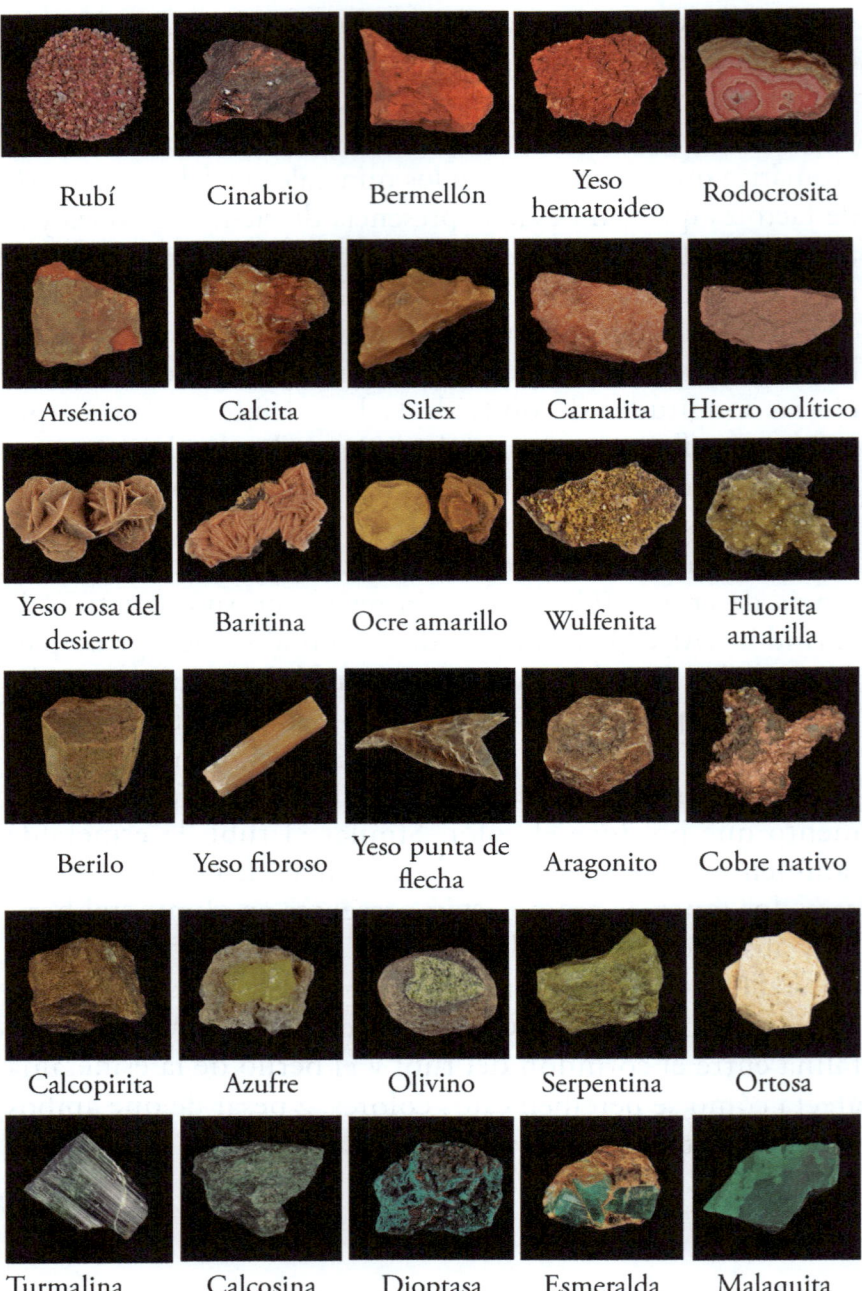

Rubí	Cinabrio	Bermellón	Yeso hematoideo	Rodocrosita
Arsénico	Calcita	Silex	Carnalita	Hierro oolítico
Yeso rosa del desierto	Baritina	Ocre amarillo	Wulfenita	Fluorita amarilla
Berilo	Yeso fibroso	Yeso punta de flecha	Aragonito	Cobre nativo
Calcopirita	Azufre	Olivino	Serpentina	Ortosa
Turmalina	Calcosina	Dioptasa	Esmeralda	Malaquita

Rejalgar	Celestina	Distena	Azurita	Melanterita
Lapislazuli	Sodalita	Cianita	Ágata	Cuarzo
Mica Lepidolita	Cuarzo amatista	Fluorita violeta	Biotita	Obsidiana

Figura 6.12. Minerales de la colección de Museo de Ciencias de la Universidad de Navarra, elegidos para analizar su color.

También los elementos traza, presentes en pequeñas cantidades, pueden influir significativamente en el color de un mineral, ya que pueden reemplazar a otros en la estructura cristalina original, alterando la forma en que el mineral interactúa con la luz. Por ejemplo, la amatista, una variedad de cuarzo, debe su color púrpura a la presencia de hierro como impureza. Específicamente, los iones de hierro en su estado más oxidado (Fe^{4+}) en la estructura del cuarzo producen color al absorber selectivamente la luz en la región verde del espectro visible. Este fenómeno es un ejemplo de coloración debido a *centros de color*, que pueden ser naturales o inducidos por radiación, donde alteraciones (defectos, en la estructura cristalina que pueden capturar electrones libres o crear vacantes) como la presencia de un ion metálico que alteran cómo el mineral interactúa con la luz. Un ejemplo es la fluorita que puede presentar una amplia gama de colores, desde incoloro hasta púrpura, verde o amarillo. El color púrpura en este mineral se atribuye a la presencia de centros de color formados por iones de calcio que han sido desplazados de su posición original en la red cristalina.

Además de la absorción de luz, los colores de los minerales también pueden originarse de efectos de interferencia y difracción, que ocurren cuando la luz se refleja y refracta en capas finas o en estructuras periódicas a escala nanométrica. Un ejemplo es el ópalo, mineral amorfo que exhibe una forma de iridiscencia, conocida como *juego de colores*, que es el resultado de la difracción de la luz en la estructura del ópalo, compuesta por esferas submicroscópicas de sílice dispuestas en una red tridimensional. La luz se descompone en sus colores componentes al interactuar con esta estructura, creando brillantes destellos de color que cambian según el ángulo de visión.

La dispersión de la luz también juega un papel importante en el color de algunos minerales, especialmente aquellos que contienen inclusiones o están formados por partículas finamente divididas. Tal es el caso del lapislázuli, mineral azul profundo (debido principalmente a la presencia de lazurita, un silicato) que contiene pequeñas inclusiones de pirita y calcita; la dispersión de la luz causada por las inclusiones puede influir en la intensidad y tonalidad del color, creando un efecto visual complejo y atractivo

También es necesario recordar que los minerales pueden exhibir polimorfismo, que es la posibilidad de un mineral para existir en más de una estructura cristalina, lo que puede dar como resultado diferentes colores para el mismo compuesto químico.

La música de los colores de los minerales

La conversión de los colores de los minerales en música supone una forma de disfrutar de la belleza de este mundo inorgánico, inanimado pero bello. La aplicación de nuestro algoritmo nos ha permitido relacionar directamente la longitud de onda de la luz que corresponde a cada color con la longitud de ondas sonoras de cada nota musical.

En primer lugar, se eligen los minerales (Figura 6.12), de la colección del Museo de Ciencias de la Universidad Navarra, de diferente composición química y diferente sistema de cristalización.

Se obtienen los correspondientes código RGB y, a continuación, se aplican las diferentes ecuaciones del algoritmo propuesto. Una vez obtenidas las correspondientes notas musicales, se ha creado una composición musical (Figura 6.13).

Figura 6.13: Código QR correspondiente a la composición musical de los colores de los minerales (© Eneko Azparren).

AGRADECIMIENTOS

Las autoras agradecen la colaboración prestada por:

Ana Moreno Ilundain (Dra. en Biología. Catedrática de Enseñanza Secundaria)

José Ramón Isasi Allica (Catedrático de Química, Universidad de Navarra)

Mª Esther Lasheras Adot (Dra. en Geología, Geoquímica Ambiental, Universidad de Navarra).

Bibliografía

1. https://www.facebook.com/Palaeozoo/videos/history-of-earth-a-portrait-depicting-the-evolution-of-the-planet-from-the-hadea/5829977397028142/ https://www.facebook.com/watch/?v=5829977397028142
2. Kerr, RA. (1987). Milankovitch Climate Cycles Through the Ages: Earth's orbital variations that bring on ice ages have been modulating climate for hundreds of millions of years. Science. 235: 973–4. DOI:10.1126/science.235.4792.973
3. Wanner, H. et al. (2008). Mid- to Late-Holocene Climate Change: An Overview. Quaternary Science Reviews, 27: 1791-1828. https://doi.org/10.1016/j.quascirev.2008.06.013
4. Krivovichev, SV. et al. (2018). Structural and chemical complexity of minerals: correlations and time evolution. Eur. J. Mineral. 30: 231–236. https://doi.org/10.1127/ejm/2018/0030-2694
5. Hystad, G. et al. (2015). Statistical analysis of mineral diversity and distribution: Earth's mineralogy is unique. Earth and Planetary Science Letters. 426: 154-157. https://doi.org/10.1016/j.epsl.2015.06.028
6. Hazem, RM. et al. (2008). Mineral evolution. American Mineralogist 93: 1693-1720. DOI: 10.2138/am.2008.2955
7. Hazen, RM. et al. (2015). Mineral Ecology: Chance and Necessity in the Mineral Diversity of Terrestrial Planets. The Canadian Mineralogist. 53: 295-324. DOI: 10.3749/canmin.1400086.
8. https://hazen.carnegiescience.edu/research/mineral-evolution. Accedido, 2 de setiembre de 2024.
9. Jeremy Kemp. Based on elements of an illustration by USGS. http://pubs.usgs.gov/publications/text/inside.html. https://commons.wikimedia.org/w/index.php?curid=2150547. Accedido, 3 de setiembre de 2024.
10. Hazen, R M. (2013). Paleomineralogy of the Hadean Eon: A preliminary species list. American Journal of Science, 313(9), 807–843. https://doi.org/10.2475/09.2013.01
11. Bowen, NL. (1928). The Evolution of the Igneous Rocks. Dover Publications Inc. ISBN-10:0486603113. ISBN-13:978-0486603117.
12. London, D. and Morgan, GB. (2012). The Pegmatite Puzzle. *Elements* 8: 263–268. https://doi.org/10.2113/gselements.8.4.263
13. Bradley, DC. (2015). Mineral evolution and Earth history. American Mineralogist, 100: 4-5. https://doi.org/10.2138/am-2015-5101
14. Fernández Barrenechea, JM. (2023). Evolución mineral: La perspectiva del tiempo en mineralogía. Macla: revista de la Sociedad Española de Mineralogía, 27. ISSN 1885-7264,
15. https://www.nationalgeographic.com.es/animales/coral
16. ©Jonas Börje Lundin. https://commons.wikimedia.org/wiki/File:Neoflabellina_reticulata _S%C3%A4ureaufschluss_Lundin_2018.tif?page=1. Accedido, 3 de setiembre de 2024.

17. https://commons.wikimedia.org/wiki/File:Diatomeas-Haeckel.jpg. Accedido, 3 de setiembre de 2024.
18. https://www.greenteach.es/espiculas-esponjas-marinas-tecnologia/. Accedido, 3 de setiembre de 2024.
19. http://hyperphysics.phy-astr.gsu.edu/hbasees/Minerals/birnessite.html. Accedido, 4 de setiembre de 2024.
20. P. Rona / OAR/National Undersea Research Program (NURP); NOAA - NOAA Photo Library, Dominio público, https://commons.wikimedia.org/w/index.php?curid=262511. Accedido, 4 de setiembre de 2024.
21. https://cursolusegil.blogs.upv.es/tag/teoria-de-cristalizacion/. Accedido, 4 de setiembre de 2024.

2.ª PARTE
EL MUNDO DE LA VIDA. EVOLUCIONAR AUMENTANDO SU «SÍ MISMO»

Los seres vivos se caracterizan por poseer un "SÍ MISMO". Se constituyen a partir de la información genética heredada de sus progenitores, autoconstruyéndose. En ellos, materia y forma se corresponden, y, por tanto, no están determinados únicamente por el entorno. Se desarrollan de lo simple a lo complejo gracias a sus propias capacidades de autoorganización.

Poseen una identidad propia como individuos de la especie a la que pertenecen, dado que parten de un mensaje: la información genética. Este mensaje se amplía y se retroalimenta a lo largo del tiempo de proceso.

A medida que el ser vivo aparece y según su grado de complejidad, alcanza una mayor o menor autonomía respecto al entorno. Los seres vivos evolucionan siguiendo un proceso de "Más con Más": mayor cantidad de información genética de partida y mayor capacidad para retroalimentar esa información (información epigenética), lo que se traduce en mayor complejidad y capacidades.

Es importante tener en cuenta que existen dos niveles de cambio evolutivo: *Microevolutivo* y *Macroevolutivo*. El primero tiene como objetivo la adaptación al entorno, mientras que el segundo permite la aparición de nuevas especies. Ambos niveles son distintos en cuanto a la dinámica que implican: cambios en dos niveles diferentes de información y con una relación genes-medio distinta.

En la *Microevolución* o *evolución darwinista*, el cambio aleatorio es mecanicista, basado en causa y efecto, y ocurre en los caracteres externos por simple mutación genética, afectando así el fenotipo. Estas mutaciones generan variabilidad dentro de la misma especie. En una población, ciertos individuos adquieren características diferentes, y, si el ambiente cambia, algunos pueden adaptarse mejor. La Selección Natural favorece a los mejor adaptados, quienes se reproducen y, con el tiempo, llegan a ser dominantes. En este caso, la especie no ha evolucionado, sino que se ha adaptado. Solo si se establece una barrera reproductora entre las poblaciones, aparecerían dos especies distintas, incapaces de cruzarse entre sí.

En cambio, la *Macroevolución* implica un cambio en la información epigenética: la aparición de nuevas piezas de información genética que generan innovaciones sin etapas intermedias. En ciertos momentos críticos, se producen alteraciones del genoma, lo que da lugar a innovaciones. Estas pueden deberse a cambios en los genes reguladores, que dirigen la expresión diferencial de otros genes durante el desarrollo embrionario. Este cambio genera un aumento de la información y una reorganización drástica de la estructura del organismo, lo que se conoce como *Selección Interna*.

Todo proceso evolutivo de formación de una nueva especie pasa por dos filtros. Primero, el cambio en el patrimonio genético debe ser compatible con su viabilidad y fertilidad. Así, la Selección Natural actúa sobre los cambios del mensaje genético que originan fenotipos compatibles con la vida, permitiendo la especialización o adaptación al entorno.

En última instancia, cuando la estructura del organismo se aproxima a la Proporción Áurea, alcanza una plenitud de forma, y con ello, la plenitud de sus funciones.

7.
La evolución química. De las moléculas primordiales a la cápsula de los virus y la forma de las células

La vida en la Tierra surge hace unos 3800 millones de años (Ma). *La clave para comprender cómo pudo aparecer está en resolver cómo las moléculas inorgánicas se transformaron en los sistemas biológicos complejos. Los virus se encuentran como final de la etapa que va desde la construcción de las moléculas orgánicas más simples y las primeras células. Alcanzan la plenitud de su función como agentes biológicos cuya estructura se corresponde, en la mayoría de los grupos de virus, con estructuras áureas.*

Historia evolutiva de la Tierra

El origen de la vida en la Tierra es uno de los mayores retos intelectuales que se plantean en biología y química. La pregunta de cómo las moléculas inorgánicas se transformaron en los sistemas biológicos complejos que conocemos hoy es fundamental para nuestra comprensión de la biogénesis. Las teorías actuales sugieren que la vida surgió hace unos 3800 Ma a partir de moléculas orgánicas simples que formaron las primeras estructuras biomoleculares a través de procesos prebióticos. A partir de este punto, se van dando los diferentes pasos, que, sin solución de continuidad, nos traen hasta la situación actual (Figura 7.1).

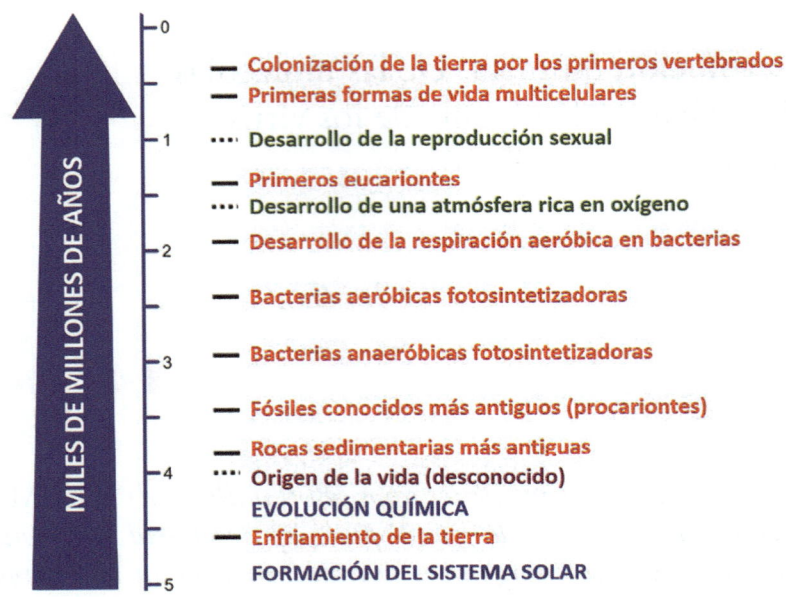

Figura 7.1. Principales sucesos en la historia evolutiva de la Tierra (Modificado de[1]).

La aparición de los virus es un punto destacable de este proceso evolutivo. No son estrictamente organismos vivos, ya que no satisfacen los postulados de la teoría celular,[2] es decir, no están constituidos por células, aunque si pueden definirse como agentes biológicos. Esta carencia de estructura celular es fundamental, ya que, de hecho, las células poseen todos los elementos que les permiten una autonomía biológica total, cosa de la que carecen los virus, ya que no pueden reproducirse de forma autónoma; por ello necesitan de la maquinaria de una célula huésped para poder multiplicarse, son parásitos. Su fascinante arquitectura y su peculiar ciclo vital les confiere un interés especial.

La evolución química: moléculas primordiales

La química de los seres vivos está basada en compuestos de carbono en disolución acuosa. Este hecho no es fruto sólo de las

174

condiciones de la Tierra primitiva, sino de la naturaleza de los elementos. Los compuestos de C son los más fáciles de formar, los más variables y perdurables. De igual forma, el agua ha sido seleccionada como disolvente universal de los seres vivos, insustituible por sus propiedades fisicoquímicas.

La posibilidad de una determinada reacción, la capacidad de adquirir una estructura espacial determinada, o la capacidad de ensamblaje de diversas estructuras moleculares por establecer interacciones específicas, son propiedades de las moléculas y de las asociaciones macromoleculares y del entorno. De hecho, los distintos elementos constituyentes del universo muestran unas afinidades selectivas muy definidas: tienden por sí mismos a agruparse, ordenarse y combinarse de forma determinada por su propia naturaleza. Se puede por tanto afirmar que las biomoléculas básicas, sillares fundamentales de los compuestos presentes en los seres vivos, podrían haber surgido como los "productos inevitables" de la evolución química.

La cuestión clave en el origen de la vida es entender cómo las moléculas orgánicas y células evolucionaron desde componentes inorgánicos. Tanto la materia orgánica como la inorgánica están formadas por los mismos componentes básicos y la única diferencia es cómo están dispuestos los átomos en el espacio tridimensional.

CONTEXTO PREBIÓTICO: LA SÍNTESIS DE MOLÉCULAS ORGÁNICAS POR REACCIÓN Y POR ENSAMBLAJE

El modelo clásico de la *sopa primordial* propuesto por Oparin y Haldane,[3] y posteriormente validado por el experimento de Miller-Urey en 1953,[4] demostró que es posible sintetizar aminoácidos (Aas) a partir de compuestos inorgánicos en condiciones reductoras simulando la atmósfera primitiva de la Tierra (Figura 7.2).

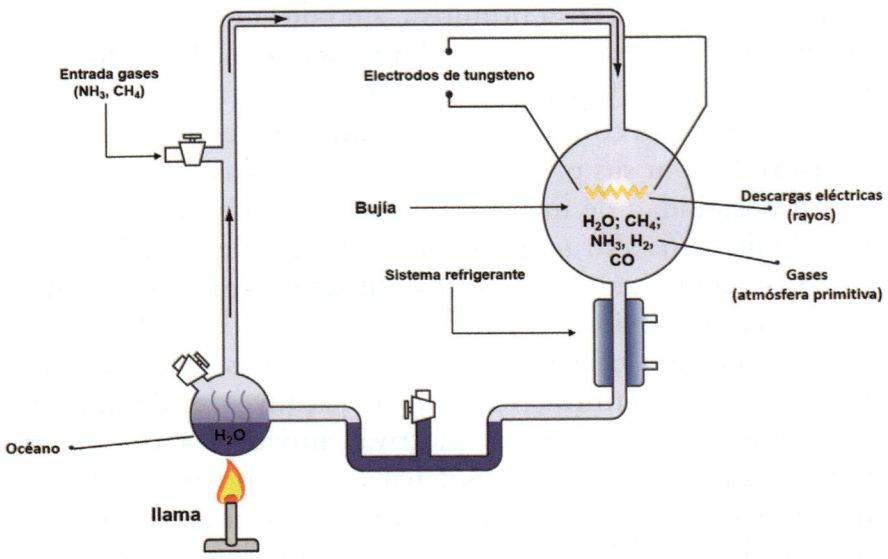

Figura 7.2. Esquema del dispositivo con el que se realizó el experimento de Stanley Miller y Harold Urey sobre la síntesis abiótica de biomoléculas.

En el experimento, una mezcla de metano, amoníaco, hidrógeno y vapor de agua fue sometida a descargas eléctricas, produciendo una variedad de Aas, como glicina, alanina y ácido aspártico.

Este descubrimiento proporcionó evidencia experimental de que los bloques de construcción de la vida podrían haberse formado de manera abiótica. Sin embargo, las condiciones reductoras del experimento de Miller-Urey han sido cuestionadas, ya que estudios más recientes sugieren una atmósfera primordial neutra o ligeramente oxidante.[5]

Los minerales van a actuar como catalizadores. Un catalizador es una sustancia (metal puro, compuestos inorgánicos u orgánicos, más o menos complejos) que, presentes en pequeña cantidad, actúa facilitando una reacción química, incrementando su velocidad, y que se recupera prácticamente sin cambios esenciales al final de dicha reacción.

En relación con la Síntesis Prebiótica, aparecen diferentes teorías, entre ellas la teoría de la *fuente hidrotermal alcalina* propuesta por Russell y Martin[6]. Las fuentes hidrotermales están ubicadas en las dorsales oceánicas, donde el agua de mar penetra en la corteza terrestre y reacciona con elementos presentes en el manto (generalmente silicatos de hierro y magnesio). Esta reacción produce hidrógeno molecular (H_2) que es un agente reductor potente, capaz de reducir CO_2 a moléculas orgánicas más complejas, como metano (CH_4), y ácidos grasos, actuando como catalizadores minerales catalíticos como la magnetita (óxido ferroso-diférrico) y la pirita (sulfuro de hierro), así como una variedad de compuestos orgánicos en un entorno altamente alcalino (pH entre 9 y 11) y moderadamente caliente (40-90 °C).[7] Es decir, estas zonas ricas en minerales proporcionan un entorno energéticamente favorable para algunas reacciones químicas, ya que ofrecen un ambiente potencialmente adecuado para la síntesis de moléculas orgánicas, por la combinación de calor, presión y la presencia de catalizadores.

Según esta teoría de Russell y Martin, los gradientes químicos y de temperatura en estas estructuras geotérmicas pudieron haber facilitado, mediante la concentración y la organización de moléculas orgánicas, la formación de la proto-célula o protobionte, una colección esférica de lípidos, autoorganizada y ordenada endógenamente propuesta como predecesora de las células.[8]

Ensamblaje

Recientemente, se ha planteado la *Teoría del Ensamblaje*, según la cual, y de acuerdo con el concepto más universal de tratar los objetos como elementos que pueden romperse y reconstruirse, los enlaces en los sistemas químicos pueden considerarse operaciones elementales a partir de las cuales se forman las moléculas. Según esta teoría, el camino más corto para construir una molécula dada se identifica rompiendo sus enlaces y luego organizando sus motivos en orden de tamaño.

Como ejemplo, describe como puede construirse la molécula de ftalato de dietilo y la vía de síntesis de un péptido simple mediante ensamblaje de módulos.

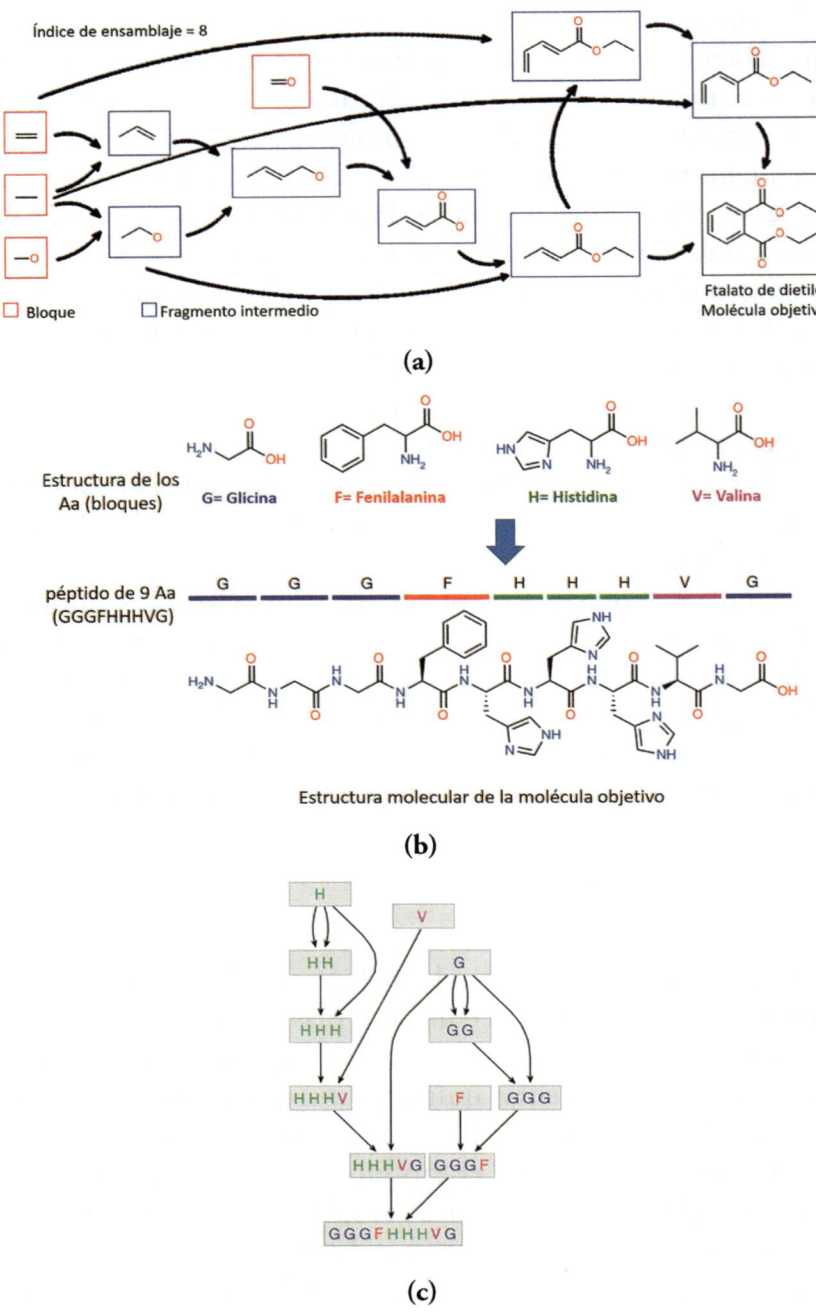

Figura 7.3. (a) Vía de ensamblaje para la construcción de una molécula de ftalato de dietilo a partir de los bloques de construcción. (b) Vía de ensamblaje

de una cadena peptídica de 9 Aas, tomando como bloques de construcción 4 Aas diferentes. (c) Propuesta de la ruta de ensamblaje del péptido objetivo GGGFHHHVG (Inspirado en[9]).

Protobiontes, protogenontes, protocélulas

El término *protobionte* se refiere a una entidad abiótica (previa a los seres vivos) que muestra algunas propiedades de los organismos vivos, como la compartimentación, la autoorganización y reacciones químicas similares a las del metabolismo. Los protobiontes se consideran precursores de las primeras células vivas, y su estudio proporciona información crucial sobre los procesos que podrían haber conducido a la vida en la Tierra. De acuerdo con las teorías que sugieren el inicio de la vida en la Tierra, el Protobionte habría aparecido hace unos 4000-4400 Ma.

La compartimentación implica la formación de una barrera que separa el interior del protobionte del entorno exterior. Esta barrera es crucial para mantener un entorno químico interno que favorezca las reacciones bioquímicas necesarias para la vida, lo que implica la capacidad de llevar a cabo reacciones químicas que transformen moléculas para obtener energía y sintetizar componentes necesarios para su mantenimiento. Aunque no poseen un metabolismo completo como los organismos vivos, los protobiontes pueden mostrar rutas metabólicas simples facilitadas por catalizadores.

Aparece también el concepto de *metabolismo autocatalítico* que implica que ciertas reacciones químicas pueden ser catalizadas por los productos de otras reacciones dentro del mismo sistema. Este tipo de reacciones puede generar redes metabólicas simples que se autorreproducen, un paso crucial hacia la vida. Los sistemas autocatalíticos pueden haber sido fundamentales en los protobiontes, proporcionando mecanismos para la síntesis y el reciclaje de moléculas esenciales.

Por otra parte, aunque los protobiontes no tienen la capacidad de replicarse como las células vivas, pueden mostrar procesos de autorreplicación limitada mediante la duplicación de sus componentes y la división de sus compartimentos. La replicación de ácidos nucleicos, en particular el ARN, es un aspecto clave en la teoría del mundo del ARN.

Se ha comprobado cómo las fuentes hidrotermales alcalinas producen vesículas lipídicas que pueden encapsular moléculas orgánicas, creando microambientes protegidos donde podrían haber ocurrido las primeras reacciones químicas necesarias para la vida. El proceso de autoensamblaje de lípidos en vesículas es espontáneo en condiciones acuosas y es esencial para la formación de estructuras similares a las membranas celulares modernas (Figura 7.4).

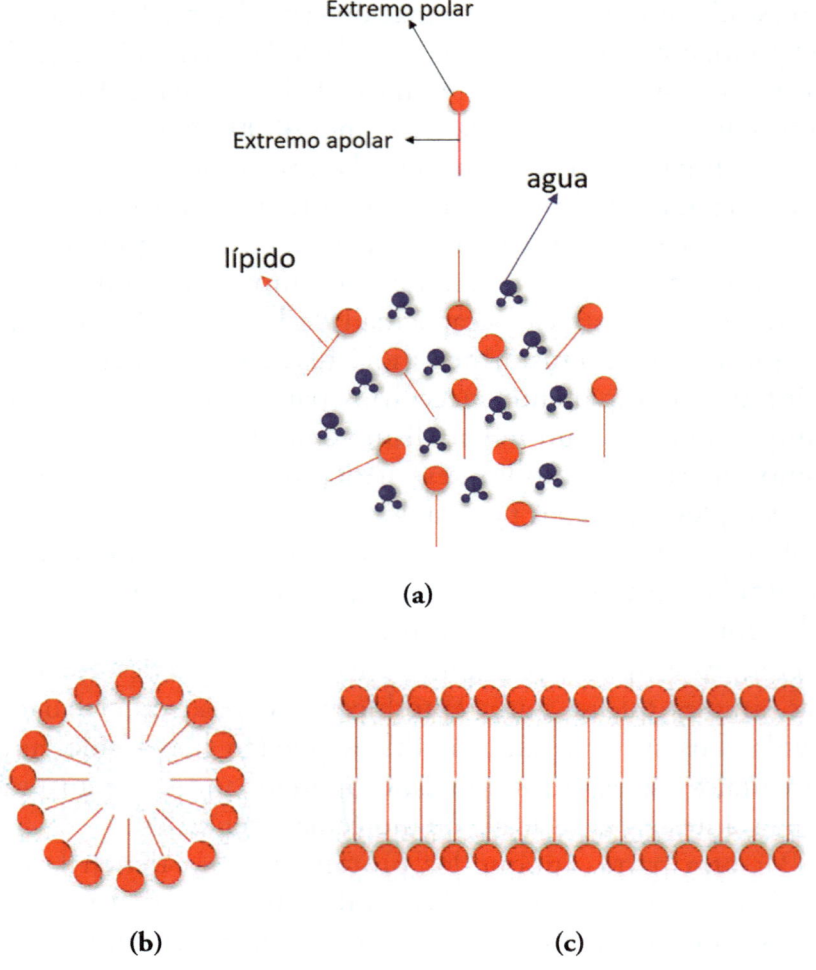

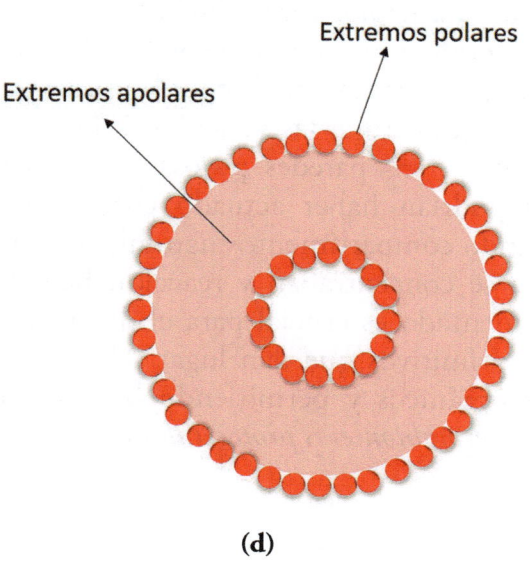

Extremos polares

Extremos apolares

(d)

Figura 7.4. (a) Esquema de un lípido y modelo en solución acuosa. (b) Micela. (c) Bicapa lipídica. (d) Liposoma.

Las *vesículas lipídicas* son estructuras que se forman espontáneamente cuando los lípidos se dispersan en un medio acuoso. Los lípidos son moléculas que contienen regiones hidrofílicas (extremos polares, afinidad por el agua) e hidrofóbicas (extremos apolares, repelen el agua). Esta propiedad les permite formar estas estructuras en un ambiente acuoso, ya que las cabezas polares hidrofílicas se orientan hacia el agua, mientras que las colas hidrofóbicas se agrupan para evitar el contacto con el agua (Figura 7.4a). Las micelas, esféricas, tienen una única capa lipídica, con la parte apolar proyectada hacia el interior y la polar expuesta al solvente polar (agua) (Figura 7.4b).

La formación de una bicapa lipídica (Figura 7.4c), con las zonas polares de ambas capas en la zona exterior y las apolares en la interior, es el antecedente estructural de una membrana primitiva. Cuando esta bicapa adquiere también la forma esférica, forma un liposoma (Figura 7.4d), que a menudo tiene atrapada en el interior de la esfera parte del solvente. Este proceso de autoensamblaje de lípidos en vesículas es un proceso espontáneo gobernado por principios termodinámicos, que llevan a una estructura termodinámicamente favorable.[10] La forma esférica representa la figura más favorable energéticamente.

Con esta arquitectura, las vesículas lipídicas pueden crear microambientes y las paredes porosas de las chimeneas hidrotermales podrían haber actuado como micro reactores, proporcionando compartimentos naturales donde las moléculas orgánicas se concentraban y reaccionaban. Este ambiente compartimentado es crucial para el desarrollo de sistemas metabólicos primitivos que dan lugar a la síntesis de nuevos compuestos orgánicos y permitiendo la evolución hasta los *protogenontes, protobiontes* o *protocélulas* (Figura 7.5).

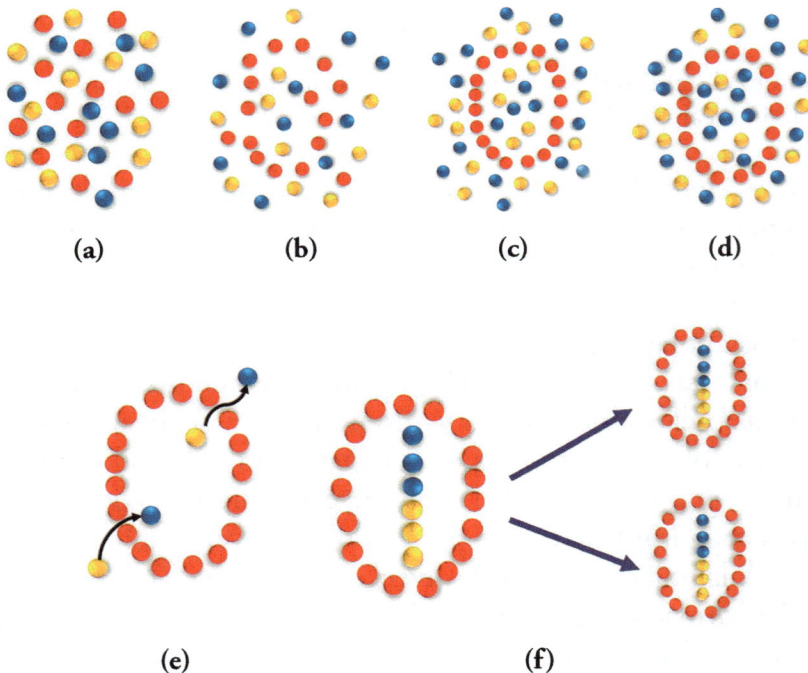

(a)   (b)   (c)   (d)

(e)   (f)

Figura 7.5. De moléculas a células, a lo largo de billones de años. (a) Moléculas orgánicas simples. (b) Inicio de organización estructural. (c) Formación de una barrera (similar membrana, en rojo). (d) Capacidad de mantener un ambiente interno estable. (e) Capacidad de transformar energía en compuestos orgánicos. (f) Capacidad de replicación (Inspirado en[11]).

Los *progenontes* representan a un mundo del ARN del que aparece posteriormente el ADN y darán lugar a la base del árbol de los vivientes, en el que se distinguen los tres reinos: (a) procariotas, unicelulares o bacterias; (b) las arqueas unicelulares —arqueobacterias— que se mantienen en entornos difíciles de temperatura, salinidad, etc.; y (c) eucariotas unicelulares y multicelulares diversificados en los reinos de las plantas, animales y hongos (Figura 7.6).

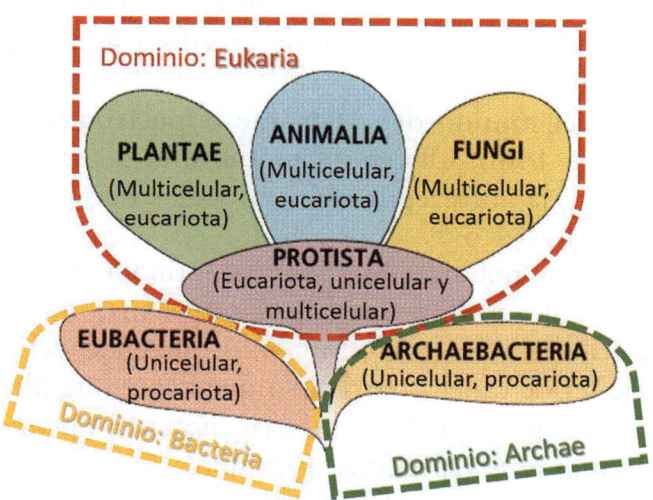

Figura 7.6. El "árbol" de la vida.

La aparición de las biomoléculas

Los nucleótidos son los componentes básicos de los ácidos nucleicos, como el ADN y el ARN. La hipótesis del *mundo del ARN* postula que el ARN fue una de las primeras moléculas informativas y catalíticas en los sistemas prebióticos, debido a su capacidad para almacenar información genética y catalizar reacciones químicas. Para que el ARN surgiera, era necesario sintetizar nucleótidos de manera abiótica, un desafío considerable dado su mayor nivel de complejidad estructural en comparación con los aminoácidos.

La *teoría del mundo del ARN* es una hipótesis fundamental en el campo de la biología molecular y la evolución. Propone que el ARN (ácido ribonucleico) fue la primera molécula informativa en la Tierra primitiva. Esta teoría sugiere que, antes de la aparición del ADN y las proteínas, el ARN desempeñó un papel crucial tanto en el almacenamiento de información genética como en la catálisis de reacciones bioquímicas. El concepto del mundo del ARN proporciona una explicación coherente para la transición desde sistemas químicos simples a la complejidad de la vida basada en ADN y proteínas que observamos hoy en día.

La idea del mundo del ARN fue popularizada por Walter Gilbert en 1986. Ofrece un mecanismo plausible para la autocatálisis y la autorreplicación, procesos necesarios en los sistemas prebiológicos[12].

El ARN es un polímero compuesto por ribonucleótidos, cada uno de los cuales incluye una base nitrogenada, una molécula de azúcar (ribosa) y un grupo fosfato. A diferencia del ADN, el ARN suele ser de cadena sencilla, lo que le permite plegarse en estructuras tridimensionales complejas, necesarias para catalizar reacciones químicas específicas. Esta doble función es esencial para sustentar el concepto del mundo del ARN.

Una de las piezas más convincentes en apoyo de la teoría del mundo de ARN es la existencia de ribozimas, ARN con capacidad catalítica, una función previamente atribuida solo a las proteínas,[13] que muestran que el ARN no solo puede almacenar información genética, sino también actuar como catalizador, proporcionando un mecanismo plausible para la autorreplicación. En efecto, el ARN puede exhibir autocatálisis, un proceso en el cual una molécula se cataliza a sí misma para replicarse. Se ha comprobado cómo ciertas secuencias de ARN pueden facilitar la formación de determinados tipos de enlaces entre nucleótidos, sugiriendo que el ARN pudo haberse replicado sin la necesidad de proteínas, lo que proporciona un mecanismo para la evolución de moléculas informativas a partir de precursores simples.[14]

Pese a estos datos, resulta evidente que la evolución de sistemas biológicos más complejos requiere la especialización de funciones. Por ello, la transición del mundo de ARN al mundo basado en ADN y proteínas es un paso crítico en la evolución de la vida. El ADN, siendo más estable que el ARN, se convierte en el almacén principal de información genética, mientras que las proteínas, con una mayor diversidad de estructuras y funciones catalíticas, toman el relevo como principales catalizadores bioquímicos.

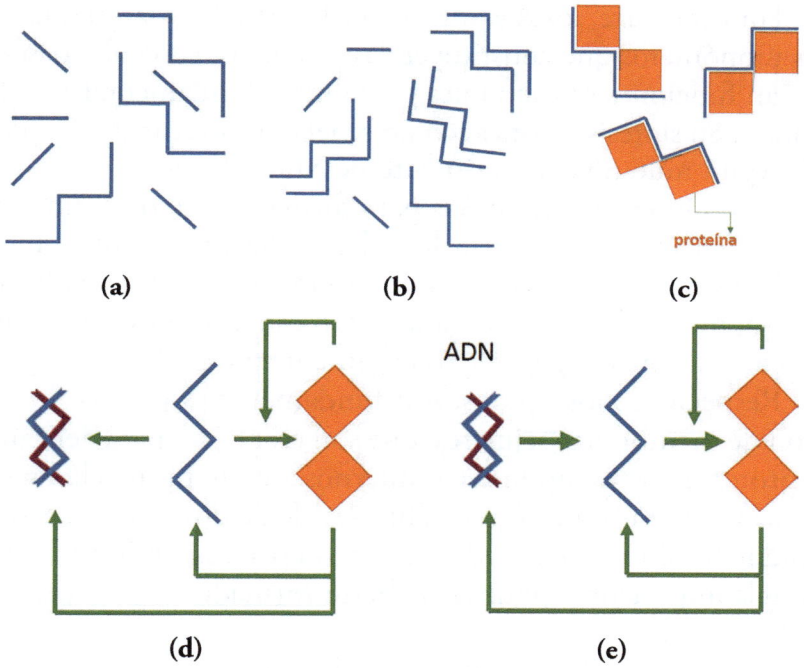

Figura 7.7. Aparición de las biomoléculas más importantes según la teoría del mundo ARN.

Se podría esquematizar esta secuencia según los pasos indicados en la figura 7.7: (a) se forma el ARN a partir de ribosa y otras moléculas disponibles; (b) las moléculas de ARN evolucionan y "aprenden" a autocopiarse; (c) las moléculas de ARN empiezan a sintetizar proteínas; (d) las proteínas actúan como co-catalizadores, contribuyendo a su síntesis con mayor eficacia, y a la replicación del ARN, su estabilización y la aparición de la forma bicatenaria, que posteriormente daría lugar al ADN; (e) el ADN se establece como herramienta definitiva que utiliza al ARN para la síntesis de proteínas, que a su vez ayudan al ADN a autorreplicarse y trasferir la información al ARN.

Investigaciones recientes han demostrado que es posible sintetizar nucleótidos en un solo paso a partir de precursores simples bajo condiciones prebióticas plausibles, como en presencia de catalizadores como la cianamida y fosfatos inorgánico.[15]

Por otra parte, los Aas son esenciales para la vida, ya que son los monómeros que constituyen las proteínas, las cuales desempeñan funciones estructurales y catalíticas fundamentales en las células. Su síntesis abiótica, como señalamos más arriba, es posible según muestra el experimento de Miller-Urey.

La polimerización de Aas para formar péptidos es un paso crítico en el camino hacia la vida. Se ha propuesto que superficies minerales, como las de montmorillonita y óxidos de hierro, pudieron haber actuado como catalizadores para la formación de enlaces peptídicos en un entorno prebiótico.

Respecto de los lípidos, son fundamentales para la formación de membranas celulares, que son esenciales para delimitar y proteger los componentes internos de las protocélulas del entorno externo. La síntesis abiótica de ácidos grasos y fosfolípidos ha sido demostrada en varios estudios, indicando que estos componentes podrían haberse formado en condiciones hidrotermales.

Además, estudios recientes sugieren que ciclos de reacciones químicas simples podrían haber establecido redes metabólicas prebióticas. Estas redes podrían haber facilitado la formación y concentración de moléculas orgánicas clave a través de ciclos de reacciones catalizadas por superficies minerales o mediante gradientes químicos en ambientes hidrotermales.

El ensamblaje de biomoléculas simples en sistemas más complejos y funcionales es un paso crucial hacia la vida. Las teorías actuales sugieren que la vida pudo haber surgido a partir de la coevolución de moléculas informativas (como el ARN) y sistemas metabólicos simples que facilitaban la síntesis y el reciclaje de componentes moleculares.

El autoensamblaje de las biomoléculas.
La tensegridad como mecanismo

Los átomos, los elementos estructurales base de las moléculas, se diferencian en estabilidad, abundancia y afinidad relativa, lo que determina que las moléculas a que dan lugar sean unas moléculas concretas y determinadas, estables y probables.

La respuesta es la existencia de un patrón universal; un conjunto universal de reglas de montaje que guía el diseño de estructuras orgánicas desde los simples compuestos de Carbono a la complejidad de las células y los tejidos. Estos patrones aparecen en estructuras que van desde cristales muy regulares hasta proteínas relativamente irregulares y en organismos tan diversos como virus y humanos.

Como vimos anteriormente, este fenómeno, en el que los componentes se unen para formar estructuras más grandes y estables y que tienen nuevas propiedades se conoce como *autoensamblaje.*

Un ejemplo clásico es cómo la ordenación de los átomos de Carbono da lugar a tres formas estables, con propiedades muy diferentes, tales como grafito, diamante o los fullerenos. (Figura 7.8).

El empaquetamiento de los átomos en el grafito es el más simple: un poliedro unidimensional. En el diamante, los átomos de carbono están dispuestos en una variante de la estructura cristalina cúbica centrada en la cara, conocida como red de diamante, en la cual algunos de los átomos ocupan el centro de las caras del cubo. Los fullerenos, por su parte, son similares al grafito en cuanto a que están compuestos por hexágonos de carbono que forman láminas, pero también incluyen anillos de carbono pentagonales y, en ocasiones, heptagonales, lo que les impide formar láminas planas. El fullereno más conocido es el formado por 60 átomos de carbono (C60), que consta de 12 pentágonos y 20 hexágonos.

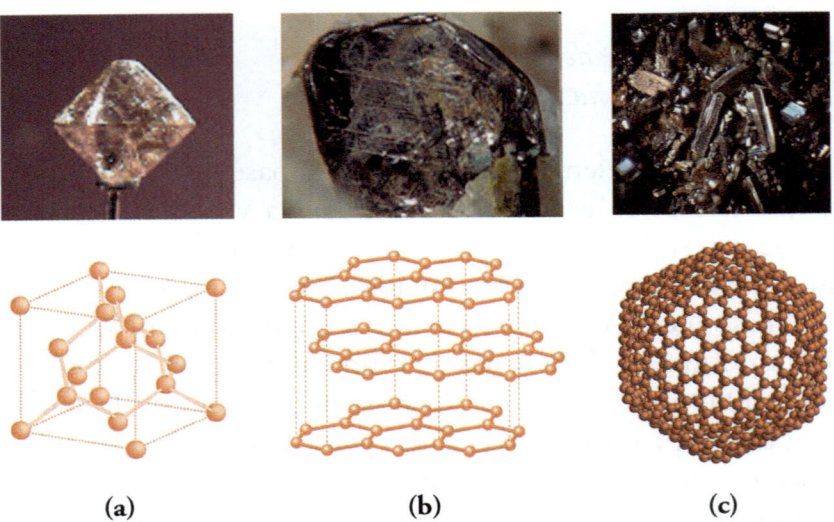

(a)   (b)   (c)

Figura 7.8. Distintos empaquetamientos para el Carbono. Arriba, cristales. Abajo modelos: (a) Diamante. (b) Grafito. (c) Fullereno. (Cristal C_{60}: ©Jochen Gschnaller. Tomado de Modelo[16] C_{540}: ©Brian0918. Tomado de[17]).

Fuller, quien, como vimos anteriormente, propuso el término de tensegridad, identifica al tetraedro, al octaedro y al icosaedro como formas primordiales en las configuraciones energéticamente estables, señalando al triángulo como la célula básica que posibilita dichas formas.[18]

El autoensamblaje de moléculas en organelos, de las células en tejidos, o incluso de los átomos en compuestos no es muy diferente. Una amplia variedad de sistemas naturales, incluidos átomos de carbono, moléculas de agua, proteínas, virus, células y tejidos, pueden explicarse desde la perspectiva de la tensegridad.

Cuando estas unidades se combinan en estructuras funcionales más grandes, como una célula o un tejido, emergen propiedades completamente nuevas e impredecibles, como la capacidad de moverse, cambiar de forma y crecer. Del mismo modo, la combinación de átomos en una molécula permite que aparezcan propiedades emergentes ausentes en los átomos individuales que la componen.

En biología, el concepto de tensegridad explica cómo las células y otros componentes biológicos mantienen su forma y funcionalidad mediante un equilibrio de tensiones y compresiones. Este concepto fue popularizado por Donald Ingber[19] en la década de 1990, quien propuso que la arquitectura celular está regida por principios de tensegridad, con profundas implicaciones para la biología celular y el desarrollo.

La tensegridad es la forma más económica y eficiente de construcción a escalas moleculares, macroscópicas y todas las intermedias. Es posible que las estructuras de así establecidas, hayan sido seleccionadas a través de la evolución debido a su eficiencia estructural: una alta resistencia mecánica lograda con un mínimo de materiales. La naturaleza tiende a evolucionar hacia formas de vida que representan soluciones óptimas para las condiciones ambientales en las que se desarrollan.

Además, la tensegridad proporciona un marco para comprender cómo las estructuras biológicas pueden evolucionar de manera eficiente, optimizando tanto la estabilidad como la adaptabilidad. Este concepto tiene varias implicaciones importantes en la teoría evolutiva.

Las estructuras diseñadas desde el punto de vista de la tensegridad poseen una notable capacidad de adaptarse a las fuerzas externas sin colapsar, una propiedad esencial para los organismos vivos que enfrentan constantemente cambios ambientales y necesitan mantener su integridad estructural mientras se adaptan.

Este principio también podría facilitar la innovación evolutiva. Las mutaciones que afectan las conexiones dentro de una red de tensegridad pueden tener impactos significativos en la forma y función de las estructuras biológicas. Estas mutaciones pueden generar variaciones que, si ofrecen ventajas adaptativas, son seleccionadas positivamente. Así, esta propiedad puede contribuir al desarrollo de nuevas formas y funciones biológicas, promoviendo la diversidad y la complejidad evolutiva.

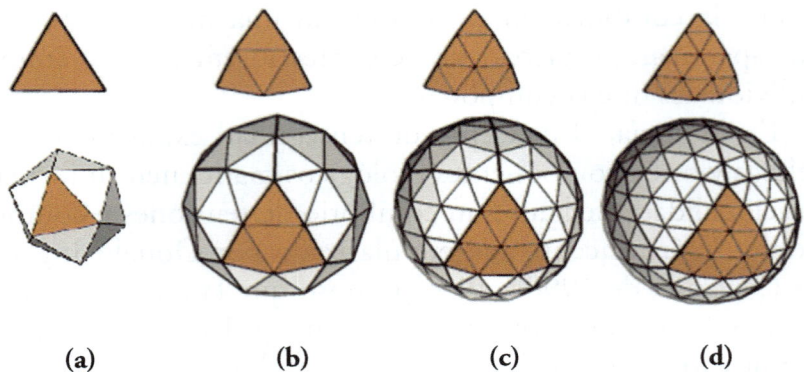

Figura 7.9. (a) Icosaedro, domo de frecuencia 1 (la subdivisión de las caras triangulares en el icosaedro genera el parámetro llamado frecuencia). (b), (c), (d) Domos en los que aumenta la frecuencia, y, en consecuencia, la esfericidad. (Inspirado en[20]).

Por ejemplo, las estructuras geodésicas forman parte de la *esfera geodésica:* un poliedro generado a partir de un icosaedro o un dodecaedro, o ambos a la vez. Ambos poliedros están íntimamente relacionados con la geometría áurea al basarse en los sólidos platónicos, en cuya constitución se encuentran triángulos, pentágonos y hexágonos (Figura 7.9).

De hecho, la naturaleza puede estar escrita con los caracteres de la geometría.

Los virus

Los virus son entidades biológicas que han intrigado a los científicos desde su descubrimiento. Son agentes infecciosos diminutos que solo pueden replicarse dentro de las células de otros organismos. Se encuentran en todos los ambientes conocidos y afectan a todos los reinos de la vida, desde bacterias hasta mamíferos. Sin embargo, su origen y evolución siguen siendo temas de intensa investigación y debate.

Tienen una elevada tasa de mutación ya que responden rápidamente a los cambios en el entorno del huésped, por lo que evolucionan por el mecanismo darwiniano de la Selección Natural. Esta primera etapa del camino de lo simple a lo complejo irreversible en el tiempo es físico-químico y no biológico. El proceso va desde las primitivas moléculas hasta la primera célula, en la cual las moléculas están asociadas con una gran interdependencia permitiendo funciones complejas.

La estructura de los virus es fundamental para entender su funcionamiento y su capacidad para infectar células huésped. Las principales componentes estructurales de los virus incluyen la cápside, el genoma viral y, en algunos casos, una envoltura lipídica (Figura 7.10).

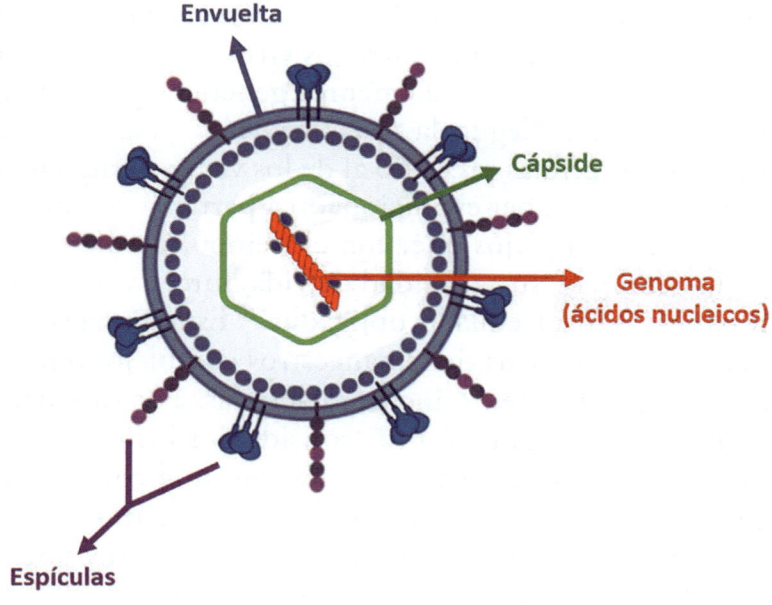

Figura 7.10. Modelo de virus con envuelta (Inspirado en[21]).

La clasificación de los virus se basa en varios criterios, incluidos el tipo de material genético (virus ARN o ADN), la morfología de la partícula viral (icosaédrica, formando una estructura geométrica con 20 caras triangulares; helicoidal, formando una estructura alargada y cilíndrica; y complejas) y el método de replicación.

Origen de los virus: una incógnita sin resolver

Se ha reconocido que los virus han desempeñado (y desempeñan) un importante papel innovador en la evolución de los organismos celulares. Se han propuesto nuevas definiciones de virus y se debate activamente su posición en el árbol universal de la vida.[22, 23]

El origen de los virus es una cuestión compleja que ha dado lugar a varias teorías. Las principales hipótesis incluyen *la teoría del virus primero*, *la teoría regresiva* (o *reductiva*) y *la teoría del escape* (o *hipótesis de genes escapados*) (Figura 7.11.). También se propone una *coevolución de virus y células*.

De acuerdo con la *teoría del virus primero* (Figura 7.11a) se postula orígenes antiguos para los virus que precedieron a la vida celular. A partir de elementos genéticos preexistentes aparecen los virus. Según la *teoría regresiva*, (Figura 7.11b) el origen de las células precedió al de los virus; se sugiere que los virus podrían haber evolucionado a partir de organismos celulares más complejos que, con el tiempo, perdieron partes de su genoma y su capacidad de vida libre, convirtiéndose en parásitos intracelulares obligados.[24] Esta teoría sugiere, por tanto, que los virus tienen ancestros complejos que eran seres vivos, posiblemente incluso bacterias. Por su parte, la *teoría del escape* (Figura 7.11c) considera a los virus como elementos genéticos egoístas que escaparon al control de la maquinaria celular y robaron genes a través de transferencia genética horizontal. Es decir, sugiere que los virus podrían haber surgido de fragmentos de material genético de organismos celulares que adquirieron la capacidad de moverse entre células[25, 26].

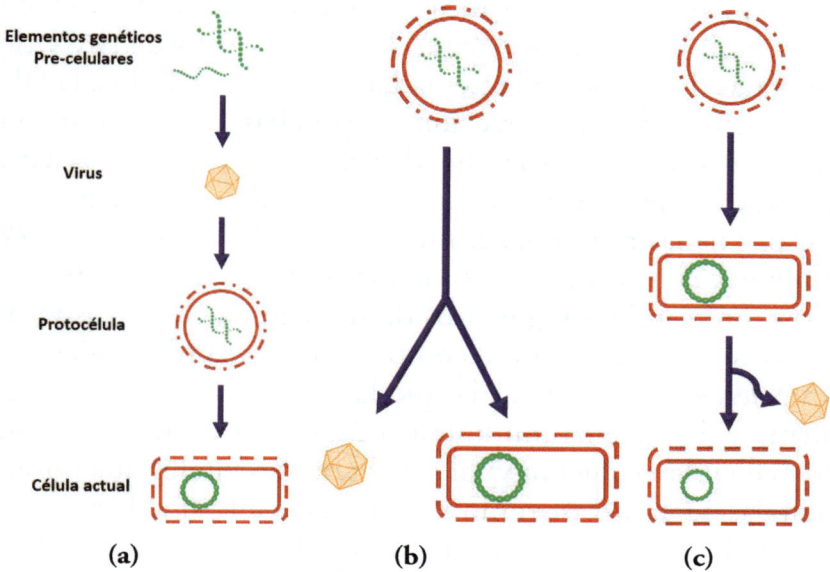

Figura 7.11. (a) Teoría de virus primero. (b) Teoría Regresiva. (c) Teoría del escape. (Inspirado en[27]).

La *hipótesis de la coevolución* propone que los virus y las primeras células podrían haber evolucionado juntos desde una etapa muy temprana de la vida. Los virus podrían tener su origen en biomoléculas complejas como proteínas y ácidos nucleicos, al mismo tiempo que aparecieron las células más primitivas o *protocélulas*, haciéndose desde entonces dependientes de ellas. Según esto, ambos, virus y células, habrían evolucionado juntos desde el principio.

Evolución de los virus

Respecto de la evolución Viral,[28] este es un proceso dinámico que implica mutación, recombinación y selección natural. La alta tasa de mutación de los virus de ARN, en particular, les permite adaptarse rápidamente a nuevas condiciones ambientales y hospedadores.

Se plantean tres mecanismos que subyacen en la evolución viral: (a) *Mutación*, según la cual los virus de ARN tienen tasas de mutación extremadamente altas debido a la falta de mecanismos de corrección de pruebas en sus polimerasas de ARN. Esta variabilidad genética permite a los virus adaptarse rápidamente a nuevas condiciones ambientales y escapar de las respuestas inmunitarias del huésped.[29] (b) *Recombinación y Reordenamiento*, mecanismo que permite a los virus intercambiar segmentos de su genoma con otros virus, a través de procesos de recombinación y reordenamiento.[30] (c) *Selección Natural*, en la que la presión selectiva del ambiente y del sistema inmunitario del huésped juega un papel crucial en la evolución viral. Las variantes virales que poseen ventajas adaptativas, como la resistencia a los medicamentos antivirales o la capacidad de evadir el sistema inmunitario, tienen más probabilidades de proliferar.[31]

Los cambios al azar, impuestos por el medio cambiante, se determinan en función de la naturaleza propia de los materiales de partida, que les permiten adquirir unas estructuras espaciales, generar unas determinadas interacciones específicas entre las moléculas, y unas reacciones químicas concretas entre ellas. Es, por tanto, un proceso emergente donde las fluctuaciones azarosas y el comportamiento del sistema crean continuas inestabilidades que permiten una organización —un aumento local del orden— que va siendo así determinado, en unas condiciones dadas, por la naturaleza de los materiales.

El resultado de cada etapa depende de las propiedades del sistema que está en evolución y de las condiciones físicas del entorno en el que el sistema cambia. Lo que ha aparecido en una etapa, en unas condiciones dadas y con mayor estabilidad determina lo que estará favorecido y podrá participar en la etapa siguiente, sin que medie la información genética que aún no existía. Toda esta diversidad se ha englobado en la llamada *virosfera*, que abarca a la totalidad de virus existentes y sus interrelaciones. Se estima en más de 100 millones de especies de virus, de las cuales solo una pequeñísima parte han sido catalogadas.

Ciclo viral

El virus puede estar en varias fases (Figura 7.12). En la fase independiente de su huésped forma una partícula denominada *virión*, virus en fase extracelular, que no realizan ninguna actividad "fisiológica", y que contiene todos los elementos necesarios —genoma viral, ARN o ADN, contenidos dentro de una cubierta proteica llamada cápside— para iniciar una nueva infección. En este estado de virión no existe ninguna actividad metabólica por lo que no necesitan sintetizar proteínas ni utilizan energía y el virus permanece inactivo.

La etapa *activa* del virus comienza cuando el virión reconoce a su receptor situado en la membrana de la célula huésped y que le proporciona un punto de unión a la célula y señal de inicio de la infección. Entonces el virión introduce el material genético a interior de la célula. Una vez dentro de la célula el virus aprovecha la maquinaria de síntesis para la creación de copias de su material genético y de las proteínas virales necesarias para la síntesis, maduración y ensamblaje de las copias del virus.

En *la etapa de liberación* se produce salida del virus de la célula infectada, generalmente por rotura de la membrana, que puede, en algunos virus, conllevar la muerte de la célula. Otras veces, la célula permanece tiempo liberando viriones y provocando así una infección persistente.

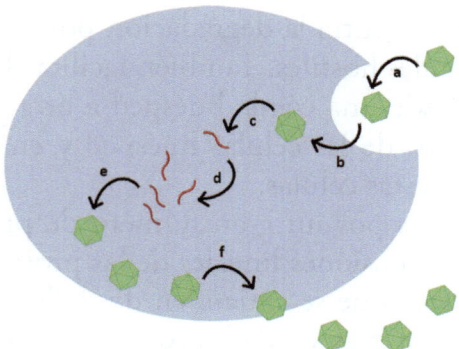

Figura 7.12. Ciclo básico de vida de un virus (a) Adsorción. (b) Penetración. (c) Desnudamiento del material genético. (d) Multiplicación del material genético. (e) Encapsulación. (f) Liberación (Inspirado en[32]).

Estructura de la cápside

El ensamblaje de los virus —la forma más pequeña de vida en la Tierra— implica interacciones entre muchas proteínas similares para formar una capa geodésica viral que encierra el material genético.

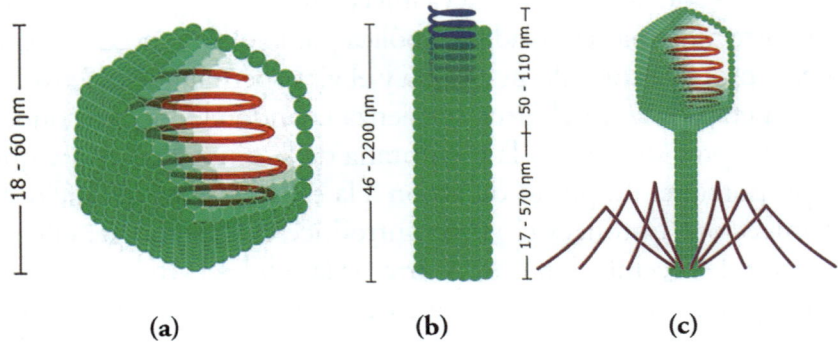

Figura 7.13. Estructura de la cápside de: (a) Virus icosaédrico sin envoltura. (b) Virus helicoidal sin envoltura. (c) Virus con cápside compleja, cabeza y cola (©Anderson Brito. Tomado de[33]).

Las cápsides de la gran mayoría de virus conocidos presentan una estructura ordenada que definen el armazón protector del material genético situado en su interior. Protege el material genético del virus contra la degradación por nucleasas y otros agentes ambientales hostiles. También facilita el transporte del genoma viral desde una célula huésped a otra, y participa en el reconocimiento de las células huésped y en la entrada del genoma viral en estas células.

Están formadas por un gran número de proteínas que se ensamblan: las extensiones lineales de las proteínas se solapan con colas similares que se extienden desde las proteínas vecinas para formar un marco geodésico regulado a una escala nanométrica. Cada unión en este marco se auto estabiliza como resultado de un balance entre el tirón de las fuerzas atractivas intermoleculares (enlaces de hidrógeno) y la habilidad de las colas individuales de las proteínas para resistir la compresión.[34] Su arquitectura y evolución reflejan una adaptación sofisticada a las necesidades del virus y a las presiones selectivas del entorno y del huésped.

Pueden tener diversas formas, pero las más comunes son: (a) la icosaédrica; (b) la helicoidal, también conocida como filamentosa; y (c) las cápsides complejas, una especie de híbrido en el que la cabeza es icosaédrica y está unida a una cola filamentosa (Figura 7.13).

La simetría icosaédrica, una figura geométrica con 20 caras triangulares equidistantes y 12 vértices, es una de las formas más abundantes de la cápside viral. Este tipo, determinada por el propio virus, se ha descrito en virus de todos los seres vivos. Es la forma más eficiente para crear una estructura resistente a partir de múltiples copias de una sola proteína, de forma que puede ser construida a partir de una sola unidad de proteína básica que se repite, ahorrando con ello espacio en el genoma viral. Es la forma más económica y eficiente de que el genoma codifique la construcción de la cápside es que para ello utilice el mismo tipo de moléculas una y otra vez.[35] De modo que esta estructura es altamente eficiente porque maximiza el volumen interno con la menor cantidad de superficie, lo que proporciona una protección robusta al material genético con un mínimo de componentes proteicos.

Las unidades proteínicas de la estructura son las más pequeñas unidades de construcción de la cápside, llamadas *capsómeros*. Estas unidades morfológicas pueden apreciarse en la superficie de la partícula viral y están formadas por distintas agrupaciones de unidades proteicas, que no se distribuyan aleatoriamente, sino que se adhieren formando los capsómeros, de forma que se maximizan las interacciones moleculares que estabilizan la partícula.

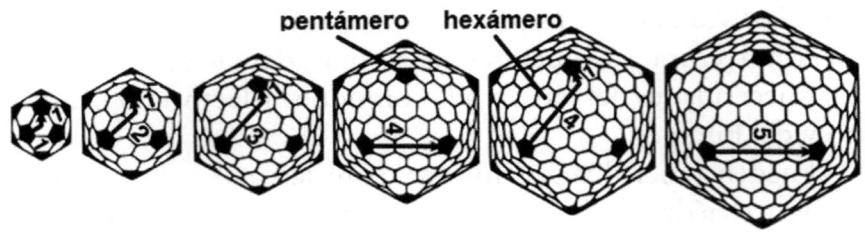

Figura 7.14. Distribución de capsómeros en diferentes tipos de envueltas víricas (Modificado de[36]).

Los capsómeros de los vértices se denominan *pentonas* o *pentámeros*, mientras que los capsómeros de las caras se denominan *hexonas* o *hexámeros*. El número y tipo de pentonas y hexonas da lugar a una amplia variedad de cápsides icosaédricas (Figura 7.14).

El autoensamblaje y el desensamblaje en los virus

Las subunidades que integra la cápside se empaquetan siguiendo unas reglas de simetría geométrica de manera que conforman una cubierta estable suficientemente eficaz como para ser capaz de envolver al genoma.

En efecto, las proteínas de la cápside están diseñadas para *autoensamblarse* en una estructura estable y funcional, siguiendo un proceso altamente regulado que, como vimos, implica interacciones específicas entre las subunidades proteicas. Las interacciones pueden ser no covalentes, como enlaces de hidrógeno, interacciones hidrofóbicas y fuerzas de Van der Waals, que permiten que las subunidades se ensamblen de manera reversible y precisa.

Por ejemplo, en los virus con simetría icosaédrica, se observa que los capsómeros individuales se ensamblan espontáneamente en la estructura icosaédrica final, en un proceso que puede estar mediado por proteínas accesorias que actúan como chaperonas (moléculas que ayudan a regular el correcto plegamiento de las proteínas, especialmente cuando una célula está sometida a estrés; en algunos casos, los virus pueden secuestrar estas chaperonas para infectar las células objetivo, donde se reproducen y se propagan[37]) ayudando a la correcta orientación y ensamblaje de las subunidades proteicas.

El *desensamblaje* de la cápside es un paso crucial en la infección viral, permitiendo que el material genético del virus sea liberado dentro de la célula huésped. Este proceso, que puede ser inducido por cambios en el pH, la concentración de iones o la interacción con proteínas celulares específicas, está muy controlado y asegura que el genoma viral se libere en el momento y lugar adecuados dentro de la célula huésped.

La evolución de la cápside en los virus

La evolución de la cápside viral es un proceso dinámico que ha permitido a los virus adaptarse a una amplia variedad de huéspedes y entornos. Esta evolución puede ser influenciada por múltiples factores, incluyendo presiones selectivas del sistema inmunológico del huésped, la necesidad de empaquetar eficientemente y proteger el genoma viral, y las estrategias de transmisión y propagación del virus.

No evoluciona de manera aislada, sino en constante interacción con el huésped. Los virus deben equilibrar la necesidad de una cápside robusta y estable con la capacidad de desensamblarse y liberar el genoma viral dentro de la célula huésped. Además, las cápsides deben ser capaces de evadir la detección y destrucción por el sistema inmunológico del huésped.

La cápside viral puede experimentar adaptaciones estructurales que le permiten mejorar su eficiencia y funcionalidad. Estas adaptaciones pueden incluir cambios en la estabilidad térmica, la resistencia a condiciones ambientales extremas, y la capacidad para interactuar con receptores celulares específicos.

Como se ha visto, los virus son estructuras altamente organizadas, y su capacidad para infectar células y reproducirse depende en gran medida de la arquitectura de su cápside, la cubierta proteica que encierra su material genético.

La presencia de Proporciones Áureas en la estructura de los virus no es meramente estética, sino que tiene implicaciones funcionales significativas. Las proporciones geométricas óptimas contribuyen a la estabilidad de la cápside viral, permitiendo que el virus resista fuerzas externas y mantenga la integridad de su material genético bajo condiciones adversas. Esta estabilidad es crucial para la supervivencia del virus fuera del huésped y durante la infección.[38]

La eficiencia en el ensamblaje de partículas virales es otra ventaja atribuida a las proporciones áureas. Las subunidades proteicas que conforman la cápside deben ensamblarse de manera precisa y rápida para formar una estructura funcional. Las relaciones geométricas derivadas de la proporción áurea facilitan un ensamblaje autocatalítico eficiente, lo que reduce el tiempo y la energía necesarios para formar una cápside completa.[39]

Además, la evolución viral podría estar influenciada por la geometría óptima de la proporción áurea. Los virus que exhiben estas proporciones podrían tener una ventaja selectiva debido a la estabilidad y eficiencia de su estructura. Este aspecto podría explicar por qué ciertos virus con simetría icosaédrica y relaciones geométricas óptimas son prevalentes y están altamente adaptados a sus nichos ecológicos.[40]

La simetría icosaédrica que, como ya se ha comentado, es una de las más comunes en los virus, presenta un tipo de simetría favorable porque efectivamente proporciona una estructura cerrada y estable con un número mínimo de subunidades repetitivas.

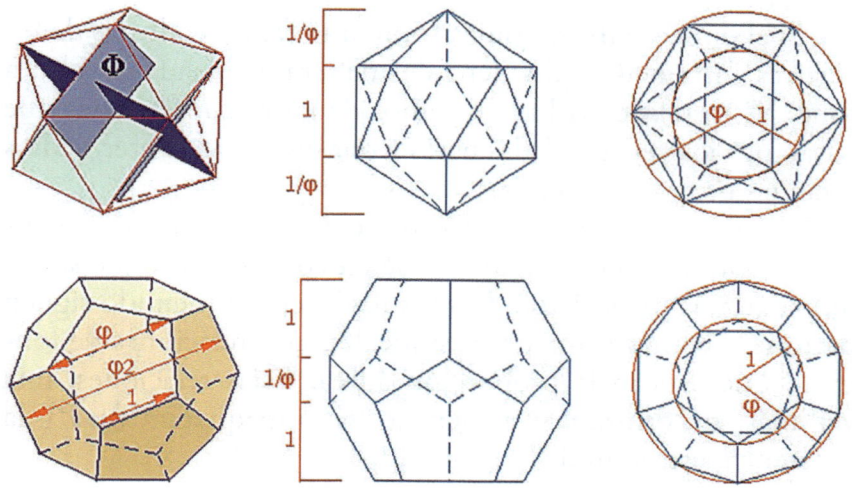

Figura 7.15. La Proporción Áurea en cápsides virales: (a) envuelta icosaédrica; (b) envuelta dodecadreica (Tomado de[41]).

La conexión entre la simetría icosaédrica y la proporción áurea se comprende al examinar las propiedades matemáticas del icosaedro. La Proporción Áurea, Phi, se manifiesta en las relaciones entre las aristas y las diagonales de las caras de un icosaedro. Por ejemplo, en un icosaedro, la relación entre la longitud de una arista y la distancia entre dos vértices opuestos (a través de la superficie) está vinculada a Phi.[42] Como se observa en la Figura 7.15a, en un icosaedro se pueden inscribir tres rectángulos áureos perpendiculares entre sí. Esto implica que la arista es una sección áurea de la distancia entre aristas opuestas. Si se coloca sobre un vértice, los segmentos de las alturas mantienen la proporción áurea. Además, visto desde arriba sobre una cara, los radios de las circunferencias que pasan por los vértices de las bases y por los vértices intermedios también siguen esta proporción.

En el caso de virus o viriones con cápsides dodecaédricas, se puede observar cómo el dodecaedro también se ajusta a la proporción áurea. En la Figura 7.15b, se muestra que la arista es una sección áurea de la diagonal de la cara, y esta última, a su vez, es una sección áurea de la distancia entre aristas opuestas. Si el dodecaedro se coloca sobre una cara, las alturas de los vértices intermedios dividen, de manera alternada, la altura total. Visto desde arriba, los radios de las circunferencias que pasan por los vértices de las bases y por los vértices intermedios están en proporción áurea.

Los virus esféricos también presentan estructuras influenciadas por la proporción áurea. Se ha comprobado que su esfericidad y la disposición de sus capsómeros a menudo siguen patrones geométricamente casi ideales, con relaciones de longitud que evocan la proporción áurea. Estas relaciones, una vez más, maximizan la eficiencia del empaquetamiento y la resistencia estructural.[43]

Bibliografía

1. http://www.genomasur.com/lecturas/Guia15.htm. Accedido, 18 de junio de 2024.
2. Alberts, BM. (2024). Cell Theory. Encyclopedia Britannica, 29 May. 2024, https://www.britannica.com/science/cell-theory. Accedido, 18 de junio de 2024.
3. Fox, JL. (1972). Origins. In: Rohlfing, D.L., Oparin, A.I. (eds) Molecular Evolution. Springer, Boston, MA. https://doi.org/10.1007/978-1-4684-2019-7_3
4. Miller, SL. (1953). A production of amino acids under possible primitive Earth conditions. Science, 117(3046), 528-529. DOI: 10.1126/science.117.3046.528
5. Cleaves, HJ. et al. (2008). A Reassessment of Prebiotic Organic Synthesis in Neutral Planetary Atmospheres. Orig Life Evol Biosph 38: 105–115. https://doi.org/10.1007/s11084-007-9120-3
6. Martin, W. and Russell, MJ. (2007). On the origin of biochemistry at an alkaline hydrothermal vent. Phil. Trans. R. Soc. Lond. B Biol Sci. 362:1887-925. DOI: 10.1098/rstb.2006.1881.
7. Martin, W. et al. (2008) Hydrothermal vents and the origin of life. Nat Rev Microbiol 6: 805–814. https://doi.org/10.1038/nrmicro1991
8. Chen, IA. and Walde, P. (2010). From Self-Assembled Vesicles to Protocells. Cold Spring Harb Perspect Biol 2: a002170. DOI:10.1101/cshperspect.a002170
9. Sharma, A. et al. (2023). Assembly theory explains and quantifies selection and evolution. Nature, 622: 321–328. https://doi.org/10.1038/s41586-023-06600-9
10. Israelachvili, J. (2011). Intermolecular and Surface Forces, 3rd Edition. Elsevier Academic Press Inc. https://doi.org/10.1016/C2009-0-21560-1
11. Bartova, E. https://www.vetuni.cz/files/upload/1674/01%20Lecture%20Life%202023.pdf. Accedido, 24 de junio de 2024.
12. Gilbert, W. (1986). The RNA World. Nature, 319: 618. DOI: 10.1038/319618a0
13. Cech, TR. (2002). Ribozymes, the first 20 years. Biochem Soc Trans. 30:1162-6. DOI: 10.1042/bst0301162
14. Szostak, J. et al. (2001). Synthesizing life. Nature, 409: 387-390. https://doi.org/10.1038/35053176
15. Saladino, R. et al. (2015). Meteorite-catalyzed syntheses of nucleosides and of other prebiotic compounds from formamide under proton irradiation. Proc Natl Acad Sci U S A. 112:E2746-55. DOI: 10.1073/pnas.1422225112.
16. Gschnaller, J. https://es.wikipedia.org/wiki/Fullereno#/media/Archivo:C60-Fulleren-kristallin.JPG. Accedido, 24 de junio de 2024.

17. Brian0918 - English Wikipedia, Dominio público, https://commons.wikimedia.org/w/index.php?curid=350248. https://es.wikipedia.org/wiki/Fullereno#/media/Archivo:Fullerene_c540.png. Accedido, 24 de junio de 2024.

18. Buckminster, FR. and Applewhite, EJ. (1979). Synergetics 2: Further Explorations in the Geometry of Thinking MacMillan Publishing Company

19. Ingber, DE. (1998). The architecture of life. Sci Am. 278:48-57. DOI: 10.1038/scientificamerican0198-48..

20. https://www.zetadomos.com/2021/12/05/que-es-un-domo-geodesico/. Accedido, 26 de junio de 2024.

21. Leeson, R. Viral Vectors 101: What is a Virus (and a Viral Vector)?. https://blog.addgene.org/viral-vectors-101-what-is-a-virus-and-a-viral-vector. Accedido, 23 de junio de 2024.

22. Koonin, EV. (2009). On the Origin of Cells and Viruses Primordial Virus World Scenario. Ann N Y Acad Sci. 1178: 47–64. DOI: 10.1111/j.1749-6632.2009.04992.x

23. Forterre, P. (2010). Defining Life: The Virus Viewpoint Orig Life Evol Biosph 40:151–160 DOI:10.1007/s11084-010-9194-1

24. McCutcheon, J. and Moran, N. (2012). Extreme genome reduction in symbiotic bacteria. Nat Rev Microbiol 10: 13–26. https://doi.org/10.1038/nrmicro2670

25. Krupovic, M. and Koonin, EV (2017). Multiple origins of viral capsid proteins from cellular ancestors. PNAS, 114: 2401–2410. https://doi.org/10.1073/pnas.1621061114

26. Erdmann, S. et al. (2017). A plasmid from an Antarctic haloarchaeon uses specialized membrane vesicles to disseminate and infect plasmid-free cells. Nat Microbiol., 2: 1446–1455. DOI: 10.1038/s41564-017-0009-2

27. Mughal, F. et al. (2020). The origin and evolution of viruses inferred from fold family structure. Arch Virol 165: 2177–2191. https://doi.org/10.1007/s00705-020-04724-1

28. Holmes, EC. (2011). What Does Virus Evolution Tell Us about Virus Origins? Journal of Virology, 85: 5247–5251. DOI: 10.1128/JVI.02203-10. Corregido en Holmes EC. (2011) What Does Virus Evolution Tell Us About Virus Origins? J Virol. 85:9655. DOI: 10.1128/JVI.05689-11. Erratum for: J Virol. 85:5247.

29. Duffy, S. et al. (2008). Rates of evolutionary change in viruses: patterns and determinants. Nat Rev Genet 9: 267–276. https://doi.org/10.1038/nrg2323

30. Viral genome evolution in https://viralzone.expasy.org/4136. Accedido, 22 de junio de 2024.

31. Moya, A et al. (2004). The population genetics and evolutionary epidemiology of RNA viruses. Nat Rev Microbiol 2: 279–288. https://doi.org/10.1038/nrmicro863

32. https://genotipia.com/virus-reproduccion/. Accedido, 23 de junio de 2024

33. Anderson Brito. https://es.khanacademy.org/science/biology/biology-of-viruses/virus-biology/a/intro-to-viruses. Accedido, 24 de junio de 2024.

34. Ingber, DE. (1998) The architecture of life. Sci Am. 278:48-57. DOI: 10.1038/scientificamerican0198-48.

35. Caspar, DL., and Klug, A. (1962). Physical principles in the construction of regular viruses. In Cold Spring Harbor symposia on quantitative biology, 27: 1-24. Cold Spring Harbor Laboratory Press.

36. https://curiosoando.com/capside-la-envoltura-proteica-de-los-virus. Accedido, 26 de junio de 2024.

37. Quintana-Gallardo, L. et al. (2019). The cochaperone CHIP marks Hsp70- and Hsp90-bound substrates for degradation through a very flexible mechanism. Sci Rep, 9:5102. https://doi.org/10.1038/s41598-019-41060-0

38. Baker, TS. and Johnson, JE. (1996). Low resolution meets high: towards a resolution continuum from cells to atoms. Curr Opin Struct Biol. 6:585-94. DOI: 10.1016/s0959-440x(96)80023-6

39. Perlmutter, JD. and Hagan, MF. (2015) The Role of Packaging Sites in Efficient and Specific Virus Assembly, Journal of Molecular Biology, 427: 2451-2467. https://doi.org/10.1016/j.jmb.2015.05.008.

40. Domingo, E. and Holland, JJ. (1997). RNA virus mutations and fitness for survival. Annu Rev Microbiol. 51:151-78. DOI: 10.1146/annurev.micro.51.1.151.

41. http://www.pauloporta.com/Fotografia/Artigos/epropaurea1.htm. Accedido, 26 de junio de 2024.

42. Caspar, DL. and Klug, A. (1962). Physical principles in the construction of regular viruses. Cold Spring Harb Symp Quant Biol. 27:1-24. DOI: 10.1101/sqb.1962.027.001.005.

43. Prasad, BV. and Schmid, MF. (2012). Principles of virus structural organization. Adv Exp Med Biol. 726: 17-47. DOI: 10.1007/978-1-4614-0980-9_3.

8.
La estructura áurea de la información genética. Del gen a la proteína

El ADN contiene el programa de la información de los seres vivos. Su estructura es áurea y perfecta para replicar la información por ser doble hebra complementaria una de otra, traducir la secuencia de las bases a ARNm y que este se traduzca a proteína. El Código Genético Universal que traduce ADN a proteínas tiene estructura áurea y es la forma perfecta para que se copie la secuencia de tripletes del ARN mensajero a secuencia de Aas de la proteína y a una velocidad que permite su estabilidad mientras se va conformando. El código, de hecho, es el único posible.

La estructura química del ADN

El ADN es un polímero formado por nucleótidos, que a su vez están constituidos por un glúcido (desoxirribosa), una base nitrogenada (Adenina, A; Timina, T; Citosina, C; Guanina, G) y un grupo fosfato derivado del ácido fosfórico.

La disposición de estas bases, su orden (que se indica nombrando solo la secuencia de estas), su proporción, es lo que diferencia un ADN de otro. La configuración que adopta en los seres vivos es la de una doble cadena de nucleótidos dispuesta formando una doble hélice en la que la disposición de las cuatro bases sigue el criterio de complementariedad A-T y G-C (A y G son de tamaño mayor que T y C), de modo que se optimiza la posibilidad de formación de enlaces por puente de hidrógeno entre las bases de cada hebra, lo que contribuye a dar estabilidad a la estructura. Además, la disposición secuencial de las bases es la que codifica la información genética.

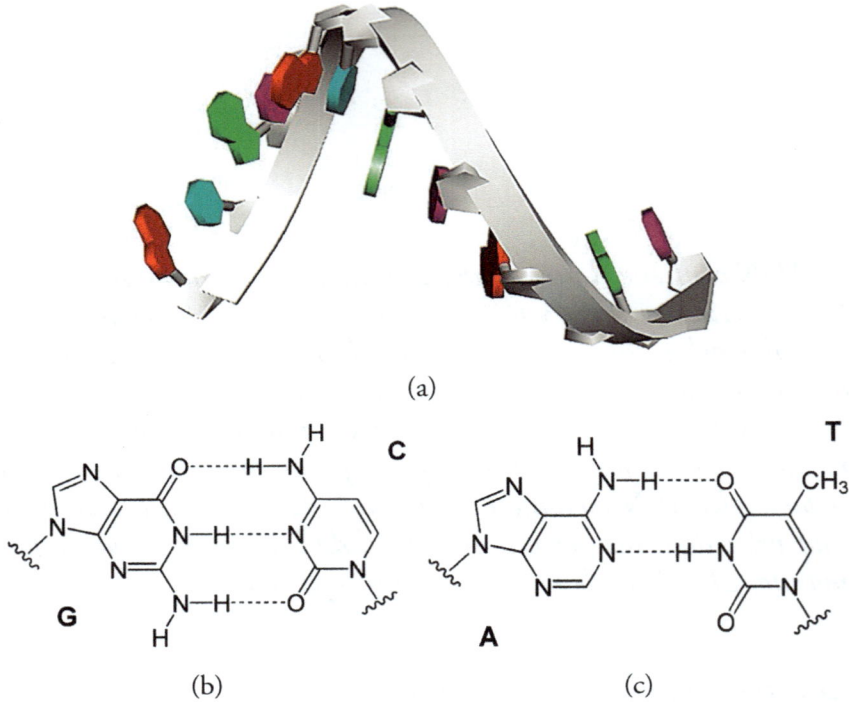

Figura 8.1. (a) Representación esquemática de un modelo teórico de ADN, ATGCATGCATGC, en hebra simple (A en rojo; T en azul; G en verde; C en magenta; imagen generada con Discovery Studio 2021 Client). (b) Estructura de las bases de los nucleótidos integrantes del ADN, mostrando los enlaces por puente de hidrógeno (líneas pespunteadas) establecidos entre A y T (dos enlaces de hidrógeno) y entre G y C (tres enlaces de hidrógeno).

LAS PROPORCIONES ÁUREAS DE LA ESTRUCTURA DE LA DOBLE HÉLICE DEL ADN

La geometría del ADN se ajusta a una doble hélice dextrógira, que integra 10,5 peldaños por una vuelta completa, con una anchura de 21 angstroms (Å) y una longitud de 34 Å. En el mundo natural aparecen 3 configuraciones diferentes, que se designan como A, Z, más ancha o estrecha respectivamente, y la forma B descrita por Watson y Crick.[1,2] Se distinguen además los valores de las llamadas hendidura (o surco) mayor, 22 Å, y menor, 12 Å.

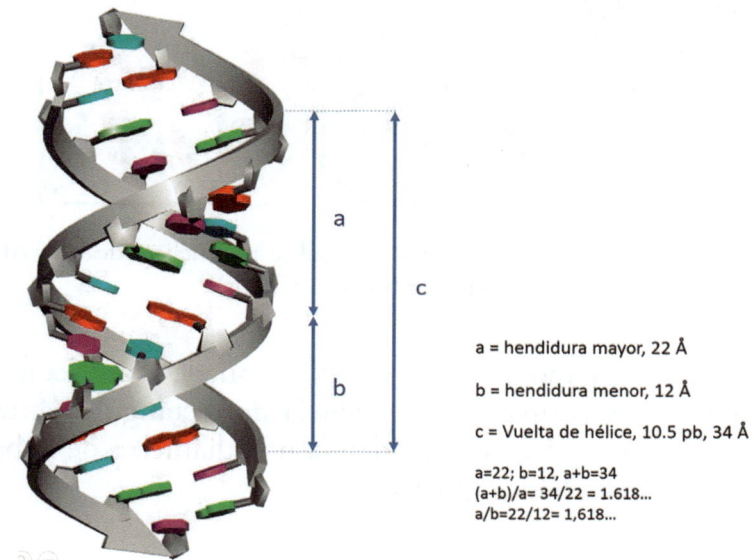

a = hendidura mayor, 22 Å

b = hendidura menor, 12 Å

c = Vuelta de hélice, 10.5 pb, 34 Å

a=22; b=12, a+b=34
(a+b)/a= 34/22 = 1.618...
a/b=22/12= 1,618...

Figura 8.2. Modelo de doble hélice de un ADN teórico (AT-GC), mostrando las dimensiones de la hendidura mayor, a, la hendidura menor, b, una vuelta completa de la hélice, c, y el ajuste al número áureo de las relaciones entre las dimensiones a y b (imagen generada con Discovery Studio 2021 Client).

En la molécula de ADN aparecen las Proporciones Áureas. En efecto, ya los valores anteriormente citados de anchura y longitud, 21 y 34 respectivamente, son números ambos de la serie de Fibonacci, y su cociente (1,61905) es muy próximo a Phi, el número de Oro.

Se puede ver cómo el valor de la vuelta de hélice dividido por el valor del surco mayor (34/22) también es igual a Phi, al igual que la proporción entre el surco mayor y el menor (22/12). (Figura 8.2). También la relación entre la distancia de un punto cualquiera y su inmediato consecutivo en su misma hélice, después de una vuelta completa, y la distancia de ese primer punto a su correspondiente consecutivo en la siguiente hélice, coincide con Phi.

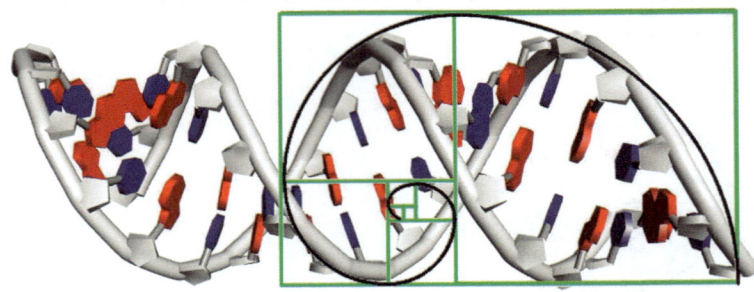

Figura 8.3. Ejemplo de rectángulo áureo sobre una hélice ideal de ADN (imagen generada con Discovery Studio 2021 Client).

En definitiva, la molécula de ADN se puede considerar, literalmente, como una larga secuencia de rectángulos áureos (Figura 8.3) cuyos lados coinciden con el diámetro de la base (22 Å) y la vuelta hélice (34 Å).

Números áureos en las secuencias de las bases del ADN

Analizando la proporción de las cuatro bases presentes en el ADN, se observa que, de 144 bases, 89 son T o C, y 55 son A o G, tres números consecutivos de la secuencia de Fibonacci (0, 1, 1, 2, 3, 5, 8, 13, 21, 34, 55, 89, 144, 233, etc.).

La suma de 89 y 55 es 144. Si dividimos 144 entre 89, aparece el valor del número áureo 1,618. Por otra parte, la suma de C y G dividida por la suma de T y A es igual a **1.**

LA SÍNTESIS DE LAS PROTEÍNAS

Las secuencias de ADN que constituyen la unidad fundamental, física y funcional de la herencia se denominan *genes*; la información contenida en ellos (genética) se emplea para generar ARN y proteínas, que son los componentes básicos de las células. Así, la síntesis de proteínas es un proceso esencial en la célula, y su ejecución implica la traducción de la información genética contenida en el ADN hacia proteínas funcionales.

La transcripción del ADN a ARN

La lectura de un gen no se hace directamente entre una hebra del ADN y los aminoácidos (Aas), sino que, en primer lugar, el fragmento de ADN, el gen, se copia a un ARN, llamado *mensajero* (ARNm) porque contiene el mensaje (Figura 8.4).

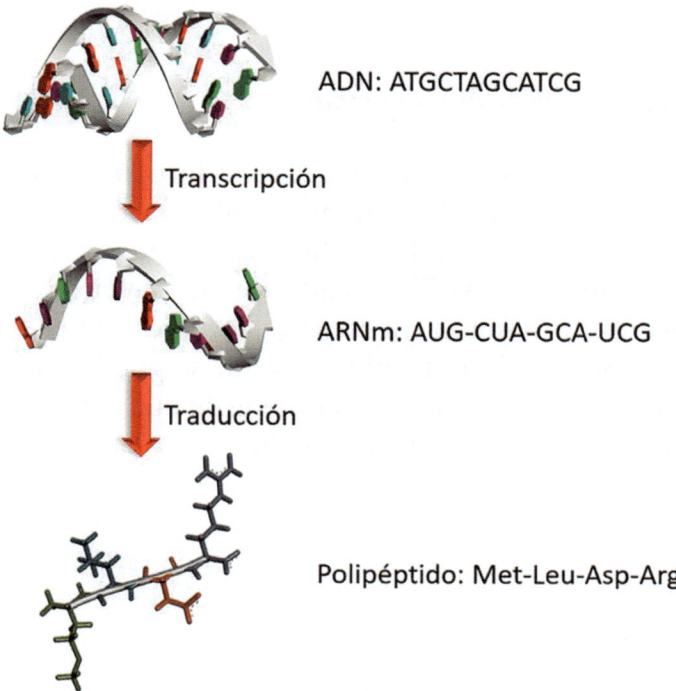

ADN: ATGCTAGCATCG

Transcripción

ARNm: AUG-CUA-GCA-UCG

Traducción

Polipéptido: Met-Leu-Asp-Arg

Figura 8.4. Ejemplo de transcripción de ADN a ARNm y traducción a Proteína. (A en rojo; T en azul; G en verde; C en magenta; Uracilo, U, en morado; Metiniona, Met, en verde; Leucina, Leu, en azul; Aspártico, Asp, en naranja; Arginina, Arg; en gris; imagen generada con Discovery Studio 2021 Client).

En la Figura 8.4, se ilustra un ejemplo de síntesis de un polipéptido, a partir de la secuencia ejemplo de ADN (ATGCTAGCATCG...); la enzima ADN polimerasa utiliza como molde la cadena complementaria de dicha secuencia de ADN (TAC-GAT-CGT-AGG-...) para transcribir una molécula de ARNm, que se leería AUG-CUA-GCA-UCG-...; el ARNm resultante, utilizando el código genético, se traduciría como la secuencia de Aas metionina-leucina-ácido aspártico-arginina.

El proceso de transcripción implica que una región específica del ADN actúa como molde para la síntesis de ARN mensajero (ARNm). Durante este paso, la enzima ARN polimerasa lee la secuencia de ADN y construye una cadena complementaria de ARNm.

La traducción del ARN a proteína

El ARNm formado se traslada hacia los ribosomas, los centros de traducción en la célula, donde se lleva a cabo la traducción propiamente dicha. La traducción a proteína requiere un transportador, otro ARN llamado de transferencia, (ARNt) que lleve el Aa hasta el mensajero. La unión entre ARNt y Aa es estereoespecífica, de tal forma que se pueda traducir sin ambigüedades la secuencia de la cadena de nucleótidos de cada gen a la secuencia de Aa de la proteína.

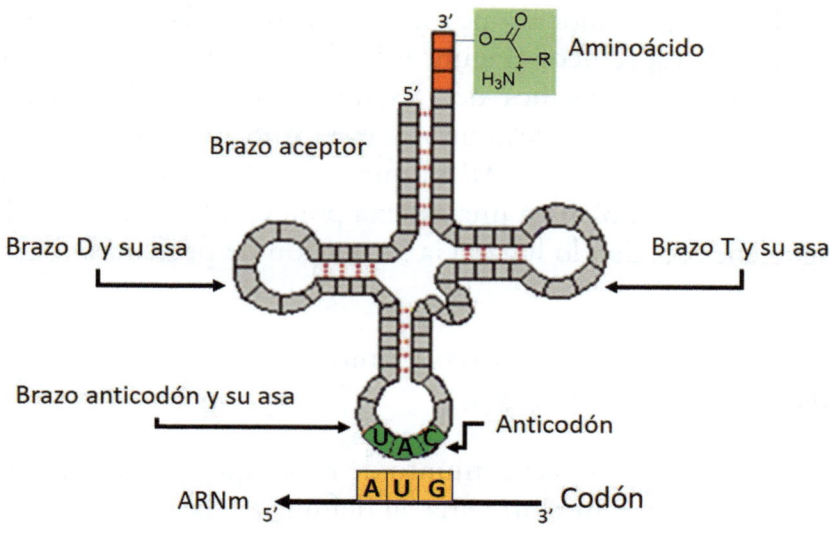

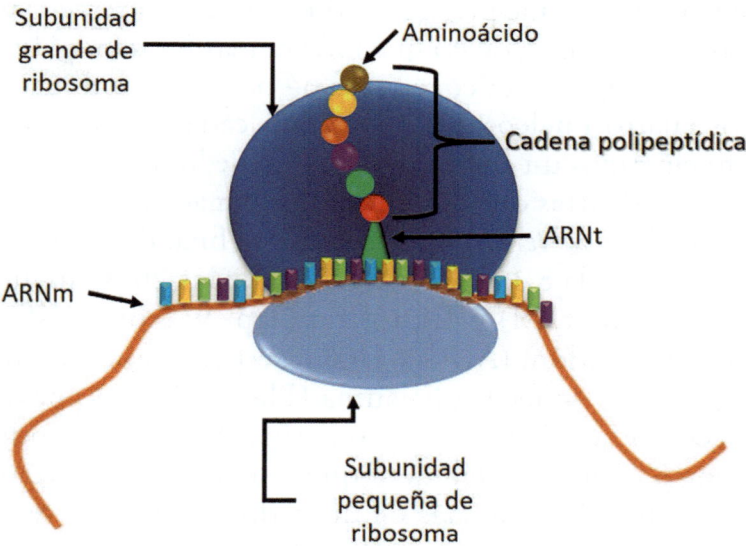

Figura 8.5. (a) Estructura en trébol de un ARNt. (b) Un ARNm viaja hacia el ribosoma y este usa la información en él contenida para sintetizar una proteína con una secuencia de Aas específica.

El ARNm es reconocido por moléculas de ARNt, que transportan Aas específicos (Figura 8.5). Para lo cual cada codón, una secuencia específica de tres nucleótidos (A, U, C) del ARNm, que codifica para un Aa, es reconocida por el anticodón del correspondiente ARNt que porta el Aa. De esta forma los Aas se ensamblan en una cadena polipeptídica según el código genético, dando lugar a la formación de proteínas.

La estructura y función del Código Genético Universal (CGU)

El código genético es el conjunto de reglas que define cómo se traduce un gen a una proteína, al definir la relación entre una secuencia de tres nucleótidos, llamada *codón*, y un Aa.

La estructura del CGU es la óptima para minimizar los errores de la traducción del gen a proteína. Su lenguaje es el idioma universal que permite traducir la secuencia de tripletes de bases a secuencia de Aa que integran las proteínas.[3,4]

En el código genético, existen 64 posibles combinaciones de los cuatro nucleótidos, formando cada combinación de tres nucleótidos un codón único. Uno de los codones, señala el inicio, mientras que otros tres, los llamados *codones de parada* o *codones de terminación* señalan el final de la síntesis de proteínas (Tabla 8.1). Se observa que de los 20 Aa naturales, Metionina (Met, M) y Triptófano (Trp, W) son codificados por un solo codón, (AUG y UGG, respectivamente), mientras que otros como Fenilalanina (Phe, F) lo son por dos, y otros como Leucina (Leu, L) o Serina (Ser, S) son codificados por 6 codones. Debido a que la mayoría de los 20 Aas están codificados por más de un codón, el código se llama degenerado. Los codones hechos de ARN tienen sustituida la Timina por Uracilo. Ambas bases son muy similares entre sí y con las mismas propiedades y, obviamente, la estructura del código no cambia. La causa es que la Timina es un poco más estable y se usa en el ADN, mientras que el Uracilo algo más propenso a mutar se usa en el ARN que se usa y se degrada rápidamente.

Los 64 codones según cuales sean su primera, segunda o tercera base se distribuyen en 16 grupos de 4 cada uno (Tabla 8.1).

Tabla 8.1: Los 64 codones[a] en el ADN

		segunda posición en el codón				
		T	C	A	G	
primera posición en el codón	T	TTT Phe [F] TTC Phe [F] TTA Leu [L] TTG Leu [L]	TCT Ser [S] TCC Ser [S] TCA Ser [S] TCG Ser [S]	TAT Tyr [Y] TAC Tyr [Y] TAA *Stop* TAG *Stop*	TGT Cys [C] TGC Cys [C] TGA *Stop* TGG Trp [W]	T C A G
	C	CTT Leu [L] CTC Leu [L] CTA Leu [L] CTG Leu [L]	CCT Pro [P] CCC Pro [P] CCA Pro [P] CCG Pro [P]	CAT His [H] CAC His [H] CAA Gln [Q] CAG Gln [Q]	CGT Arg [R] CGC Arg [R] CGA Arg [R] CGG Arg [R]	T C A G
	A	ATT Ile [I] ATC Ile [I] ATA Ile [I] ATG Met [M]	ACT Thr [T] ACC Thr [T] ACA Thr [T] ACG Thr [T]	AAT Asn [N] AAC Asn [N] AAA Lys [K] AAG Lys [K]	AGT Ser [S] AGC Ser [S] AGA Arg [R] AGG Arg [R]	T C A G
	G	GTT Val [V] GTC Val [V] GTA Val [V] GTG Val [V]	GCT Ala [A] GCC Ala [A] GCA Ala [A] GCG Ala [A]	GAT Asp [D] GAC Asp [D] GAA Glu [E] GAG Glu [E]	GGT Gly [G] GGC Gly [G] GGA Gly [G] GGG Gly [G]	T C A G

(tercera posición en el codón)

[a] Se indica el Aa correspondiente (en código de tres letras y en código Fasta, entre corchetes) para el que codifica cada uno. En verde, ATG codón de inicio, que codifica para el Aa Metionina; en rojo, codones de finalización.

La lógica vital de la estructura organizativa universal del código está así caracterizada por los siguientes hechos: (a) a un Aa concreto le corresponde un triplete de bases concreto; (b) unos Aas son codificados por más de un codón; y (c) los codones similares codifican para Aa con algunas propiedades similares.

La asignación de codones a los Aa de forma no homogénea ha sido un proceso de selección adaptativa, que está relacionado con la minimización de los posibles errores causados por una trascripción imperfecta, al agrupar codones para el mismo Aa y así evitar errores al reducir el efecto de las mutaciones. De esta forma el carácter adaptativo de la estructura del código debería ser tal que una mutación permitiera la sustitución de un Aa por otro similar. El hecho de que el código sea prácticamente universal apoya este supuesto; es, de hecho, el único posible. Las desviaciones del código universal aparecen después del último antecesor común y además sólo en unos pocos Aas. Se establece, se expande, y optimiza por fuerzas internas, independientes de cualquier tipo de selección darwiniana.

Ampliación de la función del código genético

Los trabajos de Jean-Claude Pérez,[5] han determinado la existencia de una estructura muy precisa que unifica y estructura los mil millones de tripletes de codones que constituyen la secuencia de ADN de todo el genoma humano. Han buscado en el genoma humano completo la frecuencia de cada uno de los 64 codones presentes en el ADN de cada uno de los 24 cromosomas y en todos los cromosomas encontraron las mismas frecuencias. Descubrieron, además, que la frecuencia de cada uno de los 64 codones en todo el genoma humano está controlada por la posición del codón en la tabla del CGU: la posición de cada codón dentro de esta tabla dicta exactamente su población.

Tabla 8.2: Distribución de los ocho tripletes en las ocho octavas, atendiendo a la primera posición

#Octava	Codón/Aa							
1	TTT	TCT	TAT	TGT	ATT	ACT	AAT	AGT
	Phe	Ser	Tyr	Cys	Ileu	Thr	Asn	Ser
2	TTC	TCC	TAC	TGC	ATC	ACC	AAC	AGC
	Phe	Ser	Tyr	Cys	Ileu	Thr	Asn	Ser
3	TTA	TCA	TAA	TGA	ATA	ACA	AAA	AGA
	Leu	Ser	*Stop*	*Stop*	Ileu	Thr	Lys	Arg
4	TTG	TCG	TAG	TGG	ATG	ACG	AAG	AGG
	Leu	Ser	*Stop*	Trp	Met *(Ini)*	Trp	Lys	Arg
5	CTT	CCT	CAT	CGT	GTT	GCT	GAT	GGT
	Leu	Pro	His	Arg	Val	Ala	Asp	Gly
6	CTC	CCC	CAC	CGC	GTC	GCC	GAC	GGC
	Leu	Pro	His	Arg	Val	Ala	Asp	Gly
7	CTA	CCA	CAA	CGA	GTA	GCA	GAA	GGA
	Leu	Pro	Gln	Arg	Val	Ala	Glu	Gly
8	CTG	CCG	CAG	CGG	GTG	GCG	GAG	GGG
	Leu	Pro	Gln	Arg	Val	Ala	Glu	Gly

Es decir, que la estructura del CGU no solo cumple la función de asignar los codones a los Aas, o, lo que es igual, traducir secuencia de genes a proteína, sino que sirve como una matriz global para las frecuencias de los codones en los genomas. No solo regula la escala micro, sino también la escala macro.

El código puede también estructurarse en 8 octavas de ocho tripletes cada una;[6] así, por ejemplo, en la Tabla 8.2, se ordenan los tripletes de modo que en las cuatro primeras octavas, en las cuatro primeras columnas, los codones que empiezan por T y en las cuatro restantes los que tienen A; en las cuatro últimas octavas se ordenan, en las cuatro primeras columnas, los codones que empiezan por C y en las cuatro restantes los que lo hacen por G. Esta distribución se podría hacer también atendiendo a la segunda posición del codón o a la tercera.

Las proporciones relativas de codones en el ADN también siguen la matemática de las Proporciones Áureas. Las relaciones se pueden establecer de las siguientes 6 maneras de distribuir:

(1): 2 particiones de 32 codones. (2): 4 particiones de 16 codones. (3): 8 particiones de 8 codones. (4): 16 particiones de 4 codones. (5): 32 particiones de 2 codones; y (6): 64 particiones de 1 codón

Como se ha indicado anteriormente, se pueden determinar los valores de la frecuencia las 4 bases en los codones: por cada 144 bases, 89 son T o C y 55 A o G. Según esto podemos dar un valor a cada triplete, sumando la frecuencia con que se encuentran en el ADN sus tres bases. Así, a un triplete integrado por tres T, se le asigna un valor de 267 (= 89 x 3), mientras que, a uno integrado por CAT, se le asigna 233 (= 89x2 + 55).

Aplicando este cálculo, Tabla 8.3, aparecen cuatro diferentes valores para los 64 tripletes: 267, 233, 199 y 165.

Tabla 8.3: Frecuencias de los 64 tripletesa

Trip.	Frec.	Trip.	Frec.	Trip.	Frec.	Trip.	Frec.
TTT	267	TCT	267	TAT	233	TGT	233
TTC	267	TCC	267	TAC	233	TGC	233
TTA	233	TCA	233	TAA	199	TGA	199
TTG	233	TCG	233	TAG	199	TGG	199
CTT	267	CCT	267	CAT	233	CCG	233
CTC	267	CCC	267	CAC	233	CGC	233
CTA	233	CCA	233	CAA	199	CAG	199
CTG	233	CCG	233	CAG	199	CGG	199
ATT	233	ACT	233	AAT	199	AGT	199
ATC	233	ACC	233	AAC	199	AGC	199
ATA	199	ACA	199	AAA	165	AGA	165
ATG	199	ACG	199	AAG	165	AGG	165

GTT	233	GCT	233	GAT	199	GGT	199
GTC	233	GCG	233	GAC	199	GGC	199
GTA	199	GCA	199	GAA	165	GGA	165
GTG	199	GCG	199	GAG	165	GGG	165

[a] los valores se obtienen sumando las frecuencias individuales de sus tres bases, tomando los valores de 89 para T y C= 89 y 55 para A y G.

Las proporciones entre estos números tienen relación con Phi, o latencia de Phi. Así, la proporción entre el mayor y el menor vuelve a ser = Phi (267/165=1,618). Sin embargo, las relaciones restantes dan valores entre 1 y 2 lo que nos lleva a usar las inversas que aportan los valores entre 1 y 0,5 más fácilmente comparables con la inversa de Phi 1,618, es decir 0,64. Así, la inversa de 267/233= 1,146, es **0,873**; la inversa de 267/199= 1,342 es **0,745**; 233/199= 1,171 y su inversa **0,854**; 233/165=1,412 y su inversa **0,708**.

Tenemos por tanto una serie de particiones entre 1 y 0,5.

Los valores correspondientes a los 16 codones que empiezan por T y los otros 16 que empiezan por C, sumados son 7456, mientras que si hacemos lo mismo para A y G obtenemos 6368; si ahora dividimos el valor mayor por el menor (7456/6368) obtenemos un valor de **1,171**, cuya inversa es 0,8539.

Por otra parte, la relación de frecuencias para los tripletes que empiezan por T y los que empiezan por C es igual a **1**, al igual que para los que empiezan por A respecto a los que lo hacen por G, sin embargo, la relación entre los T y los A (o los C con los G) es de 1,171, cuya inversa es 0,8539.

Las Proporciones Áureas en los tripletes de las octavas

Si ahora nos fijamos en las 8 octavas de 8 tripletes (Tabla 8.4) y sumamos los valores de las bases de cada triplete nos encontramos con que aparecen tres valores diferentes: **1932** para las octavas 1 y 2; **1.592** para las octavas 3, 4, 7 y 8; y, por último, **1864** para las escalas 5 y 6.

Tabla 8.4: Frecuencias en los tripletes agrupados por octavas

#Octava	Triplete/Frecuencia								Total
1	TTT	TCT	TAT	TGT	ATT	ACT	AAT	AGT	1932
	267	267	267	267	233	233	199	199	
2	TTC	TCC	TAC	TGC	ATC	ACC	AAC	AGC	1932
	267	267	267	267	233	233	199	199	
3	TTA	TCA	TAA	TGA	ATA	ACA	AAA	AGA	1592
	233	233	199	199	199	199	165	165	
4	TTG	TCG	TAG	TGG	ATG	ACG	AAG	AGG	1592
	233	233	199	199	199	199	165	165	
	CTT	CCT	CAT	CCG	GTT	GCT	GAT	GGT	1864
	267	267	233	233	233	233	199	199	
6	CTC	CCC	CAC	CGC	GTC	GCG	GAC	GGC	1864
	267	267	233	233	233	233	199	199	
7	CTA	CCA	CAA	CAG	GTA	GCA	GAA	GGA	1592
	233	233	199	199	199	199	165	165	
8	CTG	CCG	CAG	CGG	GTG	GCG	GAG	GGG	1592
	233	233	199	199	199	199	165	165	

Analizando las relaciones entre estos tres valores vemos que 1932/1864= 1,03 y su inversa es **0,97**; 1932/1592= 1,21 y su inversa es **0,82**; 1864/1592= 1,17 y su inversa **0,85**.

Y siempre, la relación de frecuencias para los tripletes que empiezan por T y los que empiezan por C es igual a **1**, al igual que para los que empiezan por A respecto a los que lo hacen por G. Se completa la serie de relaciones de valores de tripletes. Así obtenemos los siguientes valores descriptores de las relaciones planteadas en dos diferentes modos de distribución: 16x4 y 8x8. Cabría matizar más con otras relaciones existentes.

1   0,97   0,873   0,85   0,82   0,74   0,7   0,5

Un nuevo algoritmo para describir genes y proteínas: musicalización de un gen y la proteína para la que codifica

Como se ha visto anteriormente, el código genético universal (CGU) permite la traducción de la secuencia de nucleótidos de un gen en una cadena de aminoácidos (Aas) que conforman una proteína.

Se han propuesto diversas aproximaciones que buscan relacionar los genes, las proteínas y la música mediante algoritmos diseñados para audificar tanto genes como proteínas. Estos algoritmos asocian notas musicales específicas a tripletes de nucleótidos y a los aminoácidos.

Desde una perspectiva simplificadora, tanto los genes (y sus productos primarios: ADN, ARN y proteínas) como las composiciones musicales están compuestos por cadenas lineales de unidades cuantificadas que, en ambos casos, representan paquetes o secuencias de información. La información, según la teoría, se define como la transferencia de contenido desde un emisor de datos o conocimientos hacia un receptor. En la música, esta transferencia de contenido ocurre desde el compositor hacia la audiencia, pasando por los intérpretes. En biología, los genes y las neuronas constituyen los sistemas de almacenamiento y transmisión de información más eficaces y complejos de la naturaleza.

De manera similar a cómo se combinan notas en frases, frases en melodías, melodías en movimientos y movimientos en piezas completas, las proteínas adquieren sentido únicamente cuando se interpretan como un todo. Aunque la estructura primaria contiene la información necesaria para formar la estructura terciaria, esta última es la que realmente da funcionalidad a la proteína. La estructura primaria, por sí sola, es insuficiente, ya que su potencial se manifiesta solo cuando se logra la estructura terciaria.[7]

En este contexto, tanto a la música como a la bioquímica se les pueden aplicar herramientas como la audificación, es decir, la utilización del sentido del oído para analizar datos.

Distintos equipos han desarrollado algoritmos que han permitido audificar numerosas secuencias génicas y proteicas, con resultados variados. Por ejemplo, Hayashi y Munakata[8,9,10] diseñaron un algoritmo que asigna tonos a las bases del ADN en función de su estabilidad térmica dentro de un intervalo de una quinta. Ohno[11], por su parte, desarrolló un sistema basado en los pesos moleculares de las bases, organizados en una escala de octavas. Alexjander y Deamer utilizaron datos derivados del espectro de absorción de la luz de las cuatro bases del ADN, traduciendo estas propiedades a frecuencias de sonido.[12] Con algoritmos adecuados, estos enfoques generan cuatro escalas musicales basadas en las características de las cuatro bases nucleotídicas.

Propuesta de audificación de los tripletes

El algoritmo propuesto toma como referencia que el rango de longitudes de onda (λ) de las notas musicales abarca desde 780 nm a 380 nm, lo que corresponde a 8 octavas de 12 notas. Este margen de 400 nm, al dividirse entre las 8 octavas, da como resultado que cada escala musical abarca un margen de 50 nm. Dividiendo este valor de 50 nm entre las 12 notas de una escala, se obtiene un intervalo de 4,1666 nm entre notas consecutivas.

De esta manera, como se muestra en la primera columna de la Tabla 8.5, a cada partición se le asigna el valor resultante de restar 4,1666 nm al valor anterior. Así, partiendo de 50 nm, al restarle 4,1666 nm se obtiene 45,8334 nm; al restar nuevamente 4,1666 nm a este último valor, se obtiene 41,6668 nm, y así sucesivamente.

Si dividimos cada número de la primera columna por el que le sigue, obtenemos los valores (ratios) que aparecen en la segunda columna.

En la tercera columna insertamos los valores correspondientes a la inversa de las ratios y asignamos a cada valor la nota musical correspondiente, tomando como valor de partida 50 para la nota Do, y a los valores restantes las notas consecutivas.

Tabla 8.5: Distribución de los 50 nm entre las 12 notas

Distribución	Ratio	Inversa	Nota
50	1	1	**Do**
45,8334	1,0909	0,9167	**Do#**
41,6668	1,1000	0.9091	**Re**
37,5002	1,1111	0,9000	**Re#**
33,3336	1,1250	0,8889	**Mi**
29,1670	1,1429	0,8750	**Fa**
25,0004	1,1667	0,8571	**Fa#**
20,8338	1,2000	0,8333	**Sol**
16,6672	1.2500	0,8000	**Sol#**
12,5006	1,3333	0,7500	**La**
8,3340	1.5000	0,6667	**La#**
4,1674	1.9998	0,5000	**Si**

Ahora necesitamos reducir el número de notas a ocho, dado que tenemos en cada octava ocho tripletes. Entonces y, por ejemplo, para una escala dada, elegimos los números de proporción que sean más aproximados a los obtenidos para las inversas de las proporciones de las bases y tripletes anteriormente citadas:

(1   0,97   0,87   0,85   0,82   0,74   0,7   0,618 (inverso del número áureo)   0,5).

Podemos, según esto, asignar una nota a los tripletes integrados en una octava (Tabla 8.6).

Tabla 8.6: Asignaciones de notas a los tripletes integrados en una octava

inversas	nota	Tripletes
1	**Do**	TTT
0,97	**Do#**	TCT
0,87	**Fa**	TAT

inversas	nota	Tripletes
0,85	**Fa#**	TGT
0,82	**Sol**	ATT
0,74	**La**	ACT
0, 69	**La#**	AAT
0,5	**Si**	AGT

Extendiendo esta aproximación a los 64 codones, y eligiendo la segunda octava, tendremos las siguientes asignaciones de notas (Tabla 8.7).

Tabla 8.7: Asignación de notas a los 64 codones del código genético

Triplete/Nota							
TTT	TCT	TAT	TGT	ATT	ACT	AAT	AGT
Do2	Do#2	Fa2	Fa#2	Sol2	La2	La#2	Si2
TTC	TCC	TAC	TGC	ATC	ACC	AAC	AGC
Do2	Do#2	Fa2	Fa#2	Sol2	La2	La#2	Si2
TTA	TCA	TAA	TGA	ATA	ACA	AAA	AGA
Do4	Do#4	Fa4	Fa#4	Sol4	La4	La#4	Si4
TTG	TCG	TAG	TGG	ATG	ACG	AAG	AGG
Do4	Do#4	Fa4	Fa#4	Sol4	La4	La#4	Si4
CTT	CCT	CAT	CCG	GTT	GCT	GAT	GGT
Do6	Do#6	Fa6	Fa#6	Sol6	La6	La#6	Si6
CTC	CCC	CAC	CGC	GTC	GCG	GAC	GGC
Do6	Do#6	Fa6	Fa#6	Sol6	La6	La#6	Si6
CTA	CCA	CAA	CAG	GTA	GCA	GAA	GGA
Do4	Do#4	Fa4	Fa#4	Sol4	La4	La#4	Si4
CTG	CCG	CAG	CGG	GTG	GCG	GAG	GGG
Do4	Do#4	Fa4	Fa#4	So4	La4	La#4	Si4

Propuesta de audificación de los aminoácidos

Como en la música, las proteínas están compuestas de cadenas de frases y temas que se pueden repetir a lo largo de la proteína y a lo largo del tiempo.

Así, Mihalic propone un algoritmo[13] que se centra en la secuencia de Aa y no en la de ADN, ya que considera que las cuatro bases dan lugar a poca variabilidad y posibilidad de armonización, y al fin y al cabo los 20 Aa se pueden considerar como reflejos de la secuencia de ADN y los cambios en esta secuencia se reflejan en la secuencia aminoacídica.

Los parámetros musicales como nota, tono, duración, ritmos y dinámica de la melodía se realizan a través de la trascripción de las propiedades fisicoquímicas de los Aa (superficie, peso molecular, acidez, polaridad), a los que considera como un conjunto de átomos (H, C, N, O y S) que poseen cada uno, a su vez, su propia representación musical. La asignación para los átomos se realiza a partir de su número atómico, número de electrones, punto de fusión y ebullición, etc.

Figura 8.6. Escala (en Do mayor) de notas asignadas a los Aa, en función de su hidrofobicidad, según Clark.

Por ejemplo, otros investigadores, como Clark y Dunn[14] han considerado que los 20 Aa pueden ser asignados a una escala musical, tomando como criterio de selección de los tonos asignados a cada uno, por ejemplo, su hidrofobicidad relativa. A los hidrófobos se les asignan tonos bajos, a los hidrofílicos altos y dentro de ellos, a los cargados se les asignan las notas más altas. La duración de cada nota se puede hacer variable en función de otros criterios como, por ejemplo, del número de codones asociado a cada Aa (Figura 8.6).

Más recientemente, el grupo de Chi-Hua Yu[15] ha elaborado un método para traducir secuencias de Aa a sonido audible, que se basa en la utilización de las vibraciones naturales de los 20 Aas (Figura 8.7). Se construye así a partir del espectro de frecuencia característico y el sonido asociado a cada uno de los Aas una escala musical que consta de 20 tonos, la *escala de aminoácidos*.

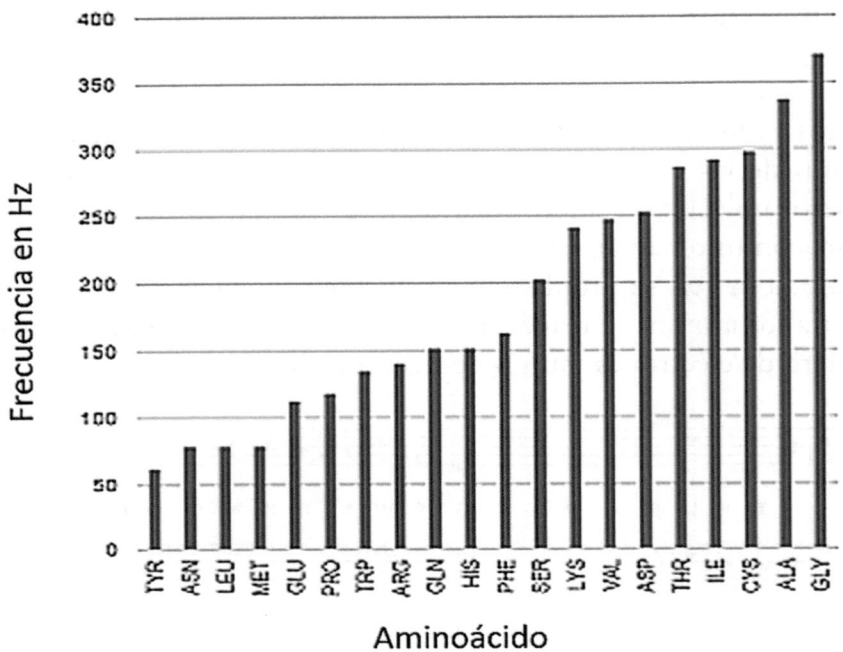

Figura 8.7. Frecuencias del espectro de vibración de los Aas naturales, ordenados de menor a mayor.

Por su parte, Moon y sus colaboradores[16], aplicando métodos de cálculo cuánticos y espectroscopia de masas, han determinado las frecuencias de vibración asociadas con cada uno de los 20 Aas.

Para nuestro algoritmo, y dado que conocemos las frecuencias correspondientes a cada una de las notas en las ocho octavas (Tabla 8.8), y podemos asignar a cada Aa una nota, comparando el valor de la frecuencia de vibración de este y la de la nota musical.

Tabla 8.8: Frecuencias (en Hz) correspondientes a las notas de las octavas 1-4.

nota	Oct. #1	Oct. #2	Oct. #3	Oct. #4
Do	32,70	65,41	130,81	261,63
Do#	34,65	69,30	138,59	277,18
Re	36,71	73,42	146,83	293,66
Re#	38,89	77,78	155,56	311,13
Mi	41,20	82,41	164,81	329,63
Fa	43,65	87,31	174,61	349,23
Fa#	46,25	92,50	185,00	369,99
Sol	49,00	98,00	196,00	392,00
Sol#	51,91	103,83	207,65	415,30
La	55,00	110,00	220,00	440,00
La#	58,27	116,54	233,08	466,16
Si	61,74	123,47	246,94	493,88

Además, a cada nota se le puede asignar el volumen según el número de tripletes asignados a cada Aa, según el CGU (Tabla 8.9).

Tabla 8.9: Volumen asignado a las notas de cada Aa, en función del número de tripletes que codifican para el Aa

Aa	n.º codones	nota	Vol (%)	Aa	n.º codones	nota	Vol (%)
Tyr	2	La#1	33	Phe	2	La#3	33
Asn	2	Mi2	33	Ser	6	Si3	100
Leu	6	Fa#1	100	Lys	2	Do4	33
Met	1	Sol1	17	Val	4	Do#4	67
Glu	2	La#2	33	Asp	2	Re#4	33

Aa	n.º codones	nota	Vol (%)	Aa	n.º codones	nota	Vol (%)
Pro	4	Do#2	67	**Thr**	4	Mi4	67
Trp	1	Re#2	17	**Ileu**	3	Fa4	50
Arg	2	Mi3	33	**Cys**	2	Fa#4	33
Gln	2	Fa#3	33	**Ala**	4	Sol2	67
His	2	Sol3	33	**Gly**	4	La#4	67

De esta forma, y según el algoritmo propuesto, para cada proteína se asigna, por una parte, una nota a cada uno de los codones responsables de su codificación, basándonos, para la asignación de la nota, en las frecuencias de los nucleótidos, y por otra parte, se describen los Aa que integran su secuencia primaria mediante la nota asignada en función de la analogía entre las frecuencias de vibración naturales calculadas para cada Aa y la frecuencia de las notas musicales. Además, para completar y mejorar las características descriptivas de la audificación, se pueden asignar distintos instrumentos, diferentes ritmos y tempos, en función de la estructura 3D que adopte la proteína (hélice, lámina, etc.), de manera que se consiga mejorar la armonía de la composición.

Un ejemplo de audificación. El gen de la enzima Tiroxina Hidroxilasa (gen TH)

La enzima tiroxina hidroxilasa desempeña un papel importante en la síntesis de melanina, pigmento responsable del color de la piel, cabello y ojos en los seres humanos y otros organismos. La síntesis de melanina en los organismos implica la conversión de tirosina a melanina a través de varios pasos enzimáticos.

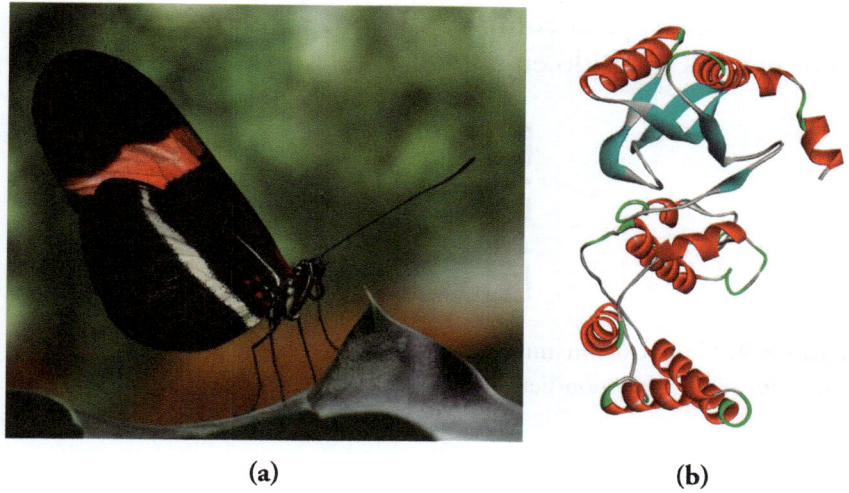

(a)   (b)

Figura 8.8. (a) Imagen de la mariposa *Heliconius erato petiverana*.[17] (b) Propuesta de estructura 3D para la proteína TH, codificada por el gen TH (modelo generado por el algoritmo Robettafold; visualizado con Discovery Studio 2024 Client; en rojo, hélices; en azul, láminas; en verde, zonas pro-helice).

Así, en algunos tipos de mariposas, como las que integran el género *Heliconius*, con una distribución muy amplia en las regiones tropicales y subtropicales de América, aparecen algunas especies como la llamada *Heliconius erato* que presenta amplias zonas de las alas de un color muy oscuro, prácticamente negro en algunas variedades como la *H. eratus petiverana* (Figura 8.8a). El pigmento responsable de este color oscuro es la melanina.

Se ha secuenciado, para esta especie, el gen *TH* responsable de la enzima Tiroxina Hidroxilasa.[18] Este gen, del que se seleccionan las bases 1-736 de su secuencia, una vez traducido da lugar a la enzima constituida por 244 Aa, de la que en la Figura 8.8b se propone un modelo 3D generado mediante la herramienta *online* RobettaFold (URL: https://robetta.bakerlab.org/) a partir de la secuencia primaria de la proteína.

Aplicando el algoritmo propuesto, tanto a los tripletes como a los Aa, se asignan las correspondientes notas, con las cuales se construye la composición que aparece codificada en el código QR incluido en la Figura 8.9.

Figura 8.9. Composición musical para la enzima Tirosina Hidroxilasa de *Heliconius erato*, correspondiente al gen *TH* (©Eneko Azparren).

Bibliografía

1. Clauvelin, N. et al. (2012). Characterization of the geometry and topology of DNA pictured as a discrete collection of atoms. J Chem Theory Comput. 8:1092-1107. DOI: 10.1021/ct200657e.
2. Watson, J. and Crick, F. (1953). Molecular structure of nucleic acids; a structure for deoxyribose nucleic acid. Nature.171: 737-8.
3. Brooks, DJ. et al. (2002). Evolution of Amino Acid Frequencies in Proteins Over Deep Time: Inferred Order of Introduction of Amino Acids into the Genetic Code. Molecular Biology and Evolution 19: 1645-1655. https://doi.org/10.1093/oxfordjournals.molbev.a003988
4. Koonin, EV. and Novozhilov, AS. (2009). Origin and evolution of the genetic code: the universal enigma. IUBMB Life. 2009 Feb;61(2):99-111. DOI: 10.1002/iub.146.
5. Perez, J-C. (2010). Codon Populations in Single-stranded Whole Human Genome DNA Are Fractal and Fine-tuned by the Golden. Interdiscip Sci Comput Life Sci. 2: 228–240 DOI: 10.1007/s12539-010-0022-0
6. Pérez, J-C. (2013). The "3 genomic numbers" Discovery: How our genome single-stranded DNA sequence is "self designed" as a numerical whole. Applied Mathematics, 4: 37-53. DOI: 10.4236/am.2013.410A2004
7. Hofstadter, D. (1980). En Godel, Escher, Bach. Vintage Books Edition. p. 525.
8. Hayashi, K. and Munakata, N. (1984). Basically Musical. Nature, 310: 96. DOI: 10.1038/310096a0
9. Munakata, N. (1997). Musical Representation of Gene Sequences. En Arts Medicine (Eds. R.R. Pratt and Y. Tozuda), MMB Music, Saint Louis. Pp 73-82.
10. Munakata, N. and Hayashi, K. (1995). Gene music: Tonal assignments of bases and amino acids. Visualizing Biological Information: 72-83. https://doi.org/10.1142/9789812832054_0008
11. Ohno, S. and Ohno, M. (1986). The all-pervasive principle of repetitious recurrence governs not only coding sequence construction but also human endeavor in musical composition. Immunogenetics, 24:71-78. DOI: 10.1007/BF00373112.
12. Alexjander, S. and Deamer, D. (1999). The Infrared Frequencies od DNA: science and art," in IEEE Engineering in Medicine and Biology Magazine, 8: 74-79. DOI: 10.1109/51.752981.
13. Mihalic, A. (2001). DNA and composition. ALMMA, Workshop on Artificial Life Models for Musical Applications, Editoriale Bios, pp.120-125, 2001
14. Dunn, J. and Clark, MA. (1999). Life music: the sonification of proteins. Leonardo, 32:25-32. https://leonardo.info/isast/articles/lifemusic.html

15. Yu, C. et al. (2019). A Self-Consistent Sonification Method to Translate Amino Acid Sequences into Musical Compositions and Application in Protein Design Using Artificial Intelligence. ACS Nano, 13: 7471–7482. DOI: 10.1021/acsnano.9b02180

16. Moon, JH. et al. (2006). A systematic and efficient method to estimate the vibrational frequencies of linear peptide and protein ions with any amino acid sequence for the calculation of Rice-Ramsperger-Kassel-Marcus rate constant. J Am Soc Mass Spectrom. 17:1749-57. DOI: 10.1016/j.jasms.2006.08.001

17. Richard Bartz, Munich aka Makro Freak - Trabajo propio; accedido 27 de diciembre de 2023.

18. Hill, RI. et al. (2013) .Cryptic genetic and wing pattern diversity in a mimetic Heliconius butterfly. Mol Ecol.22:2760-70. DOI: 10.1111/mec.12290.

9.
Expansiones y extinciones del Cámbrico y Jurásico

La evolución de la vida en la Tierra a lo largo de millones de años está marcada por la aparición y la extinción de innumerables especies. A lo largo de las distintas eras se han producido cinco extinciones masivas y explosiones de diversidad biológica. La más conocida es la extinción del Pérmico-Triásico, hace aproximadamente 252 Ma, donde se estima que hasta el 96 % de todas las especies marinas y el 70 % de las especies terrestres fueron aniquiladas. Otra extinción notable es la del Cretácico-Paleógeno, hace unos 66 Ma, que marcó el fin de los dinosaurios no aviares y el ascenso de los mamíferos. En ambas, las extinciones masivas ocurren en especies cuyas formas no están logradas y abren paso a nuevas oportunidades evolutivas con estructuras áureas, logradas.

Las etapas de la Tierra

La historia de la Tierra se extiende a lo largo de miles de millones de años (Ma), aproximadamente 4600 Ma, y está marcada por períodos de transformación y cambio que han dado forma al mundo que conocemos hoy. La vida en nuestro planeta puede haberse originado hace 4100 Ma, una vez que la superficie se enfrió lo suficiente y se formaron los océanos de agua líquida, una corteza sólida, una atmósfera y un clima estable, escenario adecuado para la aparición, proliferación y evolución de la vida.

Tabla 1: Aparición de las formas vivas

Eón	Era	Periodo	Edad	Aparición de las formas de vida
Precámbrico		Arcaico	4.600 Ma	Formación de la Tierra? **Origen de la Vida**, primeros **Procariotas** (Bacterias y *Archaea*)?
			2.500 Ma	
		Proterozoico		Primeros organismos **Eucariotas**: unicelulares y pluricelulares: **Algas, Esponjas, Medusas, ¿Moluscos?** **Reino Vendozoa** (635-542 Ma)
Fanerozoico	Paleozoico	Cámbrico	543 Ma	La explosión del Cámbrico
		Ordovícico	495 Ma	Primeras **plantas terrestres y peces sin mandíbulas** (Lamprea)
		Silúrico	439 Ma	Primeros **peces con mandíbulas**
		Devónico	408 Ma	Primeros: Helechos
			353 Ma	Insectos
		Carbonífero	290 Ma	Anfibios
		Pérmico		Reptiles
			251 Ma	Primeros: Árboles
	Mesozoico	Triásico	206 Ma	Primeros dinosaurios
		Jurásico		Primeros Mamíferos
			144 Ma	Primeras Aves
		Cretácico		Plantas con flores
			65 Ma	Mamíferos placentarios
	Cenozoico	Terciario		Ballenas, caballos, homínidos Praderas.......
			1,8 Ma	
		Cuaternario		*Homo*

EXTINCIONES Y EXPLOSIONES

La historia de la Tierra está marcada por una serie de eventos muy complejos, ocurridos a lo largo de las distintas eras, que han dado lugar a extinciones masivas y explosiones de diversidad biológica que han moldeado el curso de la vida en nuestro planeta. Estos eventos involucran, en una interacción única, factores geológicos, climáticos y biológicos que han condicionado la vida a lo largo del tiempo geológico.[1,2,3]

Las extinciones masivas son eventos en los que una cantidad significativa de especies desaparecen en un período relativamente corto de tiempo en términos geológicos, generalmente menos de un millón de años. Estas extinciones han ocurrido, al menos, cinco veces en la historia de la Tierra, siendo la extinción del Pérmico-Triásico la más conocida, hace aproximadamente 252 Ma, donde se estima que hasta el 96 % de todas las especies marinas y el 70 % de las especies terrestres fueron aniquiladas. Otras extinciones notables incluyen la del Cretácico-Paleógeno, hace unos 66 Ma, que marcó el fin de los dinosaurios no aviares y el ascenso de los mamíferos.

A pesar de la devastación que acompañó a estas extinciones masivas, se abrió paso a nuevas oportunidades evolutivas: la biosfera se recuperó con la evolución de nuevas especies y ecosistemas, después de cada episodio de extinción. La rápida diversificación ocurrida después de una extinción se conoce como una *explosión de vida*. Como ejemplo se puede citar la explosión cámbrica,[4] que marcó el surgimiento de una diversidad biológica sin precedentes, con la aparición de la mayoría de los principales grupos de animales que conocemos hoy.

La extinción y explosión Ediacara

El periodo Ediacárico se corresponde con los últimos tiempos del Precámbrico. Durante este periodo tuvo lugar la *explosión Ediacara*, que se extiende desde hace 580 hasta 540 Ma, en la que, debido a los depredadores y al cambio ambiental global consecuencia de que el océano perdió su oxígeno y se convirtió en un desierto, se extinguen todas las especies.

Pocos organismos de esta primera fauna primitiva (Reino Vendozoa) serían incorporados a los patrones orgánicos del Cámbrico y fueron desplazados por otras formas de vida.

Explican la transición entre los organismos unicelulares y los animales depredadores de cuerpo duro de la Explosión Cámbrica. Este paso evolutivo clave no se explica por los mecanismos darwinistas y se conoce como el *Dilema de Darwin*.[5]

Una excepción a la extinción masiva es *Kimberella*, que muestra un gran parecido con los moluscos e incluso ha sido propuesta como un antepasado de éstos (Figura 9.1a).[6]

(a) (b)

(c)

Figura 9.1. Fósiles de la fauna Ediacara: (a) *Kimberella.*[7] (b) *Dickinsonia.*[8] (c) *Spriggina.*[9]

No es frecuente encontrar fósiles de animales de cuerpo blando. Existen impresiones fosilizadas de algunos ejemplares como *Dickinsonia* (Figura 9.1b) o *Spriggina* (Figura 9.1c).

La extinción y explosión Cámbrica

Hace aproximadamente 530 Ma, irrumpió una gran variedad de animales en la escena evolutiva en un suceso conocido como *la explosión del Cámbrico*, o *Big Bang biológico*.

En menos de 40 Ma aparecen un gran número de *fila*, que son los que existen actualmente, y algunos otros raros ya desaparecidos. Algunos organismos utilizaban carbonato como caparazón, por lo que tenían partes duras que podían convertirse en fósiles. Esta *radiación adaptativa* produjo los primeros miembros de los principales grupos de animales. Todavía no está clara cuál fue la chispa que hizo posible este estallido. Puede que fuera el oxígeno presente en la atmósfera, gracias a las emisiones de cianobacterias y algas que realizan la fotosíntesis, que alcanzó los niveles necesarios para impulsar el crecimiento de estructuras corporales más complejas. El ambiente se hizo también más cálido al calentarse el clima, en comparación con el clima de las épocas anteriores. Y subió el nivel del mar, que inundó las tierras bajas, creando hábitats marinos poco profundos que resultaban ideales para generar nuevas formas de vida.

En tan sólo 10 Ma, los animales marinos desarrollaron la mayor parte de los planes corporales básicos. Entre los organismos que se conservan en fósiles de esta época hay parientes de los crustáceos y las estrellas de mar, esponjas, moluscos, gusanos, cordados y algas.

Los supervivientes ganaron en complejidad anatómica y capacidad competitiva. Adoptaron gran cantidad de formas como adaptación a los diferentes medios marinos donde vivieron. Unos con espinas que le cubrían los laterales, otros con espinas por todo el cuerpo para resguardarse de los depredadores. De tamaños variados, desde 1mm hasta 1 metro de longitud.

Podemos incluir *Hallucigenia* (Figura 9.2a y b), un animal tubular de 0,5-5,5 cm de longitud con hasta diez pares de patas delgadas;[10] *Aysheaia* (Figura 9.2c y d), con el cuerpo dividido en diez segmentos, cada uno con un par de lobópodos (apéndices locomotores) anillados espinosos.

Por su parte, los Olenoides (Figura 9.2 e y f) son trilobites de un tamaño medio (unos 9 cm). Los trilobites, poseían cuerpos planos, segmentados y blindados que les eran útiles para protegerse en un mar lleno de predadores. De formas y tamaños variados, que oscilaban desde un milímetro a más de medio metro de longitud, demuestran ser unos de los animales más logrados y perdurables de todos los animales prehistóricos. Se conocen más de 17 000 especies sobrevivientes hasta la mega extinción que acabó con el período pérmico hace 251 Ma.

Podemos citar también *Sanctacaris* (Figura 9.2g y h) un género extinto de artrópodos, de entre 46 y 93 mm de longitud, que vivió durante el Cámbrico Medio.[11] Otro ejemplo es *Pikaia* (Figura 9.2i y j) conocido a partir de los fósiles también del Cámbrico Medio, que media unos 5 cm de longitud y nadaba sobre el fondo marino usando su cuerpo y una prolongación de su cola como timón, mediante movimientos ondulatorios.[12]

Uno de los depredadores más extraños era el *Opabinia*[13], animal de cinco ojos que capturaba a sus víctimas utilizando sus flexibles brazos-pinza unidos a su cabeza (Figura 9.3a y b).

(a)   (b)

(c)   (d)

Figura 9.2. Algunos fósiles del Cámbrico y sus recreaciones. Hallucigenia: (a) Fósil.[14] (b) Recreación.[15] *Aysheaia pedunculata*: (c) Fósil.[16] (d) Recreación.[17] (e) *Olenoides superbus*.[18] (f) *Olenoides serratus,* recreación.[19] *Sanctacaris uncata*: (g) Fósil.[20] (h) Recreación.[21] *Pikaia:* (i) Fósil.[22] (j) Recreación.[23]

También estaba el gigantesco *Anomalocaris,*[24] (Figuras 9.3c yd) con forma de camarón, que atrapaba a su presa con su temible dentadura de ganchos. Medía entre 60 cm y 1 m. Poseía brazos armados con espinas para llevarse la comida a la boca, con una gran vista que le permitía cazar en aguas turbias. Era una de las especies más grandes, depredaba todo tipo de fauna de la época, estaba en la cima de la cadena alimenticia.

Las aguas cálidas en las que vivían los animales de este período se enfriaron, produciendo el congelamiento de la capa superficial y de varios metros de profundidad de los mares en varios puntos del planeta. Esto conllevó una serie de extinciones en masa durante las cuales muchos braquiópodos y otros animales desaparecieron. Pero los trilobites, los artrópodos más representativos del periodo cámbrico, sobrevivieron, aunque en menor cantidad.

(a)   (b)

(c)   (d)

Figura 9.3. Otros fósiles del Cámbrico. *Opabinia:* (a) Fósil.[25] (b) Recreación.[26] *Anomalocaris:* (c) Fósil. (d) Recreación.[27]

En general, en el Cámbrico, se intentaron muchos modelos de vida, pero solo unos pocos sobrevivieron a la depredación o competencia de otras formas presentes. Al Cámbrico se le considera un período de experimentación en el que se ensayaron muchas morfologías, de las cuales tan sólo unas pocas han tenido un gran éxito evolutivo.

Evolución de los moluscos

Los moluscos (*Mollusca*, del latín mollis "blando") conforman uno de los grupos de seres vivos más numeroso que podemos encontrar en nuestro planeta. Forman dos clases principales, la clase Aculifera, en la que se integran moluscos sin concha y la clase Conchifera, moluscos con concha.[28,29]

Tienen una larga historia geológica, que abarca desde el Cámbrico Inferior hasta la actualidad. Su historia evolutiva de los moluscos se remonta al Cámbrico temprano, hace más de 500 Ma. Los registros fósiles muestran una rápida diversificación durante este período, con la aparición de una variedad de formas corporales y estructuras anatómicas características de los moluscos modernos.

A lo largo de la evolución de los moluscos se propone que han ocurrido dos grandes hechos evolutivos: el primero de ellos, la aparición de un ancestro con caracteres primitivos que originó la diversidad de los grupos actuales; el segundo, la aparición de la concha con las modificaciones que han determinado la diferenciación de cada grupo.[30]

La recuperación en los últimos años de numerosos especímenes de *Kimberella* (Figura 9.1a) y su análisis, ha permitido proponer que estos animales eran triblásticos (animales, metazoos, en cuyo desarrollo embrionario temprano se diferencian tres hojas embrionarias o capas de tejido), parecidos a un molusco con una concha dorsal alta y no mineralizada, cubierta de numerosas protuberancias, al parecer provista de una estructura en forma de capucha en el presunto extremo anterior.

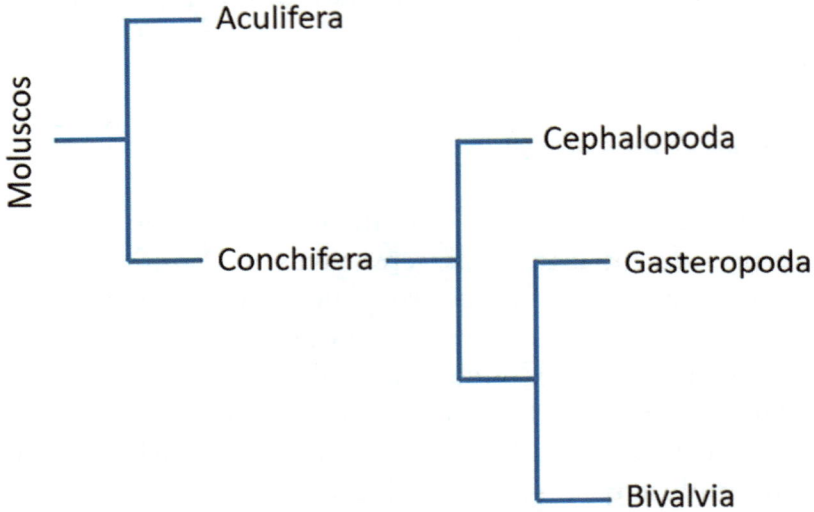

Figura 9.4. Algunos clados de los moluscos.

La evolución temprana de los moluscos estuvo marcada por la adquisición de características clave, como una concha protectora, una ventaja evolutiva al resguardar al animal de los depredadores, y un pie muscular para la locomoción. La diversificación subsiguiente condujo a la aparición de los principales grupos de moluscos que conocemos hoy en día, incluidos los Gastropoda, Bivalvia y Cephalopoda (Figura 9.4).

Los moluscos en la actualidad son uno de los grupos de invertebrados más diversos y ampliamente distribuidos en los ecosistemas acuáticos y terrestres de todo el mundo. Su diversidad es especialmente notable en los ecosistemas marinos, donde ocupan una amplia variedad de nichos ecológicos, con una distribución que está influenciada por una variedad de factores, incluyendo la temperatura del agua, la disponibilidad de alimentos, la salinidad y la presencia de depredadores. Posteriormente nos ocuparemos de los Gastropoda y sus formas logradas.

El Jurásico es una división de los tiempos geológicos perteneciente al mesozoico, que comenzó hace unos 201 Ma y acabó
hace 145 Ma.[31]

Este período se caracteriza por la hegemonía de los grandes
dinosaurios y por la escisión de Pangea en los continentes Laurasia y Gondwana. De este último se separó Australia (entre
el Jurásico superior y principios del Cretácico), y Laurasia se
dividió en Norteamérica y Eurasia.[32]

La *extinción masiva del Triásico-Jurásico* fue la cuarta de las
extinciones masivas, que afectó profundamente a la vida, tanto
en la superficie como en los océanos de la Tierra. Como consecuencia se produjo una liberación de nichos ecológicos muy
importante, lo que permitió que los dinosaurios asumieran un
papel dominante entre los vertebrados durante el período Jurásico subsiguiente.[33]

Los primeros pasos: los antepasados de los reptiles

Los primeros reptiles Dinosaurios fueron los primeros organismos vertebrados que dieron el paso al medio terrestre. Presentaban, como todos los demás tetrápodos, cuatro
miembros locomotores y a diferencia de los anfibios una piel
impermeable recubierta de escamas córneas, fecundación interna y desarrollo directo. Si los anfibios aún dependían del
agua para el desarrollo embrionario del cigoto, la aparición
de los reptiles fue crucial en la transición de la vida acuática
a la terrestre, marcando un hito en la historia evolutiva de
los vertebrados.[34]

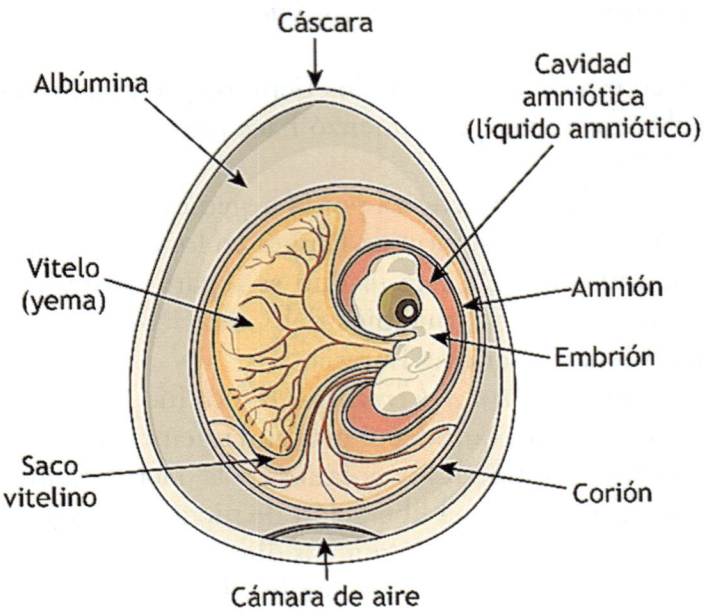

Cáscara

Albúmina

Cavidad
amniótica
(líquido amniótico)

Vitelo
(yema)

Amnión

Embrión

Saco
vitelino

Corión

Cámara de aire

Figura 9.5. Estructura del huevo amniótico y sus principales partes (Tomado de[35]).

El origen de los reptiles se remonta al período Carbonífero, hace aproximadamente 315 Ma, cuando los primeros tetrápodos amniotas emergieron de los océanos para conquistar la tierra firme. Finalmente, ya en el Carbonífero inferior, alcanzarían una total independencia del agua, gracias a la aparición del amnios en el huevo, dando el nombre al grupo *Amniota* (Reptiles, Aves y Mamíferos), un clado (se denomina clado a un grupo de organismos que comprende a un antepasado común y a todas las especies que descienden de él) de vertebrados tetrápodos. En efecto, en el huevo amniota (Figura 9.5), el embrión desarrolla cuatro envolturas (*corion, alantoides, amnios* y *el saco vitelino*) y crea un medio acuoso en el que puede respirar y del que puede alimentarse. De esta forma, al no estar atados al agua para poner huevos, los primeros amniotas pudieron explorar e irradiar hacia muchos nuevos nichos ecológicos terrestres.

244

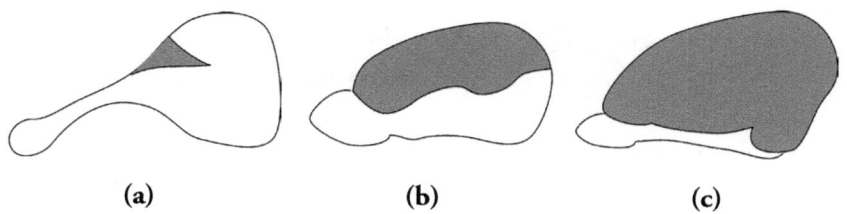

Figura 9.6. Desarrollo de la corteza cerebral en los vertebrados amniotas: (a) Cocodrilo. (b) Ave. (c) Mamífero (Modificado de[36]).

Así, los reptiles fueron los primeros vertebrados en conquistar plenamente el medio terrestre y también los primeros vertebrados que llevaron a cabo la conquista del medio aéreo (vuelo) y en presentar corteza cerebral en sus hemisferios cerebrales (Figura 9.6). Otra adquisición evolutiva importante de los reptiles fue la aparición de una región cervical que posibilitó el movimiento de la cabeza. Estas adquisiciones mejorarían notablemente los hábitos depredadores al desarrollar una mejor visión, olfato y oído.

Los dinosaurios

Los dinosaurios fueron un grupo de reptiles que habitaron todos los continentes de la Tierra desde el período Triásico superior hasta fines del cretácico (245 a 65 Ma atrás) (Figura 9.7) Su ascenso estuvo marcado por adaptaciones anatómicas y comportamentales que les permitieron prosperar en diversos entornos.[37]

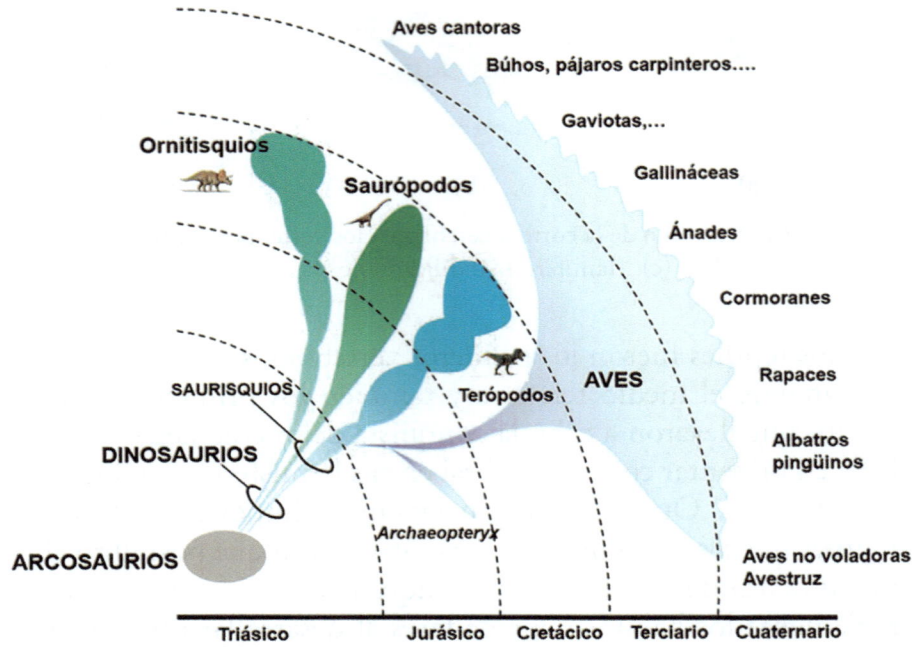

Figura 9.7. Evolución de las aves modernas a partir de los Dinosaurios (Modificado de[38]).

Los dinosaurios evolucionaron a partir de reptiles arcosaurios primitivos durante el periodo Triásico, hace aproximadamente 230 Ma (Figura 9.7).[39] Los primeros dinosaurios compartían características anatómicas con sus ancestros, como la disposición de las extremidades en posición erecta y la estructura ósea del cráneo.

Así, a diferencia de sus antecesores, los arcosaurios, y los cocodrilos, pudieron levantarse sobre sus patas posteriores —posición erguida—. Sus extremidades se situaron paralelas al plano longitudinal del cuerpo (Figura 9. 8b) de tal forma que el peso del animal se sostuviera desde abajo y no sobre el vientre (Figura 9.8a). Esta característica, junto con el hecho de que caminaban sobre las puntas de los dedos (Figura. 9. 8c), a diferencia de sus antecesores reptantes que se desplazaban pesadamente sobre las plantas de los pies, posibilitó una locomoción más eficaz que la del animal de patas abiertas además de la posibilidad de erguirse.[40],[41]

Las especies conocidas a través de sus fósiles mostraban una gran diversidad en cuanto a su diseño corporal, tamaño y peso (desde cerca de 75 toneladas a tan sólo 50 cm de largo).

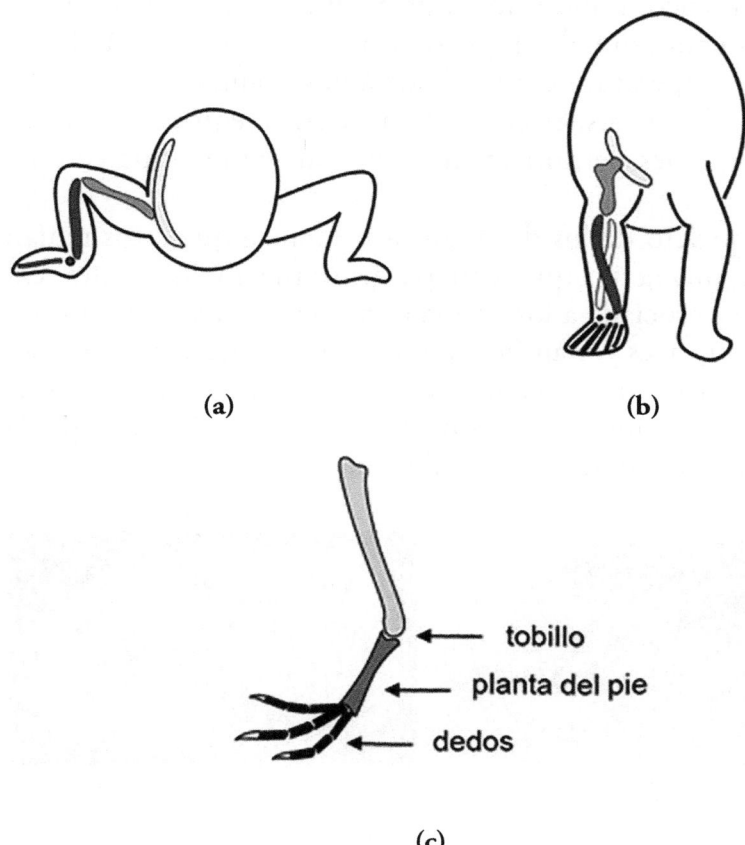

(a)　　　　　　　　　　(b)

(c)

Figura 9. 8. Posición de las patas respecto al plano longitudinal del cuerpo: (a) patas transversales; (b) patas paralelas; (c) tobillo en bisagra del pie de Dinosaurios. (a y b modificado de [36]).

A partir de sus fósiles se ha inferido su anatomía, morfología, biología y ecología. La longitud de los huesos de su patas nos da una estimación de la altura, peso y velocidad de desplazamiento del animal; el contenido de sus estómagos o intestinos, tipo de dentición y presencia de garras y otras estructuras, nos indica el tipo de dieta (carnívoros, herbívoros, omnívoros, etc.); otros hallazgos aportan nuevas pruebas acerca de la fisiología, biología (puestas, nidos, etc.) y ecología de estos animales.

Se han encontrado evidencias de que al menos algunos dinosauros eran animales homeotermos,[42,43,44] capaces de mantener su temperatura corporal constante (sangre caliente). La presencia de sus fósiles en zonas muy frías requería un metabolismo que les permitiera mantener su temperatura interna constante.

El esqueleto de los dinosaurios evidencia que éstos tenían una vida muy activa que requería de un metabolismo alto, característica asociada a los animales homeotermos como lo son actualmente aves y mamíferos. En los huesos de estos animales se observan pequeños canalículos por los que se supone que pasaban vasos sanguíneos, con una estructura muy similar a la de los de animales de sangre caliente.

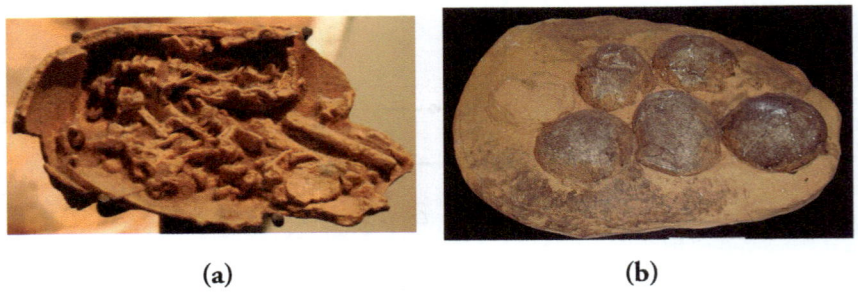

(a) (b)

Figura 9.9. (a) Huevo de *Citipati osmolskae*, Oviraptor, con su embrión conservado en el interior (Tomado de[45]). (b) Nido de *Therizinosaurus cheloniformis*, Terizinosaurio, con huevos. (Tomado de[46]).

Varios especímenes se han encontrado apoyados sobre los huevos en su nido en posición aparentemente de incubación, como lo hacen las aves y algunos mamíferos (Figura 9.9). Junto a los nidos fosilizados de dinosaurios se han encontrado

248

esqueletos de ejemplares jóvenes que podrían estar encargados del cuidando de los huevos. Al igual que hacen algunas aves, muchos dinosaurios volvían cada año al mismo sitio a desovar; se cree que cubrían sus huevos con arena y que algunos, incluso, alimentaban a sus crías al salir del cascarón.[47,48]

Evolución de los dinosaurios

A lo largo de Ma estos majestuosos reptiles experimentaron una diversificación anatómica notable, lo que resultó en una amplia variedad de formas y tamaños.

Los dinosaurios se clasifican en dos grandes grupos, atendiendo principalmente a la estructura de los huesos de la cadera: los Ornitisquios, con una cadera similar a la de las aves, que eran herbívoros, carecían de dientes y sus mandíbulas estaban cubiertas por un pico córneo. El segundo grupo lo constituye el orden de los Saurisquios, que tenían la pelvis como los modernos cocodrilos y son antecesores de las aves (Figuras 9.8 y 9.10).

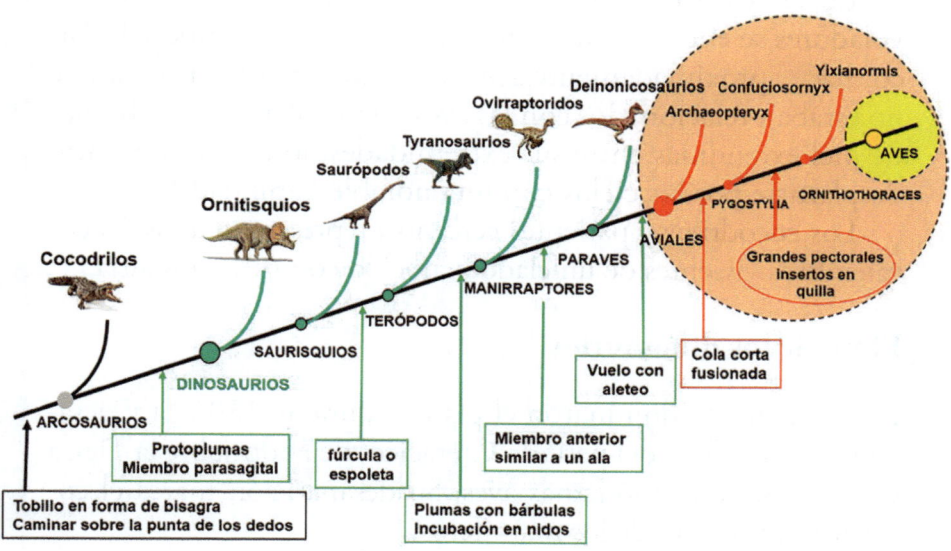

Figura 9.10. Evolución de los dinosaurios y su transformación en aves.

Se cree que ambos grupos derivan de un antepasado común: un grupo de reptiles primitivos, los Tecodontes, del cual provienen también los cocodrilos, los reptiles voladores y las aves.

Los Saurisquios se dividían a su vez en dos subórdenes: los carnívoros Terópodos y los grandes herbívoros Saurópodos. Los primeros eran bípedos obligados dado que, aunque sus patas traseras eran fuertes, las patas delanteras eran cortas (no llegaban a la boca) y provistas de afiladas garras para atrapar y sujetar la presa. Sus largas colas permitían estabilizar la posición bípeda. Tenían mandíbulas con dientes agudos orientados hacia el interior de la boca, una clara evidencia de que su alimentación era carnívora. Los Saurópodos tenían un cuerpo grande, patas cortas y columnares, largas y pesadas colas y una pequeña cabeza al final de un cuello muy largo (el diplodocus, por ejemplo, medía 26 m de largo y su cabeza sólo 60 cm). Debido a su gran corpulencia y sus cortas patas, no eran buenos corredores. Fueron los herbívoros dominantes en el Jurásico. Ambos grupos son muy diferentes y probablemente distantes entre sí en el proceso evolutivo.

En el registro fósil, los primeros indicios de vertebrados voladores se encuentran en los pterosaurios del período Triásico, hace aproximadamente 230 Ma. Estos reptiles alados, que no estaban relacionados con las aves, desarrollaron membranas de piel extendidas entre sus extremidades, lo que les permitió desplazarse por los cielos con una notable habilidad.[49]

Los cocodrilos y parientes cercanos, representan a los únicos miembros vivientes de un clado conocido como Archosauria.

El fin de los dinosaurios

Los dinosaurios dominaron el planeta durante 180 Ma y desaparecieron al final del período Cretácico, dejando sobre la Tierra sus sucesores, las modernas aves. Su desaparición marca el comienzo de la edad de los mamíferos.

Se han propuesto varias hipótesis sobre las causas de su desaparición, así como la de otros muchos animales. La hipótesis más aceptada es la de la caída de un asteroide de enorme tamaño que desencadenó cambios de inusitada magnitud en la Tierra. Esta hipótesis se basó en el hallazgo de niveles elevados de iridio en una capa que coincide con el estrato correspondiente a la época de la extinción (final del Mesozoico). El iridio es un metal raro en la superficie terrestre pero relativamente habitual en cuerpos del espacio exterior.

El impacto del asteroide pudo provocar grandes incendios, lluvia ácida, tsunamis, nubes de polvo que bloquearon la luz solar y la reducción de la fotosíntesis, terremotos, aumento de la actividad volcánica, enfriamiento de la Tierra y un gran cambio climático. Cambios, todos ellos, a los cuales los dinosaurios (21 familias de reptiles) y otros muchos organismos (96 % de las especies marinas, 70 % de las especies terrestres, 6 familias de anfibios, artrópodos, plantas, microbios, etc.) no pudieron adaptarse.

Posteriormente, en agosto del año 2024, se confirma esta hipótesis.[50] Se descubre que lo que impactó en Chicxulub, México, hace 66 Ma, es un asteroide carbonoso que se formó en el Sistema Solar exterior, más allá de la órbita de Júpiter. Más allá del cinturón de asteroides, una región del Sistema Solar situada entre las órbitas de Marte y Júpiter.

El impacto formó un cráter de 150 km de diámetro, conocido como Chicxulub. Y produjo una capa estratigráfica global que marca el límite entre las eras Cretácica y Paleógena. Esa capa contiene concentraciones elevadas de elementos del grupo del platino, incluido el rutenio, particularmente raro. Y lanzó miles de millones de toneladas de polvo a la atmósfera generando un cambio climático muy rápido.

ORIGEN DE LAS AVES

Las aves modernas se caracterizan por ser amniotas de sangre caliente, con huesos largos huecos y ligeros, presentar los miembros anteriores transformados en alas, tener el cuerpo cubierto de plumas, boca sin dientes y mandíbulas con un pico corneo.

El linaje de las aves se remonta a más de 150 Ma (Figura 9.10). Las aves evolucionaron a partir de pequeños dinosaurios Terópodos de sangre caliente, con los que compartían presentar plumas y características esqueléticas afines como la adaptación de sus extremidades anteriores en alas para el vuelo. A partir de entonces las aves han adquirido características únicas que les permitieron conquistar los cielos.

Los linajes de dinosaurios primitivos presentaban *protoplumas*, unas estructuras filamentosas simples, mientras que los dinosaurios no aviares ya presentaban plumas que no se distinguen de las aves modernas.

Ambos grupos se caracterizan por compartir plumas y clavículas. *Archaeopteryx*, (Figura 9.11a) ejemplo de "dinosaurio con plumas", es un fósil con características claramente intermedias entre las de los reptiles modernos y las aves.

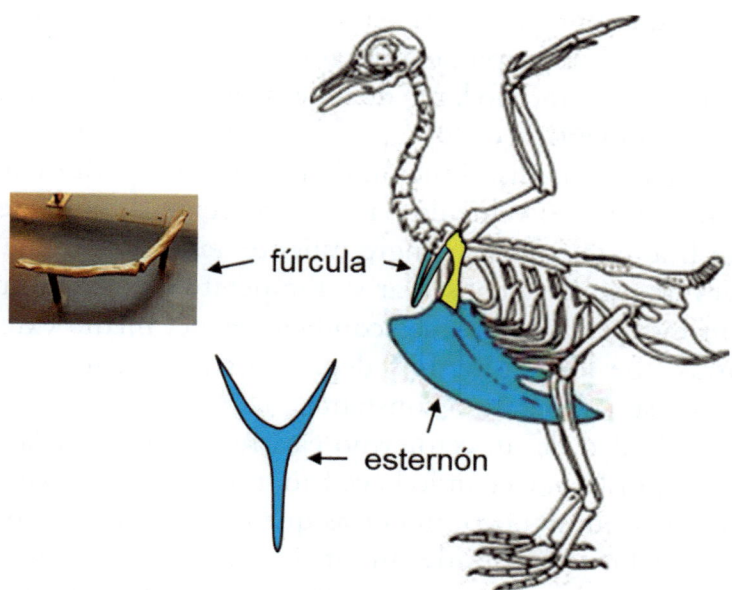

Figura 9.11. (a) Fósil de *Archaeopteryx lithographica*, especimen expuesto en Museum für Naturkunde de Berlin. (Tomado de[51]). (b) Detalle de características esqueléticas compartidas entre aves y dinosaurios avíales.

Las aves poseen clavículas, huesos relativamente delicados y que en las aves se fusionadas para formar el hueso llamado *fúrcula*. Las clavículas, y en la mayoría de los casos las fúrculas, son característica estándar no sólo de los terópodos, sino de los dinosaurios saurisquianos. Otras similitudes importantes, implicadas directamente en el vuelo, son la presencia de un gran esternón provisto de quilla donde se insertan los músculos encargados del aleteo alar (Figura 9.11b) y unos pulmones provistos de un sistema complejo de sacos aéreos donde se bombeaba el aire en el interior de sus huesos largos huecos.

La primera ave moderna conocida descubierta en 2020 es *Asteriornis maastrichtensis* (Figura 9.12) que aparece hace sólo aproximadamente un millón de años antes de la extinción de los dinosaurios. Se parecía remotamente a una mezcla de pato y gallina y ya presentaba plumas de vuelo y una estructura ósea que le habría permitido echar a volar por sí misma.[52]

Así pues, se plantea en la actualidad que las aves modernas descienden de un grupo de dinosaurios, los terópodos, que redujeron su tamaño, a lo largo de miles y millones de generaciones, hasta convertirse en los especímenes actuales, sugiriéndose que esta paulatina disminución de tamaño de los dinosaurios pudo haber sido el vehículo para su evolución de animales de sangre fría, *ectotermos*, a sangre caliente, *endotermos*, que son capaces de regular y conservar su temperatura corporal interna con independencia de las condiciones del medio externo, mientras que los ectotermos dependen de su entorno para mantener su temperatura constante.

La actividad de un ectotermo está restringida por la temperatura, por lo que cuando hace frío, no se puede mover, o se puede mover muy poco, mientras que el endotermo sí puede hacerlo, si bien a costa de un altísimo gasto de energía que requiere, por ejemplo, que se alimente con frecuencia. Esta miniaturización compensa los costos energéticos de la evolución de la endotermia, lo que sólo ha ocurrido dos veces en la historia de la vida en el planeta, y trajo al mundo a las aves y a los mamíferos, lo que es un hecho excepcional ya que implica la evolución separada de la endotermia en aves y mamíferos. De hecho, es considerada una de las transiciones más significativas en la evolución de los animales vertebrados, y en un caso de convergencia único entre estos dos grupos, esencial para su éxito ecológico y rápida expansión por el planeta.[53]

Figura 9.12. Reconstrucción de un ejemplar de *Asteriornis maastrichtensis* (Tomado de[54]).

Origen del vuelo de las aves

La historia de las aves es una historia de éxito evolutivo. Desde sus modestos comienzos, las aves han experimentado una radiación evolutiva impresionante que ha llevado a la diversidad de formas y estilos de vida que vemos hoy. A través de una combinación de evidencias fósiles, estudios comparativos y modelos biomecánicos, los investigadores han logrado arrojar luz sobre los eventos evolutivos que condujeron al surgimiento del vuelo en las aves, postulándose una serie de teorías que pretender explicar el origen del vuelo en las aves.[55,56,57]

La *teoría de corredoras* ("desde el suelo para arriba") propone que las aves evolucionaron de predadores pequeños y rápidos que corrían por el suelo y que utilizaban sus largas colas y sus brazos para mantener el equilibrio mientras corrían.

La *teoría de arborícolas* ("desde los árboles para abajo") propone que el vuelo propulsado evolucionó del vuelo planeado no propulsado por animales arborícolas (trepadores).

Una teoría más reciente, *corredoras en inclinación con asistencia de alas,* propone que las alas desarrollaron sus funciones aerodinámicas como resultado de la necesidad de correr rápidamente hacia arriba de pendientes muy empinadas.

Las plumas, originalmente desarrolladas para la termorregulación y el cortejo, fueron un elemento crucial en la evolución del vuelo. A lo largo del tiempo evolutivo, estas estructuras se refinaron y adaptaron para funcionar como superficies aerodinámicas que generaban sustentación y propulsión. Además, modificaciones en el esqueleto, como la fusión de huesos y la reducción de peso, contribuyeron a la eficiencia del vuelo en las aves.[58]

Origen del canto de las aves

Los cantos de las aves modernas son producidos por un órgano vocal llamado siringe (Figura 9.13a) ubicada en la base de la tráquea (unión traqueobronquial). Los sonidos se producen como consecuencia de las vibraciones que ocurren en las paredes de la siringe, donde están localizadas unas láminas membranosas adheridas a anillos mineralizados modificados, que vibran dando lugar al sonido.[59]

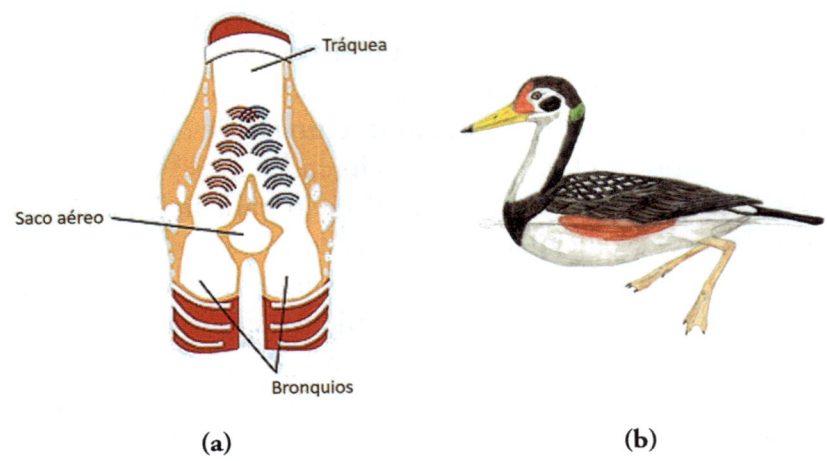

(a)   (b)

Figura 9.13. (a) Esquema de siringe (Modificado de[60]). (b) Reconstrucción de un ejemplar de *Vegavis iaai* (Tomado de[61]).

La siringe más antigua preservada como fósil proviene de un espécimen de una especie de ave llamada *Vegavis iaai* (Figura 9.13b), un ave anseriforme (grupo al que pertenecen, por ejemplo, los patos) que fue hallado en rocas de la época Eocena (34-56 Ma).

La comprensión de la evolución del canto en las aves implica considerar múltiples factores y se han propuesto numerosas teorías. Por ejemplo, la de *Selección Natural*, ya propuesta por Darwin en el siglo xix, según la cual el canto de las aves evolucionó inicialmente como un rasgo que aumenta la capacidad de apareamiento del macho, al demostrar su aptitud genética y salud física a través de vocalizaciones complejas y melodiosas.[62]

Otra teoría sugiere que el canto de las aves se originó como una *forma de desplazar a los depredadores potenciales*. Esta hipótesis se basa en observaciones de que ciertas aves emiten llamadas de alerta o canto agitado cuando detectan la presencia de depredadores cercanos. Estas vocalizaciones podrían alertar a otros miembros de la especie y disuadir a los depredadores, aumentando así las posibilidades de supervivencia.[63] Por otra parte, el canto también desempeña un papel crucial en la defensa territorial y la competencia intraespecífica, y se comprueba que las aves a menudo utilizan sus vocalizaciones para delinear y defender sus territorios de intrusos de la misma especie. Estas interacciones pueden incluir enfrentamientos vocales o exhibiciones de fuerza entre machos rivales. La teoría de la competencia intraespecífica sugiere que el canto evolucionó como un medio para establecer la jerarquía social y el acceso a recursos limitados dentro de la población de aves.

Proporciones áureas de los pájaros actuales

Se ha estudiado cómo las medidas y la relación entre las mismas en las aves han variado a lo largo de la evolución, desde los ancestros hasta las actuales (Figura 9.14).

Se observa como la silueta de *Asteriornis maastrichtensis*, más primitivo, se aleja de la espiral.

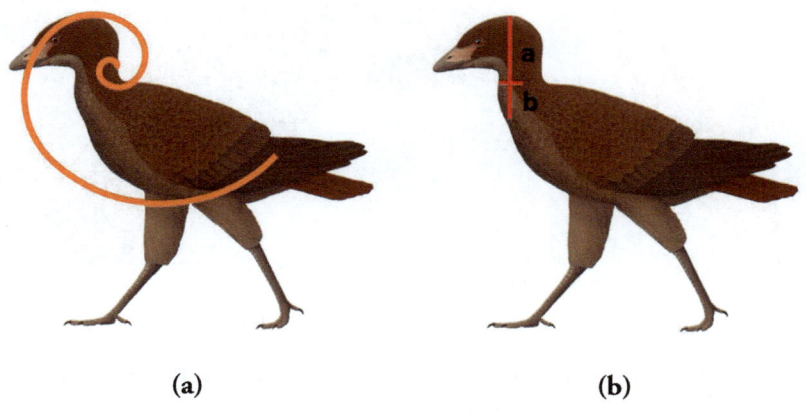

(a) (b)

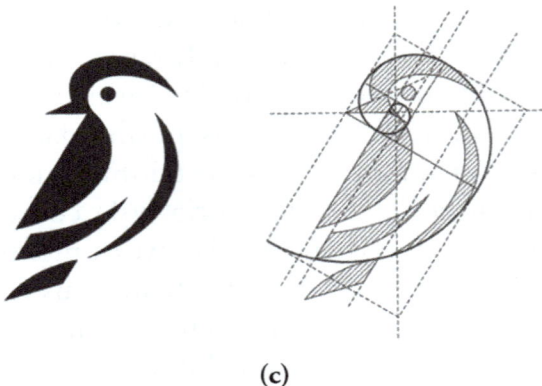

(c)

Figura 9.14. (a) Ajuste de la silueta de *Asteriornis maastrichtensis* a la espiral de Fibonacci. (b) Relación a/b en *Asteriornis maastrichtensis*. (c) Ajuste de la silueta de un pájaro actual idealizado a la espiral de Fibonacci (Tomado de[64]).

Proponiendo como una medida de la evolución en las aves el progresivo ajuste a las Proporciones Áureas que las aves experimentan en varias de sus medidas, se ha observado que es habitual encontrar un factor morfológico áureo en muchas especies de aves, por ejemplo, en la proporción entre tronco y cabeza, entre el tamaño del pico y la cabeza, o entre las longitudes que alcanzan algunas partes de las alas (Figura 9.15).

(a) (b)

Figura 9. 15. Proporciones áureas, a/b valor cercano a Phi, en: (a) halcón peregrino, *Falco peregrinus*, tamaño del cuerpo *versus* envergadura. (b) Águila real, *Aquila chrysaetos*, tamaño de las dos partes del ala (Modificado de[65]).

El análisis de algunos ejemplos de pájaros actuales (Figuras 9.16 y 9.17) muestra la tendencia evolutiva hacia la adquisición de las Proporciones Áureas, como venimos señalando, de manera que esta forma plena —con Proporciones Áureas— se pueda mantener en un tamaño pequeño con el consiguiente ahorro de energía para volar. La silueta de estos tipos de pájaros se acopla de forma aproximada a la espiral de Fibonacci a diferencia de aves de cuello más largo.

(a)

(b)

(c)

Figura 9.16. Proporciones áureas (a/b) y ajuste a la espiral de Fibonacci de: (a) Jilguero europeo, *Carduelis carduelis*. (b) Collalba gris, *Oenanthe oenanthe*. (c) Buitrón, *Cisticola juncidis*. (Imágenes cedidas por Gabriel Chalmeta).

Además, se está comprobando como las aves son cada vez más pequeñas y de alas más largas a medida que el mundo se calienta, y las especies de cuerpo más pequeño son las que están cambiando más rápidamente.[66]

(a)

(b)

Figura 9.17. Proporciones áureas (a/b) y ajuste a la espiral de Fibonacci de: (a) Calandria *(Melanocorypha calandra)*. (b) Collalba rubia hispánica (*Oenanthe hispanica*) (Imágenes cedidas por Gabriel Chalmeta).

AGRADECIMIENTOS

Las autoras agradecen a M.ª Lourdes Moraza Zorrilla (Catedrática Emérita, Universidad de Navarra) su colaboración.

261

Bibliografía

1. Barnosky, AD. et al. (2011). Has the Earth's sixth mass extinction already arrived? Nature. 3:51-57. DOI: 10.1038/nature09678
2. Raup, DM. and Sepkoski, JJ. (1982). Mass extinctions in the marine fossil record. Science, 215: 1501-1503. DOI:10.1126/science.215.4539.1501
3. Bambach, RK. (2006). Phanerozoic biodiversity mass extinctions. Annu. Rev. Earth Planet. Sci. 34: 127–155. https://doi.org/10.1146/annurev.earth.33.092203.122654
4. Zhang, X. and Shu, D. (2021). Current understanding on the Cambrian Explosion: questions and answers. PalZ 95: 641–660. DOI:10.1007/s12542-021-00568-5.
5. Lee, MS. et al. (2013). Rates of phenotypic and genomic evolution during the Cambrian explosion. Curr Biol. 23:1889-95. DOI: 10.1016/j.cub.2013.07.055.
6. Fedonkin, MA. and Waggoner, BM. (1997). The Late Precambrian fossil Kimberella is a mollusc-like bilaterian organism. Nature, 388: 868-871. https://doi.org/10.1038/42242
7. De Kimberella_quadrata.jpg: Aleksey Nagovitsyn derivative work: Martin (talk) - Kimberella_quadrata.jpg, CC BY-SA 3.0, https://commons.wikimedia.org/w/index.php?curid=6051390; accedido 27 de febrero de 2024
8. Phoebe Cohen, https://geologicnow.punctumbooks.com/4_McKay.php. Accedido, 27 de febrero de 2024
9. Spriggina fossil Image Encyclopædia Britannica, https://www.britannica.com/science/Ediacara-fauna#/media/1/179126/95798. Accedido, 27 de febrero de 2024
10. Smith, MR. and Caron, JB. (2015). Hallucigenia's head and the pharyngeal armature of early ecdysozoans. Nature.523: 75-78. DOI:10.1038/nature14573.
11. Briggs, DEG. and Collins, D. (1988). A Middle Cambrian chelicerate from Mount Stephen, British Columbia. Palaeontology, 31: 779-798.
12. Morris, SC. and Caron, JB. (2012). Pikaia gracilens Walcott, a stem-group chordate from the Middle Cambrian of British Columbia. Biological Reviews. 87: 480–512. DOI:10.1111/j.1469-185X.2012.00220.x
13. Briggs, DEG. (2015). Extraordinary fossils reveal the nature of Cambrian life: a commentary on Whittington (1975). The enigmatic animal *Opabinia regalis*, Middle Cambrian, Burgess Shale, British Columbia. Phil. Trans. R. Soc. B3702014031320140313. http://DOI.org/10.1098/rstb.2014.0313.
14. http://paleobiology.si.edu/burgess/hallucigenia.html. Accedido, 28 de febrero de 2024

15. Hallucigenia (@Dirk Wachsmuth). https://www.behance.net/gallery/16078201/ Hallucigenia?locale=es_ES. Accedido,28 de febrero de 2024

16. Jean-Bernard Caron © Smithsonian Institution - National Museum Of Natural History.

17. Citron, CC BY-SA 3.0, https://commons.wikimedia.org/w/index.php?curid=8407167. Accedido, 28 de febrero de 2024

18. Daderot - Daderot, CC0, https://commons.wikimedia.org/w/index.php?curid=24412520. Accedido, 28 de febrero de 2024

19. Oleg Kuznetsov - 3depix - http://3depix.com/3D Epix Inc. - Own work, CC BY-SA 4.0, https://commons.wikimedia.org/w/index.php?curid=63435114. Accedido, 28 de febrero de 2024

20. https://burgess-shale.rom.on.ca/fossils/sanctacaris-uncata/. Accedido, 28 de febrero de 2024

21. Marianne Collins. https://burgess-shale.rom.on.ca/fossils/sanctacaris-uncata/. Accedido, 28 de febrero de 2024

22. De Chip Clark, CC0, https://commons.wikimedia.org/w/index.php?curid=121501731. Accedido, 28 de febrero de 2024.

23. Nobu Tamura (http://spinops.blogspot.com) - Trabajo propio, CC BY 3.0, https://commons.wikimedia.org/w/index.php?curid=19459659. Accedido, 28 de febrero de 2024.

24. Whittington, HB and Briggs, DEG. (1985). «The Largest Cambrian Animal, Anomalocaris, Burgess Shale, British Columbia» Phil. Trans. R. Soc. Lond. Series B, Biological Sciences 309: 569-609. DOI:10.1098/rstb.1985.0096.

25. *Opabinia* fossil photo by Chip Clark, Museum of Natural History, Smithsonian Institution. https://evolution.berkeley.edu/the-arthropod-story/meet-the-cambrian-critters/opabinia/is-opabinia-an-arthropod/. Accedido, 28 de febrero de 2024.

26. Nobu Tamura (http://spinops.blogspot.com) - Trabajo propio, CC BY 3.0, https://commons.wikimedia.org/w/index.php?curid=19462324. Accedido,28 de febrero de 2024.

27. https://www.vidaprehistorica.com/anomalocaris/. Accedido, 28 de febrero de 2024.

28. Giribet, G. et al. (2006). Evidence for a clade composed of molluscs with serially repeated structures: Monoplacophorans are related to chitons PNAS 103: 7723-7728. https://doi.org/10.1073/pnas.0602578103

29. Kocot, K. et al. (2011) Phylogenomics reveals deep molluscan relationships. Nature. 477: 452–456. https://doi.org/10.1038/nature10382

30. Monge-Nájera, J. (2003). Introducción: un vistazo a la historia natural de los moluscos. Revista de Biología Tropical [en linea]. 2003, 51(3), 1-3. Disponible en: https://wwwredalyc.org/articulo.oa?id=44911879004. Accedido, 9 de marzo de 2024

31. Ogg, JG. et al. (2012). Jurassic, Chapter 26, pag. 731-791. in "The Geologic Time Scale". Editor(s): Felix M. Gradstein et al. Elsevier. https://doi.org/10.1016/B978-0-444-59425-9.00026-3.

32. López-Gómez, J. (2015). Sedimentación y vida en el inicio de un ciclo tectónico: el caso del ciclo alpino. Enseñanza de las Ciencias de la Tierra, 2015 (23.3): 286-293. Accedido, 3 de marzo de 2024

33. Davies, J. et al. (2017). End-Triassic mass extinction started by intrusive CAMP activity. Nat Commun 8: 15596. https://doi.org/10.1038/ncomms15596

34. Benton, MJ. (2015). in: Vertebrate Palaeontology, 4th Edition, Wiley-Blackwell. ISBN: 978-1-118-40755

35. Departamento de Ciencias de la Tierra y del Medio Ambiente de la Universidad de Alicante. https://www.historiadelatierra.com/evento-24. Accedido, 4 de marzo de 2024.

36. Beaumont, A. and Cassier, P. (1997). Biologie animale. Les Cordés, anatomie comparée. Ed. Dunod Université

37. Brusatte, S. (2018). The rise and fall of the dinosaurs: A new history of a lost world. Ed: William Morrow. ISBN 13: 9781538500521

38. Hickmann, CP. and Robersts, LS., Parson., 1998. Principios Integrales de Zoología. McGraw Hill Interamericana

39. Brusatte, SL. et al. (2008). Superiority, competition, and opportunism in the evolutionary radiation of dinosaurs. Science.321:1485-8. DOI: 10.1126/science.1161833.

40. Sereno, P. et al. (1993). Primitive dinosaur skeleton from Argentina and the early evolution of Dinosauria. Nature.361: 64–66. https://doi.org/10.1038/361064a0

41. Upchurch, P. et al. (2004). Sauropoda. In D. B. Weishampel, P. Dodson, & H. Osmólska (Eds.), The Dinosauria (2nd ed., pp. 259-322). University of California Press. https://doi.org/10.1525/california/9780520242098.003.0015

42. Bakker, R. (1972). Anatomical and Ecological Evidence of Endothermy in Dinosaurs. Nature.238: 81–85. https://doi.org/10.1038/238081a0

43. Barrick, RE. and Showers, WJ. (1994). Thermophysiology of Tyrannosaurus rex: Evidence from Oxygen Isotopes. Science. 265:222-4. DOI: 10.1126/science.265.5169.222.

44. Grady, JM. et al. (2014). Dinosaur physiology. Evidence for mesothermy in dinosaurs. Science. 344:1268-72. DOI: 10.1126/science.1253143.

45. Ryan Somma - Oviraptor Embryo, CC BY-SA 2.0, https://commons.wikimedia.org/w/index.php?curid=4730296. Accedido, 8 de marzo de 2024

46. Ballista - Trabajo propio, CC BY-SA 3.0, https://commons.wikimedia.org/w/index.php?curid=1719964. Accedido, 8 de marzo de 2024

47. Carpenter, K. (1999). Eggs, Nests, and Baby Dinosaurs: A Look at Dinosaur Reproduction (Life of the Past), Indiana University Press;

48. Reisz, RR. et al. (2005). Embryos of an Early Jurassic prosauropod dinosaur and their evolutionary significance. Science.309: 761–764. DOI: 10.1126/science.1114942

49. Witton, MP. (2013). Pterosaurs: natural history, evolution, anatomy. Princeton University Press.

50. Fischer-Gödde, M. et al. (2024). Ruthenium isotopes show the Chicxulub impactor was a carbonaceous-type asteroid. Science. 385: 752-756. DOI: 10.1126/science adk4 868

51. H. Raab (User: Vesta) - Trabajo propio, CC BY-SA 3.0, https://commons.wikimedia.org/w/index.php?curid=8066320. Accedido, 8 de marzo de 2024

52. Field, DJ. et al. (2020). Late Cretaceous neornithine from Europe illuminates the origins of crown birds. Nature.579: 397–401. https://doi.org/10.1038/s41586-020-2096-0

53. Rezende, El. et al. (2020). Shrinking dinosaurs and the evolution of endothermy in birds. Sci. Adv. 6: eaaw4486 DOI: 10.1126/sciadv.aaw4486

54. By BipedalSarcopterygian201.3 - Own work, CC BY-SA 4.0, https://commons.wikimedia.org/w/index.php?curid=119902258. Accedido, 8 de marzo de 2024

55. Ostrom, JH. (1974). Archaeopteryx and the origin of flight. The Quarterly Review of Biology, 49(1), 27-47. http://www.jstor.org/stable/2821658.

56. Tarsitano, SF. et al. (2000). On the Evolution of Feathers from an Aerodynamic and Constructional View Point, *American Zoologist*, 40: 676–686, https://doi.org/10.1093/icb/40.4.676

57. Gatesy, S. et al. (1999). Three-dimensional preservation of foot movements in Triassic theropod dinosaurs. Nature. 399: 141–144. https://doi.org/10.1038/20167

58. Dial, KP. (2003). Wing-assisted incline running and the evolution of flight. Science. 299: 402-4. DOI: 10.1126/science.1078237.

59. Clarke, JA. et al. (2016). Fossil evidence of the avian vocal organ from the Mesozoic. Nature. 538: 502–505. https://doi.org/10.1038/nature19852

60. https://www.conicet.gov.ar/wp-content/uploads/Siringe.jpg. Accedido, 10 de marzo de 2024

61. El fosilmaníaco - Trabajo propio; 1, CC BY-SA 4.0, https://commons.wikimedia.org/w/index.php?curid=78632995. Accedido,8 de marzo de 2024

62. Read, AW. and Weary, DM. (1990). Sexual selection and the evolution of bird song: A test of the Hamilton-Zuk hypothesis. Behavioral Ecology and Sociobiology. 26:47-56. https://doi.org/10.1007/BF00174024

63. Templeton, CN. et al. (2005). Allometry of alarm calls: black-capped chickadees encode information about predator size. Science. 308:1934-7. DOI: 10.1126/science.1108841.

64. https://www.pinterest.es/zyw763676984/. Accedido, 2 de marzo de 2024
65. https://www.smartresize.com/es/hd-wallpaper-desktop-pyjlr. Accedido, 12 de marzo de 2024
66. Zimova, M. et al. (2023). Body size predicts the rate of contemporary morphological change in birds. PNAS 120: e2206971120. https://doi.org/10.1073/pnas.2206971120

10.
Las plantas, las flores y la Proporción Áurea

La naturaleza, siempre económica, ha utilizado el mismo método para disponer hojas, pétalos y semillas con una gran sencillez de forma que reciban la luz. La evolución de las flores está marcada por la búsqueda de la mejor estrategia de reproducción. Se detecta, a distintos niveles, la aproximación al número áureo.

LA EVOLUCIÓN DE LAS PLANTAS

La evolución de las plantas es uno de los procesos más fascinantes y complejos en la historia de la vida en la Tierra. Desde las primeras formas de vida fotosintéticas en los océanos, hasta la gran diversidad de plantas terrestres que conocemos hoy, su adaptación y su diversificación han sido impulsadas por una serie de innovaciones evolutivas clave. De entre ellos, uno de los mayores triunfos de la evolución ha sido las plantas con flores, las angiospermas. Las primeras angiospermas fueron árboles tropicales con flores y frutos comestibles que atraían a los animales. Las características de las plantas que poseen flores han hecho que sean muy adaptables y con una *capacidad de diversificación* enorme y con ello su éxito en habitar la Tierra.

La evolución de las plantas hasta la diversificación de las plantas terrestres complejas que forman la base de los ecosistemas terrestres actuales, es un ejemplo de transición fundamental en la historia de la vida en la Tierra.[1] (Figura 10.1).

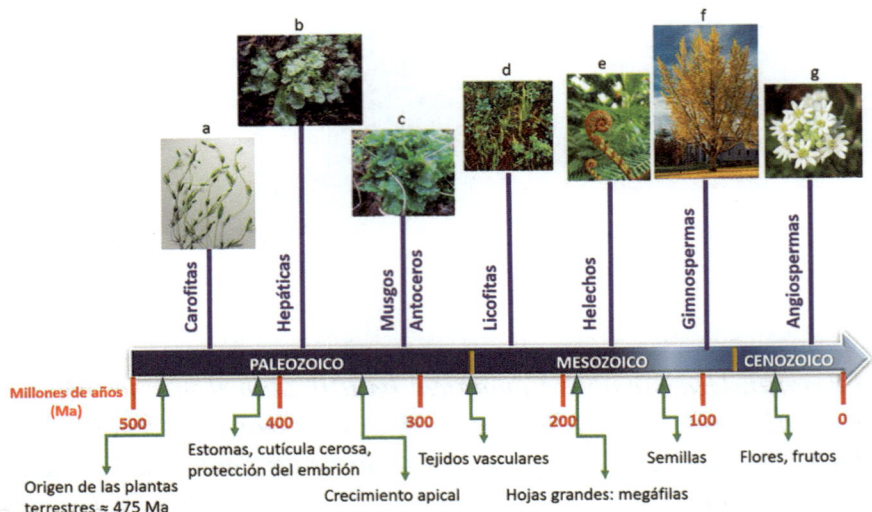

Figura 10.1. Esquema aproximativo de la taxonomía de las plantas, indicando los hitos evolutivos más destacados. (a) *Chara globularis*, (© Christian Fischer. Tomado de[2]). (b) *Marchantia Polymorpha* (Tomado de[3]). (c) *Phaeoceros laevis*. (Tomado de[4]). (d) *Lycopodium annotinum*. (© Franz Xaver. Tomado de[5]). (e) Fronde de Helecho, en crecimiento circinado, en forma de báculo (© M. Font). (f) *Gingko biloba* (© Manuel Castells. Tomado de[6]). (g) *Berteroa incana* (©Isabel Ferrero. Tomado de[7]).

En el proceso de evolución, *las flores* empezaron a tener colores muy llamativos incluso algunas produjeron aromas a fin de atraer insectos y aves para que bebieran su néctar, de manera que posteriormente pudiese continuar el traspaso del polen. Los polinizadores se hicieron dependientes y específicos y, además, la estructura de la flor se tornó más compleja.

Las primeras plantas terrestres, las briofitas (musgos, hepáticas y antocerotas), aparecieron hace aproximadamente 470 Ma durante el Ordovícico. Estas plantas son llamadas *no vasculares* ya que carecían de tejido vascular especializado para el transporte de agua y nutrientes, lo que limitaba su tamaño y distribución. Sin embargo, desarrollaron estructuras como

268

esporangios (cavidad donde se originan y están contenidas las esporas) y gametangios (es un órgano o célula en el cual se producen los gametos) protegidos por una cutícula, lo que les permitió reproducirse en un ambiente terrestre.

El siguiente gran avance en la evolución de las plantas fue el desarrollo del tejido vascular, que permitió la aparición de *plantas vasculares*, más grandes y complejas. Los primeros fósiles de estas plantas vasculares, como *Cooksonia* (Figura 10.2a), datan de hace unos 430 Ma durante el Silúrico.[8] Estas plantas poseían traqueidas, células especializadas en el transporte de agua, y lignina, una molécula que proporciona rigidez estructural. La aparición del sistema vascular permitió a las plantas colonizar una variedad de hábitats terrestres y crecer en altura, lo que a su vez facilitó la competencia por la luz solar.

Los helechos (Figura 10.2b) están entre las plantas vasculares más antiguas de la Tierra, considerándose como fósiles vivientes que han sabido adaptarse a los diferentes cambios climáticos, y sobreponerse a los eventos catastróficos que ha experimentado nuestro planeta. No poseen flores, semillas ni frutos, tan solo hojas llamadas frondes.

(a)   (b)

Figura 10.2. (a) Reconstrucción de *Cooksonia* (Tomado de[9]). (b) Fósil de una fronde del helecho *Neuropteris flexuosa* (© James St. John. Tomado de[10]).

La diversificación de las plantas vasculares lleva a la aparición de las Gimnospermas y las Angioespermas. Las gimnospermas, que incluyen los pinos, abetos y cipreses, surgieron durante el Carbonífero, hace unos 360 Ma. Estas plantas desarrollaron semillas desnudas (no encerradas en un fruto) y adaptaciones para la reproducción en un ambiente seco, como el polen, que permitió la fertilización sin necesidad de agua. Las gimnospermas dominaron los ecosistemas terrestres durante el Mesozoico.

Por su parte las angiospermas, o plantas con flores, aparecieron hace unos 140 Ma durante el Cretácico y rápidamente se convirtieron en el grupo de plantas dominante. El antepasado común de las angiospermas (plantas con flores) y las gimnospermas (plantas sin flores), probablemente vivió hace entre 350 y 310 Ma. La flor ancestral de las angiospermas actuales probablemente vivió hace entre 250 y 140 Ma. La evolución de las angiospermas se desarrolla en paralelo a la de las aves, sus polinizadores. La coevolución de las angiospermas con sus polinizadores y dispersores de semillas ha sido un factor clave en su éxito evolutivo. Esta relación mutualista ha dado lugar a una gran diversidad de formas florales y estrategias reproductivas, lo que ha permitido a las angiospermas adaptarse a una amplia gama de ambientes y condiciones climáticas.

La flor, una estructura compleja que facilita la reproducción sexual y la dispersión de semillas, es una de las principales innovaciones evolutivas de las angiospermas. Rápidamente se diversificaron para ocupar una variedad de nichos ecológicos.

Las angiospermas también desarrollaron semillas encerradas en frutos, lo que ofrece protección adicional y facilita la dispersión de las semillas a través de diversos mecanismos, incluyendo el viento, el agua y el transporte por animales.

Las flores atraen a una variedad de polinizadores, incluyendo insectos, aves y mamíferos, lo que aumenta la eficiencia de la polinización y la diversidad genética.

La morfología de los árboles parece seguir un patrón que se acerca a la Proporción Áurea. Una de las maneras en que esto se manifiesta es a través de la relación entre el grosor de las ramas principales y las subramas. Estudios han demostrado que las proporciones de los diámetros de las ramas en algunos árboles tienden a aproximarse a Phi, lo que puede optimizar la distribución más armoniosa de recursos y la resistencia estructural, al promover tanto la estabilidad mecánica como la capacidad de fotosíntesis. De esta forma, cuando un árbol crece, sus ramas se van distribuyendo según patrones que maximizan la exposición a la luz solar y la absorción de dióxido de carbono. La Proporción Áurea aparece en la forma en que las ramas se distribuyen y se subdividen. (Figura 10.3a).

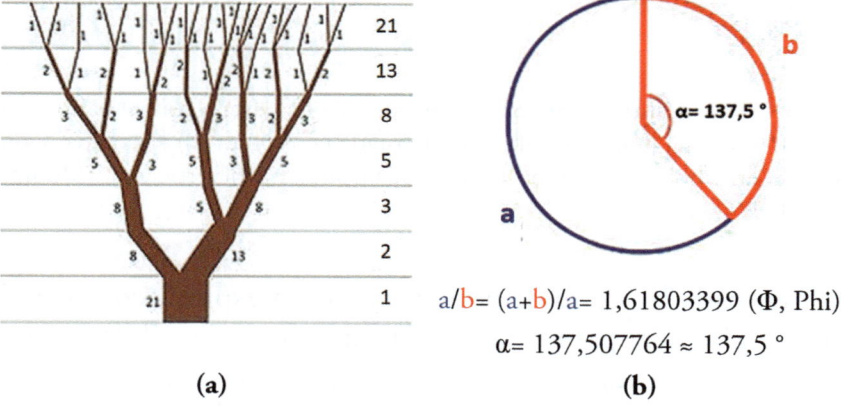

a/b= (a+b)/a= 1,61803399 (Φ, Phi)

α= 137,507764 ≈ 137,5 °

(a)   **(b)**

Figura 10.3. (a) La longitud de las ramas y su grosor suelen seguir una secuencia que sigue la sucesión de Fibonacci, donde cada número es la suma de los dos anteriores. (b) Círculo áureo.

El ángulo entre hojas consecutivas alrededor del tallo, conocido como ángulo de divergencia, oscila entre unos 120° y unos 144°, con un valor medio de 137.5°, un valor conocido como el ángulo áureo (Figura 10.3b). Este ángulo permite una distribución que minimiza el sombreado de las hojas entre sí, optimizando la exposición a la luz solar, además de que reciban directamente la lluvia. Asimismo, los pétalos están mejor expuestos a los insectos, mejorando la polinización.

En muchas especies de árboles, las hojas, flores y semillas se disponen en patrones espirales.

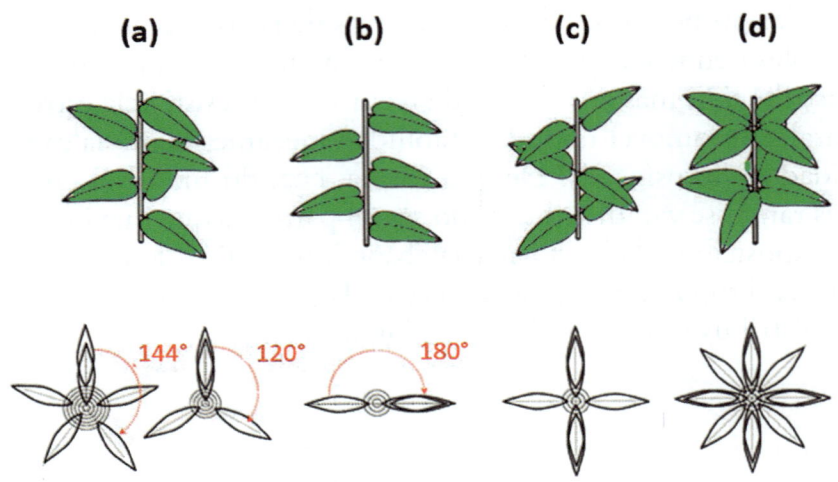

Figura 10.4. Algunos ejemplos de filotaxis. Arriba, vista lateral. Abajo, vista cenital. Con una hoja por nodo: (a) alternada en espiral; (b) alternada. Con dos o cuatro hojas por nodo: (c) decusada opuesta; (d) verticilada (Modificado de[11]).

Así, en cada brote se disponen en forma espiral, como si el tronco girara, y para cada ángulo de giro otra célula apareciera, hasta dar lugar a un nuevo brote o una flor. Sólo la fijación de ese ángulo permite un diseño adecuado para la planta a lo largo de todo su desarrollo permitiendo una adecuada insolación. Basta que se fije este ángulo para que toda la estructura quede fijada.[12]

Este patrón es particularmente evidente en las gimnospermas como los pinos y otras coníferas, donde las hojas (o agujas) se disponen en espirales que siguen la secuencia de Fibonacci. El crecimiento apical en las gimnospermas, especialmente en los pinos y abetos, muestra una organización en la que cada nueva capa de ramas sigue un patrón logarítmico. Este patrón, relacionado con la Proporción Áurea, asegura que el árbol mantenga una forma cónica que es aerodinámicamente estable y eficiente para la captación de luz. La estructura cónica también reduce la carga de nieve en las ramas durante el invierno (Figura 10.5a).

(a)   (b)

Figura 10.5. Gimnospermas: (a) agujas de pino; (b) conos de *Abies koreana*.

Los conos de las coníferas, tanto los masculinos como los femeninos, siguen patrones espirales en la disposición de sus escamas. Estas espirales no solo facilitan la dispersión del polen y la captación del polen en los conos femeninos, sino que también aseguran una distribución uniforme y eficiente de las semillas. La disposición espiral de las escamas sigue frecuentemente la secuencia de Fibonacci, lo que maximiza el espacio y minimiza la competencia entre las escamas (Figura 10.5b).

Por el contrario, no sigue la Proporción Áurea el árbol baobab (género *Adansonia*) conocido como el "árbol de la vida" por su milenaria antigüedad. Posee una presencia realmente inconfundible: un ancho tronco, una altura descomunal y una copa relativamente pequeña (Figura 10.6a y b). Las distintas especies de baobab se encuentran en zonas muy específicas de dos de los continentes: los bosques de Madagascar, el noroeste de Australia, y pequeñas áreas del África continental subsahariana.

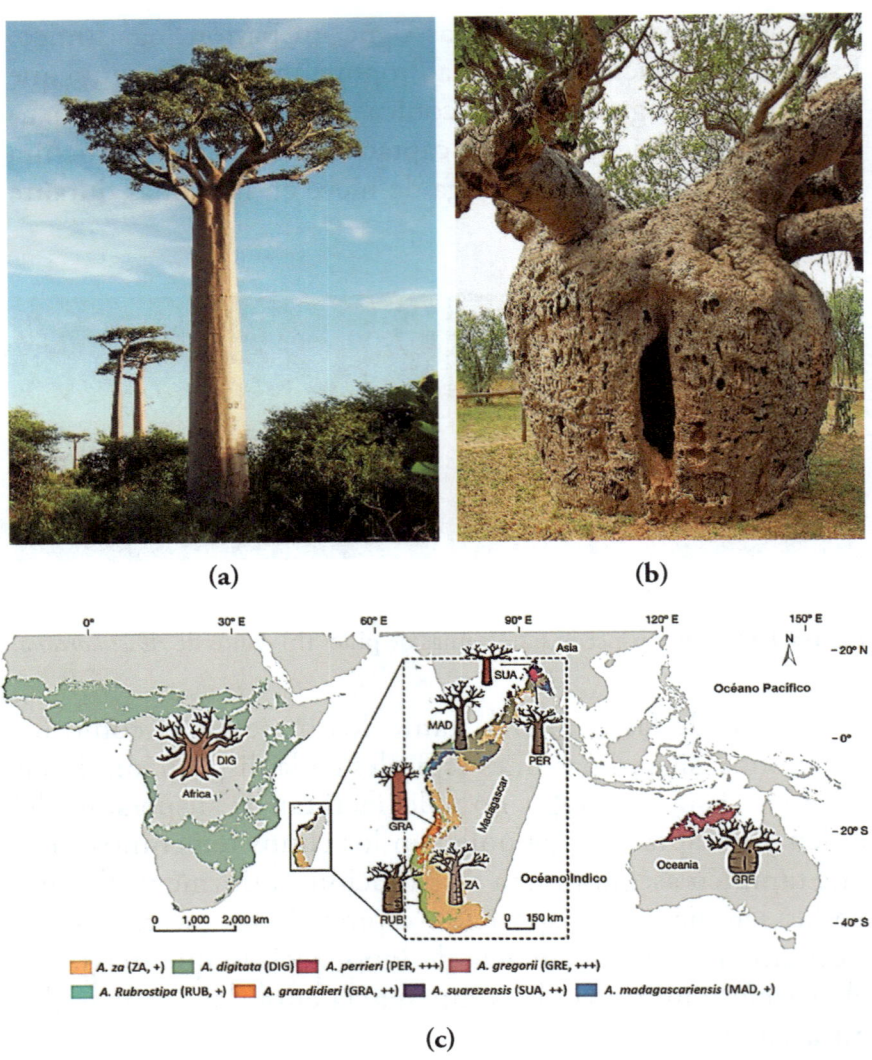

(a)　　　　　　　　　　　　　　　**(b)**

(c)

Figura 10.6. (a) *Adansonia Grandidier* (©**Bernard Gagnon. Tomado de**[13]). (b) *A. gregorii* (©**W. Bulach. Tomado de**[14]). (c) Distribución geográfica de baobab (*Adansonia*). Los colores representan la ocurrencia de cada una de las ocho especies. Entre paréntesis se indica el acrónimo y el grado de peligro de extinción, +, limitado; ++, alto; +++, crítico (Modificado de[15]).

Recientemente un grupo de científicos[15] parece haber logrado desvelar su origen realizando un estudio genómico y ecológico. Secuenciaron los genomas de las ocho especies de baobab existentes y muestran que Madagascar debería considerarse el centro de origen de los linajes actuales. Los análisis genómicos y ecológicos integrados revelaron la evolución de los baobabs, que finalmente condujo a la diversidad de especies que se observa hoy.

Originados en Madagascar, cuando esta ya se había separado de África. Desde allí se habrían extendido hacia el continente, y también mucho después —hace unos 12 Ma— hasta Australia (Figura 10.6c).

La evolución de las flores

La flor ancestral de todas las angiospermas vivas

No se conoce con certeza la flor ancestral de todas las angiospermas vivas. Sin embargo, se ha llevado a cabo una reconstrucción de las angiospermas más ancestrales, lo que ha permitido proponer un escenario de partida para la posterior diversificación de las flores.[16]

(a)   (b)

Figura 10.7. (a) Reconstrucción de la angiosperma ancestral. (b) Flor de *Magnolia nitida* (© Jim Gardiner. Tomada de[17]).

El más reciente ancestro común de las angiospermas eran bisexual (hermafrodita), tenía simetría radial, sus sépalos eran

275

iguales a los pétalos, por lo que se conocen a ambos como tépalos. Se disponían en cuatro vueltas de espiral, cada una con tres tépalos libres (Figura 10.7a).

Los primeros fósiles de la angiospermas incluyen polen, hojas y flores primitivas que ya muestran características distintivas, como la doble fertilización y la formación de frutos.

Evolución de las flores

La flor es la estructura reproductiva más destacada, que alberga tanto órganos reproductores masculinos (estambres) como femeninos (carpelos). La evolución de las flores[18] está marcada por la búsqueda de alcanzar la mejor fecundación. Las flores ancestrales eran bisexuales, mientras que las flores unisexuales son consecuencia de un proceso evolutivo, muchas veces de forma independiente.

Los fósiles y los estudios moleculares a grandes rasgos muestran que *Amborellas*, *Nymphaeales* y *Austrobaileyaceae* parece haber divergido en el Cretácico inferior (alrededor de 130 Ma). Las *Magnólidas* difirieron poco después, hace unos 125 Ma y una rápida radiación produjo las Eudicotiledóneas y Monocotiledóneas hace 125 Ma. Hacia el final del Cretácico ya habían surgido más del 50 % de los órdenes actuales de angiospermas (Figura 10.8).

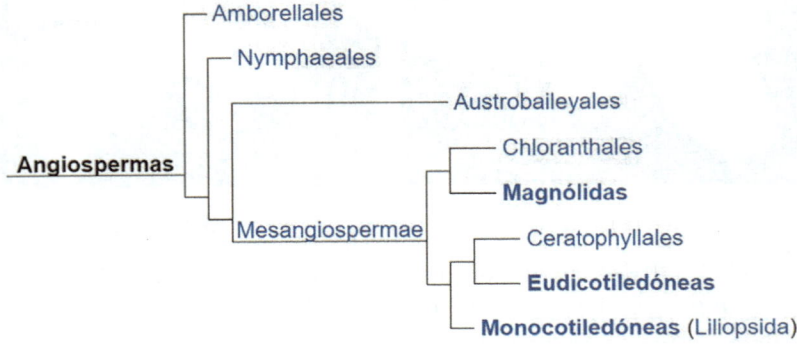

Figura 10.8. Cladograma de las angiospermas, en negrita los clados principales (Tomado de[19]).

En algunas flores se conservan rasgos primitivos, como en la *Magnolia nitida* (Figura 10.7b) en la que las piezas no se disponen de forma concéntrica, sino en espiral. Pero la verdadera peculiaridad de este caso está en la transición que se da entre los pétalos y los estambres. Las piezas de las primeras vueltas de la espiral son claramente pétalos, y las últimas, claramente estambres, pero las intermedias, que se denominan *estambres petaloides*, son una especie de estambres cuyo filamento tiene la forma de un pétalo corto y estrecho.

No es el único caso en el que la evolución muestra piezas intermedias entre dos que habitualmente son distintas; por ejemplo, las azucenas y lirios, pertenecientes al género *Lilium*, tiene seis tépalos blancos, libres entre sí, provistos de nectarios (Figura 10.9).

Posteriormente, cerca de los 100,5 Ma aparece el patrón típico de 5 sépalos y 5 pétalos, que no aparece en ningún fósil.

(a)   (b)

Figura 10.9. (a) *Lilium candidum* (©Evenor, Z. Tomado de[20]). (b) Detalle de la flor (© Sozzi, G. Tomado de[21]).

La aparición de las *inflorescencias*,[22] término que se refiere a la forma en que las flores brotan y se disponen, supone un avance en la evolución de las flores. Los tipos de inflorescencias se dividen generalmente en dos grandes categorías: simples y compuestas. Las simples tienen una disposición de flores en un único eje principal. Así, las flores pueden aparecer de forma solitaria en el extremo de los tallos principales (terminales) o en extremo de cortos tallos laterales que se originan en las axilas de las hojas o se disponen de forma opuesta a ellas (Figura 10.10).

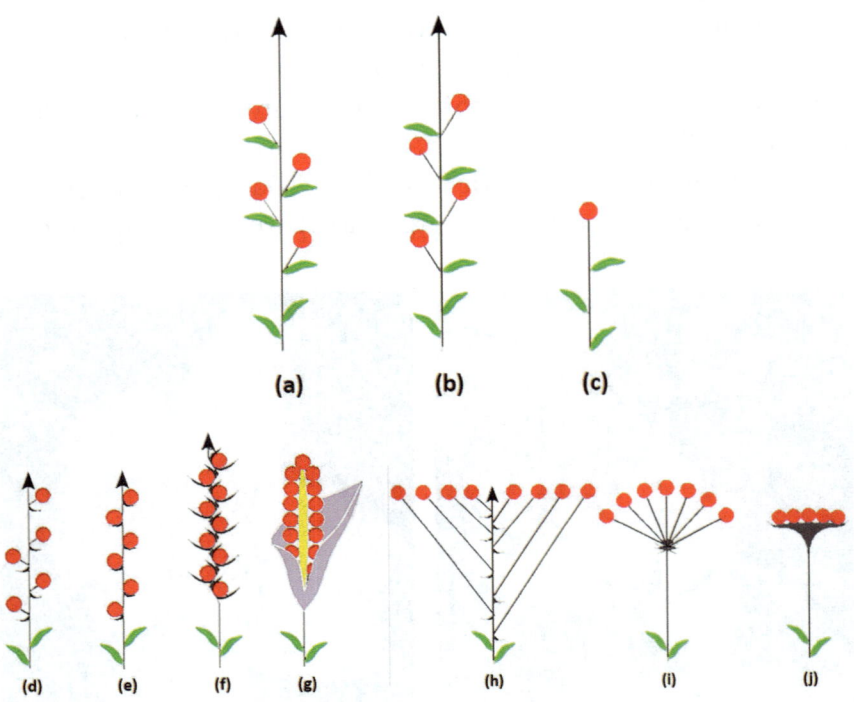

Figura 10.10. Algunos tipos de inflorescencias simples: (a) axilar; (b) opuesta a las hojas; (c) terminal; (d) racimo; (e) espiga; (f) espiguilla; (g) espádice; (h) corimbo; (i) umbela; (j) cabezuela. (Modificado de[23]).

Sin embargo, es muy frecuente que las flores se dispongan en sistemas de ramificación especiales, más complejas, que a veces afectan a la planta completa, y que son lo que generalmente se denominan *inflorescencias compuestas* (Figura 10.11).

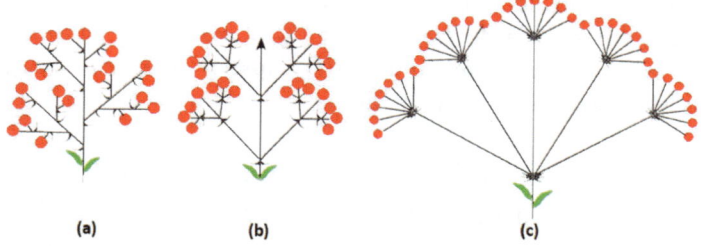

Figura 10.11. Algunos tipos de inflorescencias compuestas: (a) panícula; (b) tirso; (c) umbela de umbelas. (Modificado de[23]).

Si bien existe una enorme variabilidad, con multitud de formas intermedias y aproximaciones, se comprueba que obedecen a procesos de convergencia adaptativas. Al parecer estas disposiciones pueden estar relacionadas con la mejora de la capacidad de atracción de los polinizadores, la eficiencia de intercambio de polen o la eficacia en la dispersión de los frutos.

Figura 10.12. Algunos ejemplos de inflorescencias: (a) *Hyacinthus orientalis*, variedad rosada (© Корзун Андрей. Tomado de[24]). (b) *Helianthus annuus*

(©H. Zell. Tomado de[25]). (c) *Hortensia sp.* ornamental (©M. Font). (d) Detalle de inflorescencia de *Hortensia sp* (©M. Font). (e) *Taraxacum officinale* (©Zeynel Cebeci. Tomado de[26]). (f) Cipselas de *Taraxacum officinale* (© Belén Menéndez Solar. Tomado de[27]).

Por ejemplo, una de las adaptaciones más sorprendentes es que las flores que forman la inflorescencia tienen una maduración diferenciada en el tiempo, con lo que se consigue evitar la autopolinización y, a la larga, las nefastas consecuencias para la variabilidad genética que esto tiene en la población. Tal es el caso de girasol, *Helianthus_annuus*, (Figura 10.12b) en el que se observa que las flores maduran de forma centrípeta, de fuera hacia dentro, por lo que el disco presenta a veces una coloración más oscura cuanto más en el interior; otro ejemplo es la hortensia (Figura 10.12c). Como se aprecia en las imágenes las flores del interior del disco aún no se han abierto.

Las inflorescencias juegan un papel fundamental en la reproducción de las plantas, afectando tanto la polinización como la dispersión de semillas. La disposición de las flores en una inflorescencia puede influir en la eficiencia con la que los polinizadores visitan las flores y, como consecuencia, aumentar la tasa de polinización. Por ejemplo, las umbelas tienden a ser muy atractivas para insectos polinizadores debido a su estructura radial que facilita el acceso a múltiples flores pequeñas en un solo lugar.

Con respecto a la dispersión de las semillas y frutos, el caso más conocido es el del diente de león, *Taraxacum officinale* (Figura 10.12d), en el que las cipselas (Figura 10.12e), su pequeño fruto seco —indehiscente, es decir que no se abre espontáneamente—, una vez llegada su madurez, con una sola semilla formada por dos carpelos unidos que se agrupan en forma esférica en la inflorescencia, son arrastradas por el viento.

Por otra parte, las inflorescencias pueden afectar la visibilidad y atractivo de la planta para los polinizadores. Las inflorescencias densas, como los capítulos, pueden parecer una única gran flor, atrayendo a polinizadores más grandes que pueden transferir polen de manera más eficiente. Este es el caso del girasol, cuyas inflorescencias grandes y llamativas atraen a una variedad de polinizadores, desde abejas hasta mariposas.

Las flores

Las flores, con su increíble diversidad y complejidad, son un testimonio de la belleza y la adaptabilidad de la vida. Desde sus humildes orígenes en el Cretácico hasta su impresionante variedad en la actualidad, las flores han evolucionado para desempeñar un papel vital en la reproducción de las plantas y el mantenimiento de los ecosistemas.[28]

Son estructuras reproductivas de las plantas angiospermas, considerándose de hecho como un conjunto de órganos que aparecen en la fase reproductiva de las plantas, en las que tiene lugar la fecundación. Los gametos se unen para producir semillas y cada una de ellas es portadora de un embrión que dará lugar a una nueva planta.

El verticilo (la disposición de sépalos, hojas, pétalos, carpelos o estambres, que irradian desde un punto específico y se envuelven alrededor del tallo más externo en la zona inferior de la flor) se denomina *cáliz*; sus piezas, generalmente de color verde, se llaman sépalos, generalmente son verdes y son las que más se parecen a las hojas vegetativas. Esta estructura es la encargada de sostener y proteger a los demás verticilos antes de que se abra la flor, así como proteger a los pétalos de la flor.

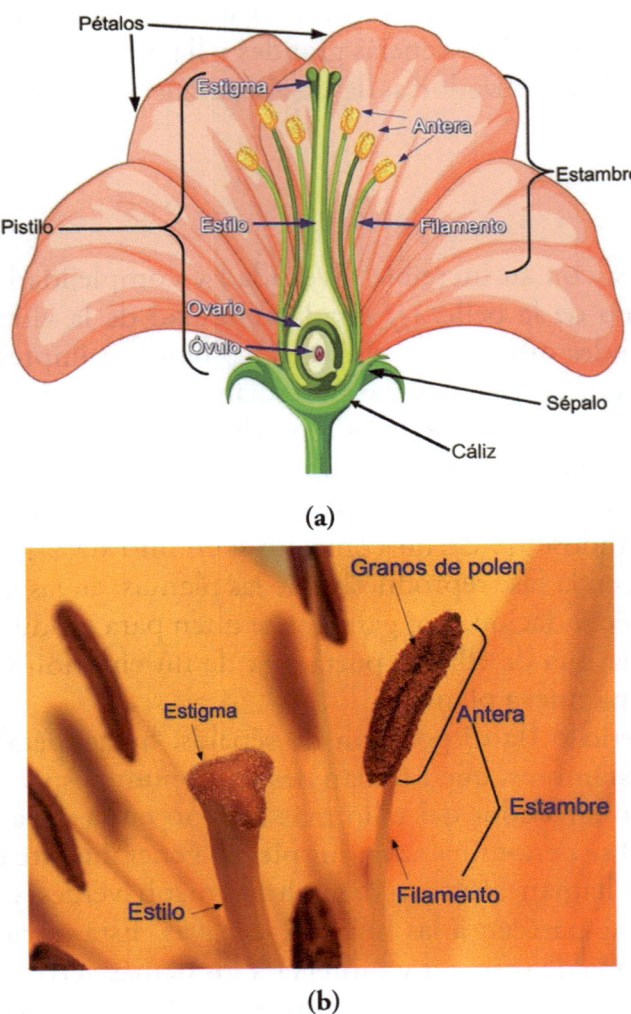

Figura 10.13. (a) Esquema de una flor. (b) Detalle de las anteras y filamentos de los estambres y el estigma y el estilo del pistilo. (Tomado de[29]).

La *corola*, formada por los pétalos, es la parte más llamativa de la flor y suelen ser muy coloridos (Figura 10.13a). Los *estambres* son el órgano masculino de la flor y donde se produce el polen. Justo en el centro de la flor encontramos el órgano femenino o *pistilo*, formado por ovarios, estilo y estigma (Figura 10.13b). Una de las funciones principales de las flores es facilitar la polinización, el proceso mediante el cual el polen se transfiere desde los estambres hasta el estigma. Las flores han desarrollado diversas estrategias para asegurar este proceso, como la *entomofilia* (polinización por insectos) que se da en flores que suelen ser coloridas y producir néctar; la *anemofilia* o polinización por el viento, que se da en plantas que no dependen de atraer polinizadores y suelen ser menos vistosas, como las gramíneas y muchos árboles como el roble; la *ornitofilia*, o polinización por aves, en flores que suelen ser de colores vivos, especialmente rojos y naranjas, y que producen abundante néctar, como el hibisco; por último, podemos citar la polinización por murciélagos o *quiropterofilia*, presente en flores grandes, de colores pálidos y que emiten olores fuertes por la noche.

Las adaptaciones morfológicas de las flores están estrechamente vinculadas a los métodos de polinización. Por ejemplo, las flores actinomorfas (Figura 10.14a), las que tienen sus partes, especialmente sépalos, pétalos o tépalos, dispuestas regularmente, con simetría radial (tienen tres o más planos de simetría) en torno al eje del pedúnculo floral, como en la rosa, suelen atraer a una amplia variedad de polinizadores, mientras que las zigomorfas (Figura 10.14b), que tienen un solo plano de simetría (simetría bilateral) están adaptadas para polinizadores específicos.

(a)   (b)

Figura 10.14. (a) Ejemplo de flor actinomorfa, *Asphodelus fistulosus* (Modificado de[30]). (b) Ejemplo de flor zigomorfa, *Dietes bicolor* (Tomado de[31]).

También la producción de néctar y fragancias específicas es otra adaptación crucial. Las flores que dependen de insectos nocturnos, como las polillas, suelen emitir fragancias fuertes al atardecer.

Por otra parte, algunas flores han desarrollado estructuras altamente especializadas. Por ejemplo, las orquídeas del género *Ophrys* imitan la apariencia y el olor de las hembras de ciertas especies de abejas para atraer a los machos y lograr la polinización.

Los pétalos y la Proporción Áurea

La observación de patrones en la naturaleza ha sido una actividad fascinante para los científicos, matemáticos y botánicos durante siglos. Entre estos patrones, uno de los más intrigantes es la relación entre la secuencia de Fibonacci y el número de pétalos en las flores, fenómeno que, además de reforzar la belleza inherente de las formas naturales, también ofrece una perspectiva sobre los principios matemáticos subyacentes en el crecimiento y la evolución de las plantas. Parece como si esta secuencia es una expresión de un lenguaje universal de crecimiento que se puede relacionar con la optimización del espacio y la eficiencia del crecimiento.

En el caso de las flores, el número de pétalos, un dato que se utiliza en la clasificación de las plantas, suele ser uno de los números de la secuencia de Fibonacci. Por ejemplo, los lirios tienen 3 pétalos, las violetas tienen 5, los delphinium 8, las cinerarias 13, los asteres 21, mientras que las margaritas pueden tener 34, 55 o incluso 89 pétalos.

Por otra parte, la distribución de los pétalos, la forma de la flor, sus distancias, guarda Proporciones Áureas.

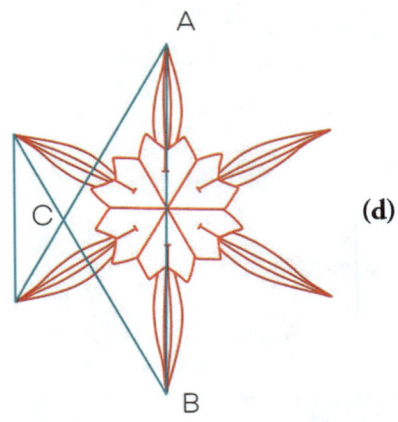

Figura 10.15. Proporciones áureas en: (a) *Ophrys speculum*. (b) *Asphodelus fistulosus*. (c) Lillium pyrenaicum. (d) *Pancratium maritimum*.

Como ejemplo de las plantas con 3 pétalos, podemos citar orquídeas como *Ophrys speculum*, que poseen tres sépalos y tres pétalos (Figura 10.15a). Estos están formados por los dos laterales, que suelen ser de menor dimensión que los sépalos, y el superior, conocido como labelo. Podemos ver que el valor de la longitud del segmento AB dividido por el valor de CD es 1,6183, próximo a Phi. Otro ejemplo es la flor de *Asphodelus fistulosus*, con 6 tépalos, en la que también se cumple esta proporción (Figura 10.15b), al igual que en *Lillium pyrenaicum*, (Figura 10.15c) que presenta 6 pétalos. Con 6 tépalos también podemos citar *Pancratium maritimum* (Figura 10.15d).

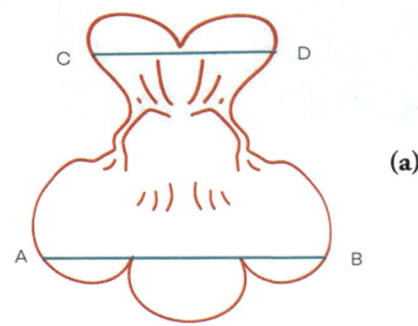

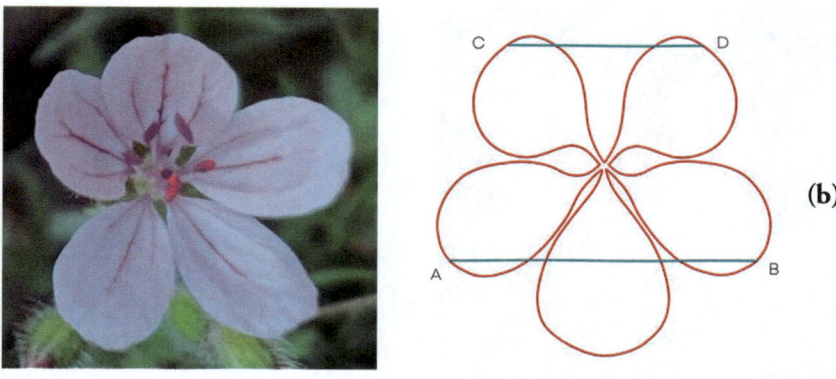

Figura 10.16. Proporciones áureas en: (a) *Cymbalaria muralis.* (b) *Erodium rupicula.*

Dentro de las flores de 5 pétalos, podemos citar *Cymbalaria muralis*, con un cáliz formado por 5 sépalos fusionados (Figura 10.16a); el valor de la longitud del segmento AB dividido por el valor de CD es 1,6183, próximo a Phi. También en el caso de *Erodium rupicola*, con una corola formada por 5 pétalos algo desiguales, se puede ver esta relación (Figura 10.16b).

Figura 10.17. Ajuste a las figuras áureas en: (a) *Arenaria punges*. (b) *Saponaria ocymoides*.

También se puede detectar en diferentes flores su ajuste a las figuras áureas, como el pentágono, como una expresión de sus Proporciones Áureas. Tal es el caso de la flor de *Arenaria punges* (Figura 10.17a), con 5 sépalos y 5 pétalos, que se ajusta en su forma a un pentágono, y también el de las flores de *Saponaria ocymoides* (Figura 10.17b), con 5 pétalos.

Citaremos también el caso de las flores con 4 o múltiplos de 4 flores, como es la *Papaver hybridum* (Figura 10.18a) con 4 pétalos y *Berteroa incana* (Figura 10.18b) con 4+4, en las que se detecta el ajuste a un cuadrado.

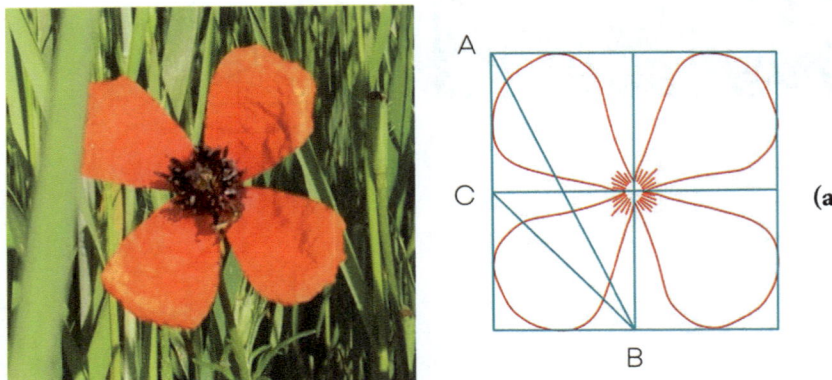

(b)

Figura 10.18. Ajuste a las Proporciones Áureas y figuras áureas en (a) *Papaver hybridum*. (b) *Berteroa incana*.

Con respecto al ángulo áureo, quizá el ejemplo más destacado se dé en las *Rosaceas*, con 5 pétalos y una gran cantidad de estambres. En el caso de las rosas cultivadas, polipétalas, el alto número de pétalos se organiza según el ángulo áureo (Figura 10.19).

Figura 10.19. El ángulo áureo en una rosa cultivada polipétala.

LOS COLORES DE LAS FLORES

Los colores de las plantas se deben a la presencia de diferentes compuestos, los llamados *pigmentos biológicos*, sustancias que poseen un color característico resultante de la absorción selectiva de la luz y que son producidas por organismos, para realizar diferentes funciones. Los pigmentos de las plantas están especializados y así diferentes pigmentos absorben energía lumínica a diferentes longitudes de onda (λ), de modo que el patrón de absorción de un pigmento se conoce como el espectro de absorción del mismo. Por ejemplo, la clorofila, el pigmento que hace que las hojas sean verdes, absorbe luz en las λ violeta y azul y también en el rojo; puesto que refleja la luz verde, la vemos verde.

Las clorofilas son el pigmento principal de las plantas. Los carotenoides, pigmentos rojos, naranjas o amarillos, actúan como pigmentos accesorios para la captación de la luz más eficaz, así como fotoprotectores (previenen el daño fotooxidativo). Los colores rojo intenso de algunas especies se deben a las betalaínas, mientras que los colores azules se relacionan con las antocianinas, que, en función de la acidez o alcalinidad del suelo, aparecen en una gama que van del rojo al azul, localizándose preferentemente en las hojas. El color blanco de muchas flores se debe al fenómeno de reflexión total de la luz; los pétalos pueden presentar espacios de aire en posición subepidérmica o una capa de células con abundantes granos de almidón, y en ambos casos la luz se refleja.

La función principal de los pigmentos en las plantas es la fotosíntesis, en la que las clorofilas, con la colaboración de otros pigmentos coloridos que procuran la absorción de la mayor cantidad de energía luminosa posible, son los elementos principales. Otras funciones de los pigmentos en las plantas incluyen la atracción de los insectos a las flores, fomentando la polinización.

Se puede observar que, en primavera, los tonos blancos y rosados son más abundantes entre las plantas, mientras que los rojos y naranjas dominan en verano, los azules y lilas en otoño, y los amarillos y verdes en invierno.

Figura 10.20. Cambio de color de *H. mutabilis* L. a lo largo del día (©Vinayaraj. Tomado de[32]).

Una manifestación particularmente notable de cambio de color en las plantas se observa en el otoño, cuando las hojas normalmente verdes de muchos árboles y arbustos caducifolios adoptan diversos tonos de rojo, amarillo, púrpura y marrón. Algunas flores, como *Hibiscus mutabilis*, cambian de color a lo largo del día, apareciendo blancas por la mañana y adoptando tonos rosados y rojos durante el mediodía y la tarde del mismo día (Figura 10.20).

Durante el proceso de desarrollo de ciertas plantas, desde la aparición de los botones florales, pasando por el proceso de floración y hasta llegar al período de fructificación si corresponde, se observa un cambio, a menudo significativo, en la coloración de las flores.

(a)   (b)   (c)

Figure 10.21. (a) *Hibiscus syriacus*. (b) *H. syriacus*, variedad polipétala. (c), *H. syriacus*, Vainas de semillas (© María Cruz).

Por ejemplo, en el *Hibiscus syriacus,* (Figura 10.21a) una especie tipo perteneciente a la familia *Malvaceae*, destacan sus flores, muy llamativas y generalmente solitarias, con cinco pétalos (las variedades polipétalas pueden tener más pétalos (Figura 10.21b) dispuestas en forma de campana; en esta especie se observa una gama de colores a lo largo de la floración y maduración, que va desde el rosa pálido-blanco en el botón recién abierto hasta el azul-violeta oscuro cuando se marchitan (Figura 10.22).

Este cambio en la coloración implica el reajuste de las proporciones de pigmentos, como resultado de las diferentes fases metabólicas que acompañan el proceso de maduración. Entonces es posible proponer un color que describa un punto específico en la maduración de la flor, típicamente el predominante en cada fase de desarrollo, o detectar todos ellos, generando una secuencia de colores y tonos que aparecen a lo largo del proceso. Este enfoque permite obtener una gama completa de colores que pueden caracterizar la especie y variedad específica analizada.

LA MÚSICA DE LOS COLORES DE LAS FLORES

La conversión de los colores de las plantas en música pretende ser una forma de complementar el disfrute de la inmensa belleza que la gran variedad de colores del mundo vegetal nos ofrece.

Como ejemplo se ha procedido, tras el análisis *in situ* de especímenes de *Hibiscus syriacus* (Figura 10.22), a obtener los tonos específicos de los colores detectados mediante la aplicación de una técnica de coloración aditiva. Esto implica mezclar colores primarios (Amarillo Winsor, Magenta Quinacridona y Azul Winsor de la gama Profesional de Acuarelas de Winsor y Newton) hasta lograr el tono deseado que coincida con el color real. Para cada color, se obtiene el código RGB correspondiente utilizando un software adecuado, como color.adobe.com (URL: https://color.adobe.com/es/create/color-wheel), que también puede proporcionar otros códigos como el código HSV que da el matiz, la saturación y el valor del color analizado. Estos valores se sustituyen en la ecuación del algoritmo propuesto, produciendo todas las notas musicales correspondientes a cada color detectado, lo que permite la descripción del espécimen elegido y su proceso de desarrollo. Por un lado, se consideran colores específicos como descriptores para la etapa de maduración de la flor, y, por otro lado, se seleccionan un total de 44 colores (Figura 10.22) como descriptores para todo el ciclo de vida de esta especie específica.

Figura 10. 22. Colores que aparecen durante el proceso de floración de flores de una variedad ornamental polipétala de *H. syriacus*, desde la fase de botón floral hasta el marchitamiento de las flores. (© María Cruz).

A continuación, una vez obtenidas las correspondientes notas musicales, se ha creado una composición musical (Figura 10.23).

Figura 10. 23: Composición musical (©Eneko Azparren) basada en los colores de *H. Syriacus*.

Bibliografía

1. Langdale, JA. (2008). Evolution of developmental mechanisms in plants Current Opinion in Genetics & Development. 18:368–373. DOI:10.1016/j.gde.2008.05.003.
2. Fischer, C. https://cdn.britannica.com/38/194438-050-19CD8BDB/stonewort-alga.jpg. Accedido, 11 de junio de 2024.
3. CC BY-SA 3.0, https://commons.wikimedia.org/w/index.php?curid=17208. https://es.wikipedia.org/wiki/Marchantia#/media/Archivo:MarchantiaPolymorpha.jpg. Accedido, 12 de junio de 2024.
4. CC BY-SA 3.0, https://commons.wikimedia.org/w/index.php?curid=347636. https://es.wikipedia.org/wiki/Anthocerotophyta#/media/Archivo:Phaeoceros_laevis.jpg. Accedido, 12 de junio de 2024.
5. Xaver, F. Trabajo propio, CC BY-SA 3.0, https://commons.wikimedia.org/w/index.php?curid=21513. https://es.wikipedia.org/wiki/Lycophyta#/media/Archivo:Lycopodium_annotinum1.jpg. Accedido, 12 de junio de 2024.
6. https://nuestrotiempo.unav.edu/es/campusuniversitario/donde-el-sueno-echo-raiz. Accedido, 12 de junio de 2024.
7. Ferrero, I. https://floresysetasdeespana.wordpress.com/2019/06/04/berteroa-incanna-cruciferas/. Accedido, 12 de junio de 2024.
8. Bora, L. (2010). Principles of Paleobotany. International Scientific Publishing Academy. ISBN: 9788182930247
9. CC BY-SA 3.0, https://commons.wikimedia.org/w/index.php?curid=344236. https://es.wikipedia.org/wiki/Cooksonia#/media/Archivo:Cooksonia.png. Accedido, 11 de junio de 2024
10. De James, St. J. Neuropteris flexuosa fossil plant (Mazon Creek Lagerstatte, Francis Creek Shale, Middle Pennsylvanian; coal mine dump pile near Essex, northern Illinois, USA), CC BY 2.0, https://commons.wikimedia.org/w/index.php?curid=36906744. Accedido, 10 de junio de 2024
11. Heuret, P. https://greenlab.cirad.fr/GLUVED/html/P1_Prelim/Bota/Bota_typo_016.html. Accedido, 15 de junio de 2024.
12. Lee, Bh. et al. (2009). Control of Plant Architecture: The Role of Phyllotaxy and Plastochron. J. Plant Biol. 52: 277–282 (2009). https://doi.org/10.1007/s12374-009-9034-x
13. Bernard Gagnon - Trabajo propio, CC BY-SA 3.0, https://commons.wikimedia.org/w/index.php?curid=6867926. https://es.wikipedia.org/wiki/Adansonia#/media/Archivo:Adansonia_grandidieri_02.jpg. Accedido, 3 de octubre de 2024
14. W. Bulach. Trabajo propio, CC BY-SA 4.0, https://commons.wikimedia.org/w/index.php?curid=75108846. https://es.wikipedia.org/wiki/Adansonia#/media/Archivo:00_2000_Boab_Prison_Tree_-_Derby,_Western_Australia.jpg. Accedido, 3 de octubre de 2024.

15. Wan, J-N. et al. (2024). The rise of baobab trees in Madagascar. Nature, 629:1091-1099. https://doi.org/10.1038/s41586-024-07447-4

16. Sauquet, H. et al. (2017). The ancestral flower of angiosperms and its early diversification Nature.Communications. 8:16047. DOI: 10.1038/ncomms16047

17. https://www.treesandshrubsonline.org/articles/magnolia/magnolia-nitida/. Accedido, 12 de junio de 2024.

18. Applequist, W. (2005). Phylogeny and Evolution of Angiosperms. Economic Botany 59: 421-422. https://doi.org/10.1663/0013-0001(2005)059[0421:DFABRE]2.0.CO;2.

19. https://es.wikipedia.org/wiki/Angiospermae#, basado en: Cole TCH and Hilger HH (2015) Angiosperm phylogeny poster – flowering plant systematics. F1000Research (Posters) 4:497, DOI: 10.7490/f1000research.1110237.1. Accedido, 12 de junio de 2024.

20. Evenor, Z. Flickr: https://www.flickr.com/photos/zachievenor/9438824400/in/set-72157633416612860/, CC BY 2.0, https://commons.wikimedia.org/w/index.php?curid=27565865. Accedido, 12 de junio de 2024.

21. Sozzi, G. - Trabajo propio, CC BY-SA 4.0, https://commons.wikimedia.org/w/index.php?curid=45412085. Accedido, 12 de junio de 2024.

22. Font-Quer, P., Diccionario de Botánica, Editorial Labor, SA, Barcelona, 1985.

23. https://www.ugr.es/~mcasares/Organografia/Flor/Inflorescencias%20texto.htm. Accedido, 12 de junio de 2024.

24. Корзун Андрей. Trabajo propio, CC BY-SA 3.0, https://commons.wikimedia.org/w/index.php?curid=8159969

25. https://es.wikipedia.org/wiki/Hyacinthus#/media/Archivo:Hyacinthus_orientalis_(pink_cultivar)_01.JPG. Accedido, 13 de junio de 2024.

26. H. Zell - Trabajo propio, CC BY-SA 3.0, https://commons.wikimedia.org/w/index.php?curid=11458274. https://es.wikipedia.org/wiki/Helianthus_annuus#/media/Archivo:Helianthus_annuus_0001.JPG. Accedido, 13 de junio de 2024.

27. Cebeci, Z. - Trabajo propio, CC BY-SA 4.0, https://commons.wikimedia.org/w/index.php?curid=88283560.

28. https://es.wikipedia.org/wiki/Taraxacum_officinale#/media/Archivo:Taraxacum_officinale_-_Common_dandelion_03.jpg. Accedido, 13 de junio de 2024.

29. Menéndez Solar, B. https://www.asturnatura.com/especie/taraxacum-officinale?utm_content=cmp-true. Accedido, 13 de junio de 2024.

30. Mauseth, JD. (2016). Botany-An introduction to plant biology, 6.ª ed. Jones & Bartlett Learning. Burlington, MA.

31. Fernandes, AZ. https://www.diferenciador.com/partes-de-la-flor/. Accedido, 14 de junio de 2024.

32. Ferrero, I. https://floresysetasdeespana.wordpress.com/?s=asphodelus+fistu-losus. Accedido, 14 de junio de 2024

33. Jardin de los Matemáticos, Universidad de Almeria. https://www2.ual.es/jardinmatema/simetrias/. Accedido, 14 de junio de 2024

34. Vinayaraj. Trabajo propio, CC BY-SA 3.0, https://commons.wikimedia.org/w/index.php?curid=20226448. Accedido, 10 de junio de 2024

11.
Las conchas de los gasterópodos

Los Gasterópodos proceden de la evolución de los moluscos dentro del clado Conchífera. Los moluscos proceden a su vez de la Kimberella, una excepción a la extinción masiva del Cretáceo. Son moluscos con una sola concha dorsal. En las espirales de las conchas marinas encontramos la Proporción Áurea. La concha de los gasterópodos se forma por el proceso de Biomineralización mediante el cual los organismos forman de manera controlada compuestos inorgánicos y que comienza en el manto. Las conchas de moluscos, que pueden presentar muchos y variados colores, están construidas fundamentalmente con un material frágil como carbonato de calcio, $CaCO_3$. Su formación requiere la participación de la enzima anhidrasa carbónica de la que hemos musicalizado la proteína y el gen, así como los colores de las conchas.

Taxonomía de los gasterópodos marinos

Dentro del filo *Mollusca*, a lo largo de la evolución, y dentro del clado *Conchífera* han aparecido, entre otras, las clases Cephalopoda, Bivalvia y Gastropoda (Gasterópodos). Los Gasterópodos son moluscos con una sola concha dorsal, si bien algunos carecen de concha.

El nombre "Gasterópoda" proviene de las raíces griegas "gastro" (= estómago) y "pod" (= pie). Construyen sus complejas conchas, cuya función es proteger sus blandos cuerpos de los depredadores, con precisión matemática, siguiendo unas pocas reglas sencillas.

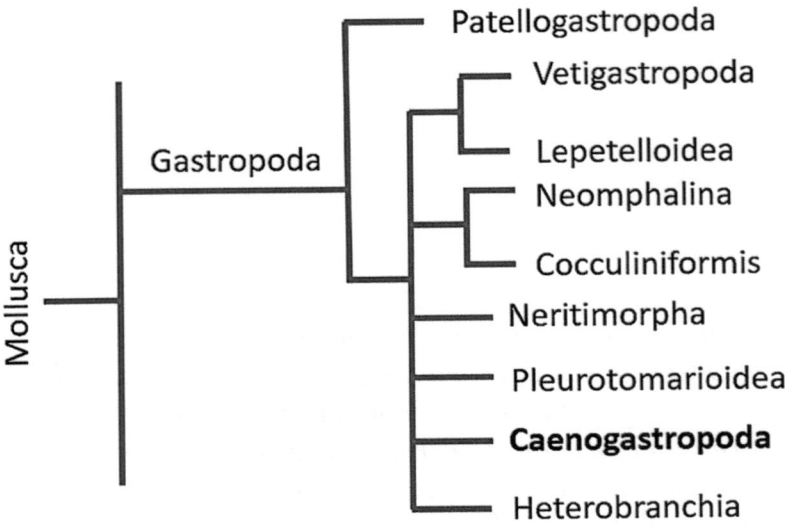

Figura 11.1. Principales clases de los gasterópodos.

Se encuentran entre los pocos grupos de animales que han tenido éxito en los tres hábitats principales: el océano, las aguas dulces y la tierra. Algunos tipos de gasterópodos, como las lapas o los caracoles, se utilizan como alimento, mientras que otros son carroñeros y se alimentan de materia vegetal o animal muerta; otros son depredadores; algunos son herbívoros y se alimentan de algas o material vegetal; y algunas especies son parásitos externos o internos de otros invertebrados.[1] Se considera que la Clase Gasterópodos[2] se divide en 6 clados principales que, en orden evolutivo, van desde los Patellogastropoda, las lapas más primitivas, hasta los Heterobranquia, que incluyen los caracoles terrestres y las babosas (Figura 11.1). Los Caenogasterópodos (Caenogastropoda, Figura 11.2),[3] constituyen el más diverso de los clados marinos entre los Gasterópodos, incluyendo en ellos prácticamente las morfologías de concha conocidas y especies que han habitado casi todo tipo de hábitats. La concha de los Caenogasterópodos nunca es nacarada, a diferencia de los Vestigastropoda.

Los primeros surgieron hace 400 Ma, su diversidad como grupo abarca todos los aspectos de la biodiversidad, incluyendo morfología, comportamiento, hábitat, reproducción, etc.

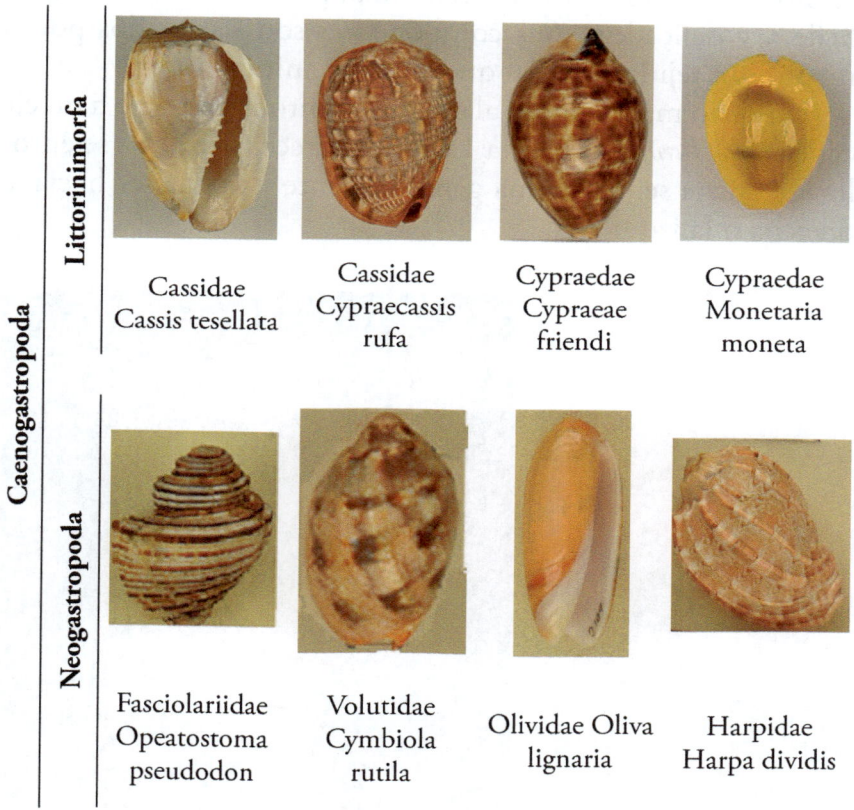

Figura 11.2. Ejemplos de Caenogastropoda (©E. Baquero. Fondo MCUN).

CARACTERÍSTICAS DE LOS GASTERÓPODOS: LA CONCHA

Los gasterópodos son moluscos marinos, terrestres o dulceacuícolas con una cabeza, generalmente, bien diferenciada con ojos y uno o dos pares de tentáculos, que de modo general se caracterizan porque su concha, de formas muy diferentes —de espiral, de cono o de valva—, está formada por una pieza caliza, única, frecuentemente enrollada en espiral.

El pie de los gasterópodos está poco modificado y les sirve normalmente para desplazarse reptando por el fondo.

La concha característica de gasterópodos, dentro de la cual se protege la masa visceral del animal, presenta formas de gran belleza y delicadeza. Sus componentes son segregados por el manto, un tejido epitelial que cubre el animal.

Un cono más o menos alargado, se enrolla en torno a un eje central o *columnela* (Figura 11.3). La dirección en que se enrolla la concha se determina genéticamente y puede ser hacia la derecha o la izquierda.

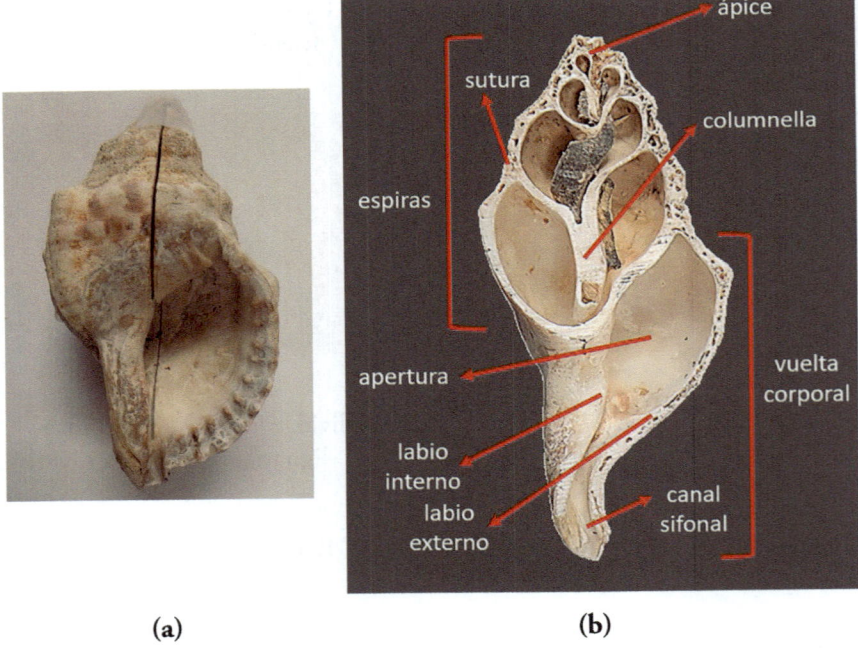

(a)   (b)

Figura 11.3. (a) Concha cónica de *Charonia*, aspecto externo. (b) Corte transversal de *Charonia*, que muestra la estructura interna.

Formación de la concha: la biomineralización

La concha de los gasterópodos se forma por el proceso de *biomineralización*,[4,5,6] un fenómeno, biológico mediante el cual los organismos forman de manera controlada compuestos inorgánicos. Las conchas de moluscos están construidas fundamentalmente (99 %) con un material frágil como carbonato de calcio, $CaCO_3$, que se deposita alternadamente en cristales de aragonito, calcita o nácar, y una matriz orgánica (1 %) constituida por proteínas, quitina y polisacáridos.

Se sabe que la biomineralización comienza en el manto, un tejido especializado que recubre el cuerpo interno del animal, el cual secreta una matriz orgánica rica en proteínas, glicoproteínas y polisacáridos, y que actúa como un andamio sobre el cual se depositan los cristales de $CaCO_3$; principalmente en forma de aragonito o calcita, minerales similares en términos de composición química, pero que difieren en su estructura cristalina debido a las distintas condiciones en las que se forman (Figura 11.4).

(a)   (b)

Figura 11.4. Cristales de: (a) Calcita (Tomado de[7]). (b) Aragonita (Tomado de[8]).

Este proceso está estrechamente regulado y controlado por una serie de biomoléculas (proteínas, lípidos y carbohidratos), que actúan como catalizadores y reguladores durante la nucleación y el crecimiento mineral, de modo que pueden controlar la morfología, el tamaño y la orientación cristalina de los minerales depositados, lo que resulta en una diversidad de estructuras mineralizadas con propiedades mecánicas y funcionales específicas, entre ellas la resistencia y soporte estructural y/o protección para el organismo.

Se distinguen en este proceso dos fases, la que implica procesos celulares de transporte de iones, síntesis y secreción de proteínas y una segunda fase en la que los cristales de $CaCO_3$ se nuclean, se orientan y crecen en íntima asociación con una matriz orgánica secretada.[9] Se observa que las microestructuras complejas de las capas internas presentan una arquitectura precisa dependientes de la forma de los depósitos del $CaCO_3$ (Figura 11.5).

Las conchas tienen al menos dos capas usualmente con diferentes microestructuras, debido a las diferentes formas cristalinas posibles para este carbonato. En este caso, siempre son las capas calcíticas las que se colocan en posición externa.

La concha va creciendo con el crecimiento del molusco y las microestructuras forman capas continuas.

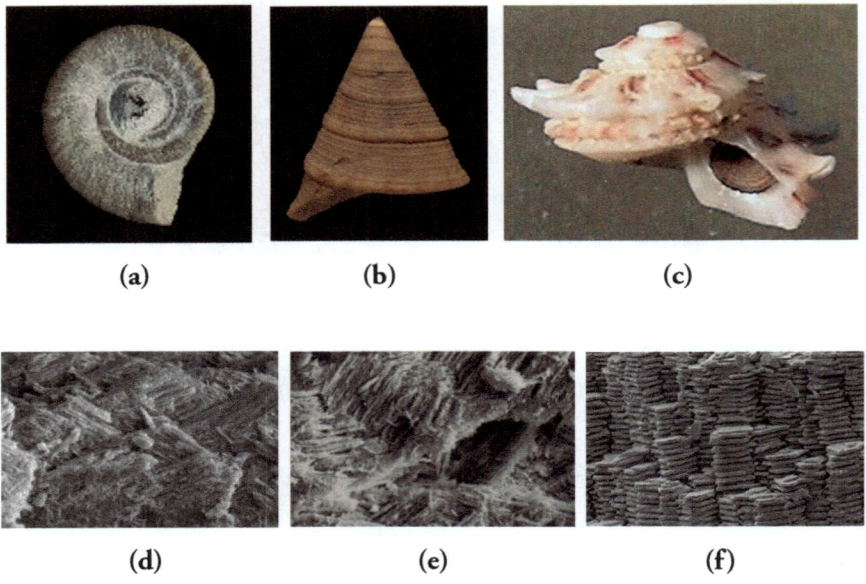

(a)   (b)   (c)

(d)   (e)   (f)

(g)　　　　　　　　　　(h)

Figura 11.5. (a) *Amphiscapha* (Tomado de[10]). (b) *Sensuitrochus ferreri* (Tomado de[11]). (c)*Arene cruentatus* (©Jan Delsing, tomado de[12]). (d) Estructura laminar cruzada aragonítica en *Amphiscapha catilloides*[13] (gasterópodo fósil del Carbonífero, aproximadamente 300 Ma) vista perpendicular. (e) *Ídem,* vista perpendicular. (f) Estructura nacarada (nácar columnar) de *Sensuitrochus ferreri* (del Cretácico Superior, alrededor de 80 Ma). (g) y (h) Microestructura de la concha en moluscos actuales (*Arene sp,* tomado de[14]).

La producción de $CaCO_3$ ocurre por la reacción entre los iones Ca^{2+} (catión calcio) y $^-HCO_3$ (anión bicarbonato). Este ion $^-HCO_3$ aparece como consecuencia de una reacción reversible, catalizada por la enzima anhidrasa carbónica, en la cual el CO_2 reacciona con el agua formando H_2CO_3 (ácido carbónico) que a su vez se escinde en el anión bicarbonato y un protón (Figura 11.6).

$$CO_2 + H_2O \underset{\leftarrow}{\overset{\rightarrow}{\rightleftharpoons}} H_2CO_3 \underset{\leftarrow}{\overset{\rightarrow}{\rightleftharpoons}} {}^-HCO_3 + H^+$$

$$+$$

$$Ca^{2+} \rightarrow CaCO_3 + H^+$$

Figura 11.6. Reacción de producción del anión bicarbonato, reacción reversible catalizada por la anhidrasa carbónica, y su posterior reacción con catión Ca^{2+} para producir $CaCO_3$.

La posible disponibilidad en el medio de otros cationes diferentes al Ca2+, como Na+, K+, Mg2+, Fe3+, Sr2+, o de otros aniones como Cl⁻, $SO_4^=$, que, además de estar presentes en los diferentes hábitats, puedan liberarse por el metabolismo del animal, permite que se puedan formar otros compuestos diferentes, que a su vez pueden ser más tarde incorporados en la concha, y que, en algunos casos, contribuyen también a modificar el color y las características estructurales de las conchas.

Crecimiento de la concha

Típicamente, la concha aumenta de espesor desde el dorso hacia el margen. Los biominerales se secretan desde el manto del animal, un órgano, delgado y blanco, que secreta en la apertura o estoma de la concha, capa a capa, una sustancia rica en $CaCO_3$, siguiendo tres reglas básicas para formar la característica espiral que vemos en los caracoles y sus parientes gasterópodos. La primera es una *expansión* (Figura 11.7a) en la que al depositar cada vez más material que en el paso anterior, el animal crea una apertura un poco mayor en cada iteración, un proceso que tiende a generar un cono a partir de un círculo inicial. La segunda regla es una *rotación* (Figura 11.7b) que se logra depositando un poco más de material en un lado de la apertura que en el opuesto, con lo que el molusco va generando poco a poco una figura con forma de rosquilla. La tercera regla es una *torsión* (Figura 11.7c) en la que el animal va girando los puntos donde deposita el material.

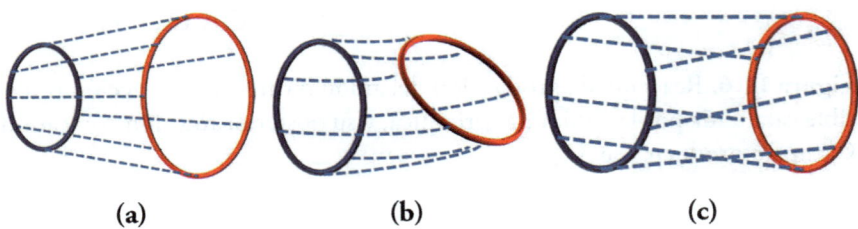

Figura 11.7. (a) Expansión. (b) Rotación. (c) Torsión (Inspirado en[15]).

Las espinas, que sobresalen normalmente en ángulo recto con respecto a la apertura de la concha y, a menudo, se extienden de ordinario unos centímetros más allá de la superficie de esta, constituyen la ornamentación externa más prominente de las conchas. Estas espinas se forman en períodos regulares, durante los cuales el manto está sometido a brotes de crecimiento, de modo que se desarrolla tan rápido que presenta un exceso de longitud, lo que provoca que el manto se doble ligeramente y el material secretado tome una forma combada. Con el siguiente ciclo de incremento, el manto habrá crecido más y excederá de nuevo la abertura, provocando un efecto amplificador del patrón arqueado.

Este proceso repetido de crecimiento e interacción mecánica da lugar a una fila de espinas, con un patrón preciso que estará determinado tanto por el ritmo del crecimiento como por la rigidez del manto, entre otros motivos.[16]

El fenómeno de la torsión en la estructura de los gasterópodos.

Los gasterópodos se caracterizan por su estructura corporal asimétrica, que se desarrolla mediante un proceso ontogenético único llamado *torsión*, que exhiben en mayor o menor grado y que, de hecho, es la principal característica que les unifica.

Los primeros gasterópodos fueron exclusivamente marinos, y aparecieron a finales del Cámbrico. Surgieron cuando un ancestro Monoplacóforo (una sola concha) sufrió una torsión, un giro de 180° de la masa visceral (Figura 11. 8), girando en dirección contraria a las agujas del reloj, respecto a la cabeza y el pie. La torsión ocurre en el estado larvario y solo afecta a la masa visceral.

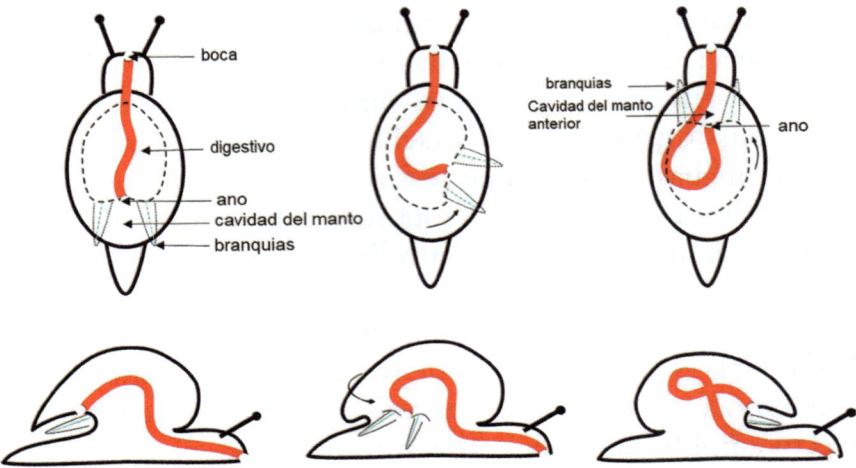

Figura 11.8. Fenómeno de la torsión en moluscos Gasterópodos (Modificado de[17]).

Además de la torsión, algunos gasterópodos pueden sufrir el fenómeno de la *espiralización* de la concha. En este proceso, inicialmente, se produjo una elongación de la concha y de la masa visceral, dando lugar a una concha alargada y en forma de cono espacioso, en lugar de la concha estrecha del ancestro. Posteriormente, la concha sufrió un giro helicoidal sobre la cabeza mientras crecía. Esto dio lugar a una concha con vueltas completas formando una espiral alrededor de un nodo central.

Como hemos citado anteriormente, si solo tienen lugar la expansión y la rotación, obtendremos una concha en espiral plana. Tal es el caso en *Nautilus Pompilius* (Figura 11.9).

Figura 11.9. Ejemplar de *Nautilus Pompilius* (Fondo MCUN).

Este molusco marino, muy antiguo, de forma parecida a un caracol, pertenece a la clase de los Cefalópodos y se considera un fósil viviente. Mide unos 25 cm y posee tentáculos con los que atrapa todo tipo de animales marinos, incluyendo peces que le sirven de alimento. Construye su concha de modo que la forma de la cámara donde vive va aumentando con el aumento de tamaño del animal que permanece así idéntica a lo largo de su desarrollo. Va añadiendo material a la concha, y tabicando la parte de la cámara que se le ha quedado pequeña.

El color de las conchas

Como hemos visto, las conchas de los moluscos están compuestas de múltiples capas de polimorfos de $CaCO_3$, como aragonita o calcita, combinadas con (glico)proteínas, lípidos y polisacáridos, y están cubiertas por una capa proteica protectora llamada *periostraco*. Están implicadas las células epiteliales del tejido del manto que se encuentra debajo de su borde de crecimiento.

El color de la concha está determinado principalmente por la presencia de pigmentos producidos por el manto, pero el color y la microestructura de los cristales que componen la concha, así como la dieta, también pueden contribuir a la coloración. Está comprobado que los colores los emplean como un medio de camuflaje frente a los depredadores.

En efecto, la presencia de tantos y tan variados colores y dibujos en las conchas depende de diversos factores, entre ellos de la especie de molusco que la habita, del tipo de alimentación que consume y del hábitat donde vive. El tipo de alimento y la disponibilidad de este son importantes observándose que cuando comen regularmente los colores son más uniformes, mientras que en periodos de escasez más o menos largos las conchas suelen presentar motas, manchas, vetas, etc., que son indicativas de estos periodos de dificultades para encontrar alimento.

También dependen de la cantidad de luz que reciben, mostrando, habitualmente, colores más claros cuando están más cerca de la superficie y reciben más directamente la luz del sol, mientras que cuando se encuentran en las profundidades del mar son más oscuros (Figura 11.10).

La naturaleza bioquímica de los pigmentos de la concha de los gasterópodos se ha estudiado durante mucho tiempo, pero aún persisten muchas lagunas e incertidumbres en el conocimiento.

(a)   (b)   (c)

Figura 11.10. (a) *Phyllonotus erythostomus.* (b) *Fasciolaria lilium.* (c) *Conus monachaus* (©E. Baquero. Fondo MCUN).

En el pasado se han identificado tres clases de pigmentos en las conchas, alguno de los cuales derivan del propio metabolismo y otros de la alimentación: (a) melaninas, que varían de rojo/amarillo a marrón/negro y se derivan de la oxidación y polimerización de la tirosina; (b) tetrapirroles que se subdividen en dos clases, porfirinas (pigmentos rojos/marrones/morados) y bilinas (azules/verdes y rojos/marrones); (c) carotenoides, que deben adquirirse de a partir de la dieta de origen vegetal. Los pigmentos procedentes de la dieta pueden ser incorporados por el molusco en su caparazón directamente o después de una modificación (por ejemplo, por conjugación con una proteína).

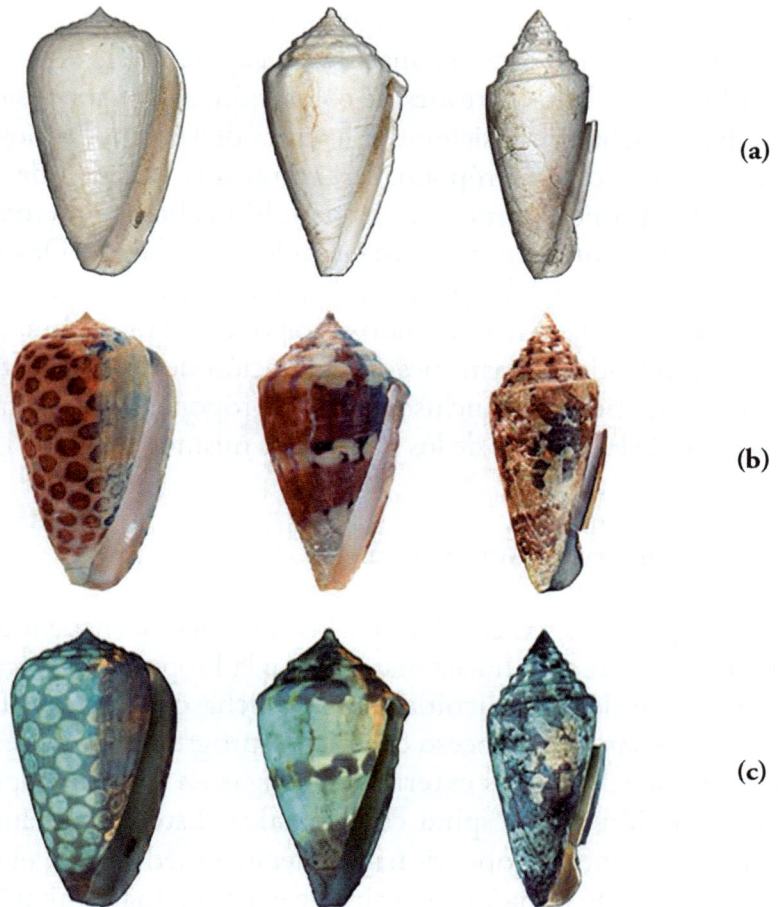

(a)

(b)

(c)

Figura 11.11. Colores en especímenes fósiles de *Conus carlottae, Conus garrisoni* y *Conus bellacoensis*: (a) luz normal; (b) luz ultravioleta; (c) luz invertida. (Tomado de[18]).

También aparecen en las conchas los colores estructurales, como la *iridiscencia nacarada*, que se encuentran típicamente en el interior de las conchas de bivalvos y son producidos por el nácar que constituye la capa más interna, un material compuesto que consiste en disposiciones ordenadas de placas de aragonito y material orgánico, generalmente una escleroproteína, que le confiere una enorme resistencia a la fractura. Los patrones de color se van formando a partir del depósito

311

ordenado de los diferentes pigmentos en la capa calcificada superior a medida que se construye el caparazón.

El estudio de los patrones de coloración, muy variados dado que hay muchas disposiciones diferentes de las capas en los distintos grupos de gasterópodos, así como una variedad de tipos diferentes de microestructuras, ha permitido obtener interesantes datos en diferentes estudios. Por ejemplo, en fósiles del Devónico se ha observado que las regiones de pigmentación original a veces emiten fluorescencia cuando se exponen a la luz ultravioleta (UV), revelando sus patrones de coloración de especies extintas hace mucho tiempo, e incluso se puede proponer que sean manifestación de los colores de los pigmentos mismos (Figura 11.11).

LAS PROPORCIONES ÁUREAS EN LAS CONCHAS

En las espirales de las conchas marinas también se encuentra una elegante y misteriosa huella matemática: la Proporción Áurea.

El crecimiento helicoidal de la concha que, como hemos visto, se basa en un proceso de adición progresiva de material a lo largo de sus bordes externos, da lugar en muchas especies a la aparición de la espiral característica. Este crecimiento se realiza de manera proporcional, es decir, a medida que el caracol aumenta de tamaño, la espiral se expande manteniendo las mismas proporciones generales, lo que da como resultado una espiral logarítmica, que tienen la propiedad de que sus vueltas se alejan del centro en una proporción constante, que a menudo está relacionada con la Proporción Áurea: es frecuente que la relación entre la anchura de una vuelta y la de la siguiente tienda a aproximarse al valor de 1,618, el número Phi.

El Nautilus

Se ha debatido extensamente si la espiral del *Nautilus* se relaciona o no con el número áureo Phi.[19] En realidad, no se ajusta

312

exactamente a la clásica espiral dorada o a la de Fibonacci (Figura 11.12a y b); no obstante, es necesario considerar que hay más de una forma de construir una espiral con Proporciones Áureas. La forma de la concha del *Nautilus* (Figura 11.12c) se ajusta con exactitud a la espiral formada con triángulos equiláteros, con arcos de las circunferencias circunscritas a los triángulos.

Durante el crecimiento de la concha se observa que va aumentando en anchura en una proporción constante e invariable que se ajusta al número Phi. En la Figura 11.12d puede verse como la vuelta menor —en verde— guarda la proporción 1,60 (1,6/1); la señalada en azul 3,3/2= 1,65 y la marcada en rojo azul 4,6/2,8= 1,642, próximas a 1,616.

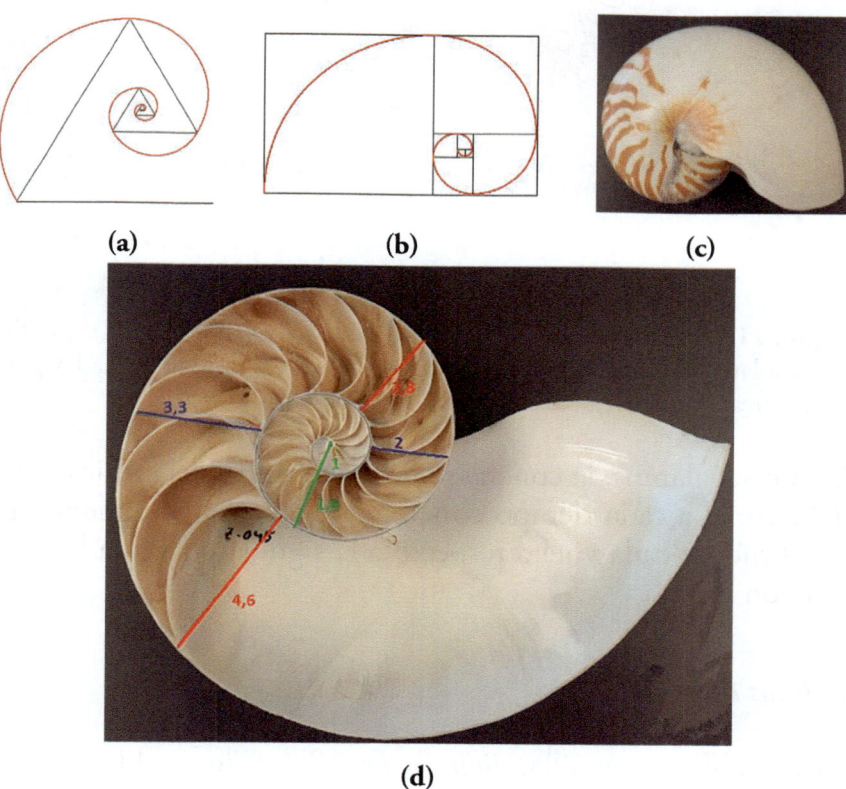

(a)   **(b)**   **(c)**

(d)

Figura 11.12. (a) Espiral áurea basada en desarrollo triangular. (b) Espiral de Fibonacci en desarrollo rectangular. (Tomadas de[20]) (c) Ejemplar de *Nautilus*. (d) Crecimiento logarítmico de la concha del *Nautilus* (Fondo MCUN).

Guilfordia Yoka

En la *Guilfordia Yoka* (Figura 11.13), un molusco gasterópodo marino de la familia Turbinidae, que se encuentra en el Pacífico occidental frente a Japón y Filipinas, a profundidades de entre 200 y 500 m. Tiene forma de rueda, en la que las vueltas superiores son lisas, seguidas por la última vuelta del cuerpo que presenta espinas radiantes alargadas muy irregulares.

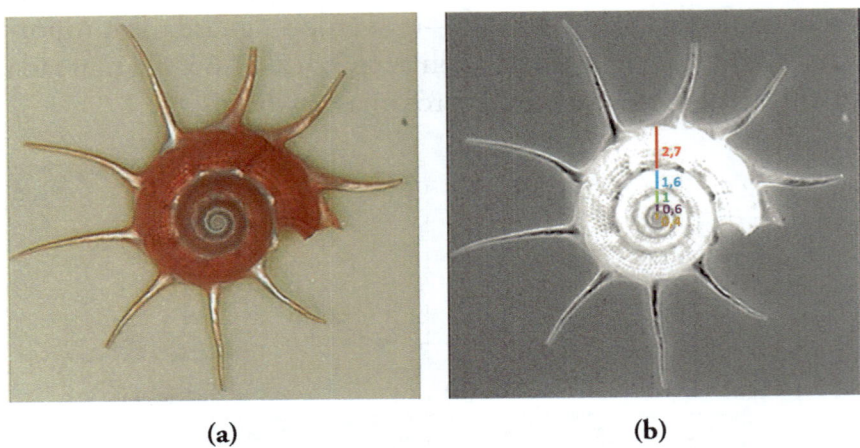

(a) **(b)**

Figura 11.13. (a) *Guilfordia Yoka* (© E. Baquero. Fondo MCUN). (b) Tamaño relativo de las distancias entre las suturas que se aproxima a la Proporción Áurea. 0,6/0,4=1,5; 1/0.6= 1,6;2,7/1,6=1,6;1,6/1= 1,6.

Como señalamos, la concha se forma al ritmo del crecimiento del animal a cada tiempo concreto. Y, sorprendentemente, la amplitud de cada vuelta respecto a la siguiente guarda la Proporción Áurea.

Bolinus brandais

La cañadilla o cañailla, *Bolinus brandais* (Figura 11.14a), es una especie de molusco gasterópodo que vive en aguas poco profundas: las conchas llegan a alcanzar los 8 cm de longitud, con un canal sifonal largo y recto. Alrededor de la concha presenta grandes espinas dispuestas en hileras. Tiene unas seis vueltas, siendo la última mucho más ancha que las demás. Es depredador y carnívoro y se alimenta de otros moluscos. En la Figura 11.14b se incluye un corte longitudinal, en el que se aprecia la distribución interna de la concha.

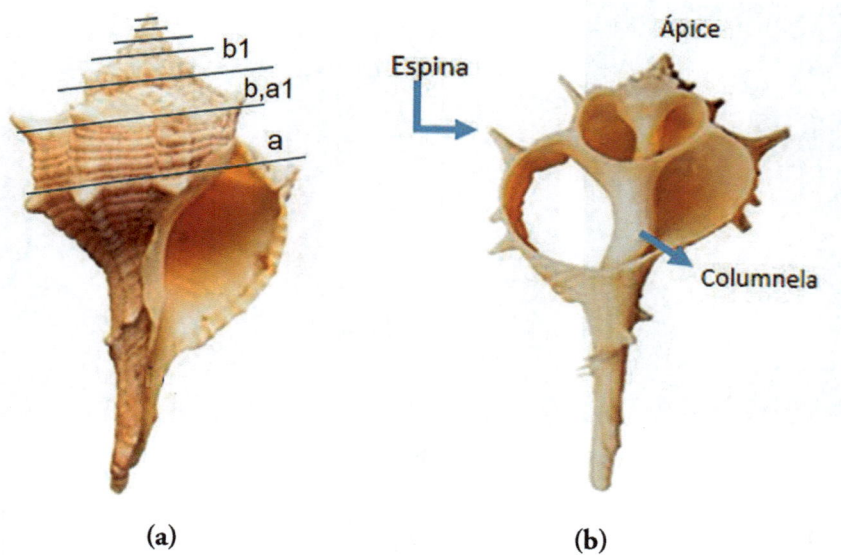

(a)   (b)

Figura 11.14. (a) Imagen de *Bolinus brandais*, donde se resalta la Proporción Áurea que se detecta entre las seis vueltas. (b) Corte longitudinal, donde se aprecia la columnela.

Neogastropoda

En las familias de gasterópodos pertenecientes al orden Neogastropoda encontramos también la relación áurea en cada una de las vueltas desde el inicio.

Como ejemplo cabe citar *Charonia tritoris* (Figura 11.15a) donde puede observarse la relación entre las alturas (Figura 11.15b), así como la proporción entre la anchura de las diferentes vueltas (Figura 11.15c), así la relación entre las alturas, se aproxima a la Proporción Áurea.

Otros ejemplos se muestran en la Figura 11.15d y e. En las conchas de *Adelomelon ancilla* y *Cymbiola aulica*, se observa, de forma similar a la *Charonia*, que la relación entre las vueltas a/b, así como en las medidas de longitud a/b un valor de esta relación cercano a Phi.

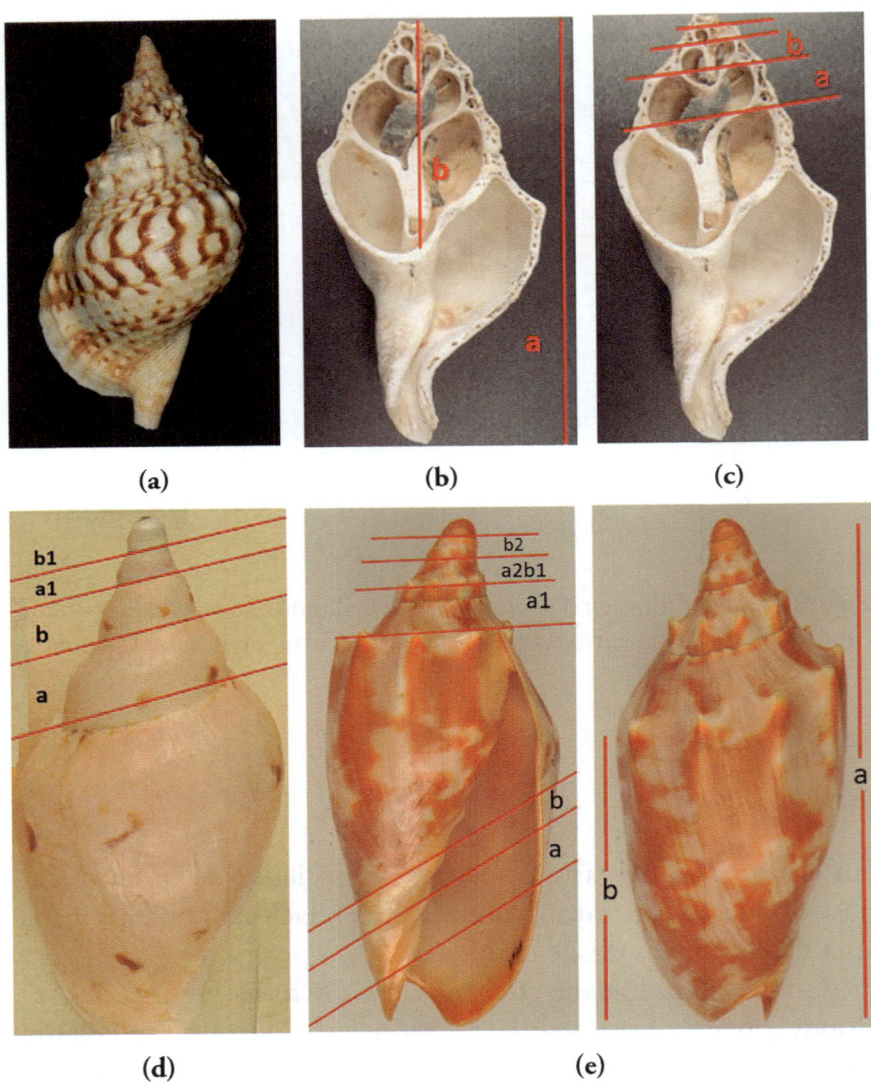

(a)   (b)   (c)

(d)   (e)

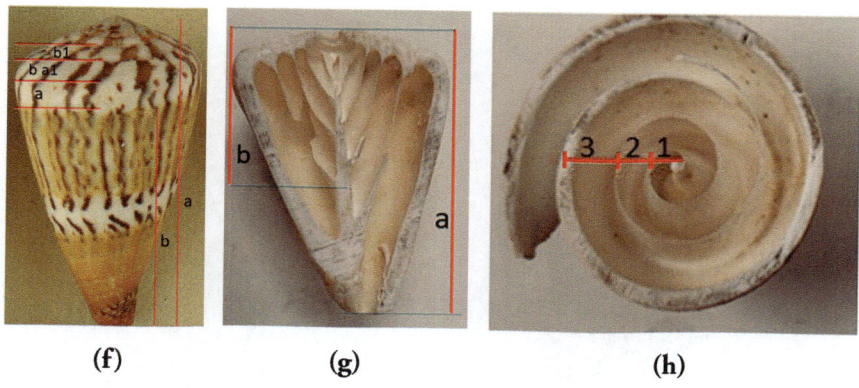

(f) **(g)** **(h)**

Figura 11.15. (a) *Charonia tritoris,* aspecto externo. (b) Corte longitudinal mostrando la proporción entre las alturas. (c) Idem, mostrando la relación entre las vueltas. (a/b es próxima a 1,618). Neogastropoda. Volutidae: (d) *Adelomelon ancilla*; (e) *Cymbiola aulica.* Conidae: (f) *Conus capitaneus.* (g) Corte longitudinal de *Conus sp.* (h) Corte transversal de *Conus sp.* Proporciones Áureas en las vueltas.

Por último, dentro de las Conidae, citamos *Conus capitaneus* (Figura 11.15f) que tiene Proporciones Áureas en sus vueltas iniciales y en las longitudes. En las Conidae se puede observar también esta Proporción, al analizar en el corte longitudinal y en corte trasversal cómo las vueltas siguen los primeros números de la sucesión de Fibonacci 1,2,3 (Figura 11.15g y h). Lo mismo se detecta en *Turbo petholatus,* de la familia Turbinidae (Figura 11.16a y b).

En el caso de las de la familia Cypraeidae y para estudiar el ajuste a la Proporción Áurea durante la formación de la concha, se han realizado cortes transversales y longitudinales de la concha de ejemplares de *Cypraea tigris* (Figura 11.16c) que presenta la superficie con un aspecto pulido y característicamente brillante. En el corte se puede apreciar la aproximación a la Proporción Áurea (Figura 11.16d)

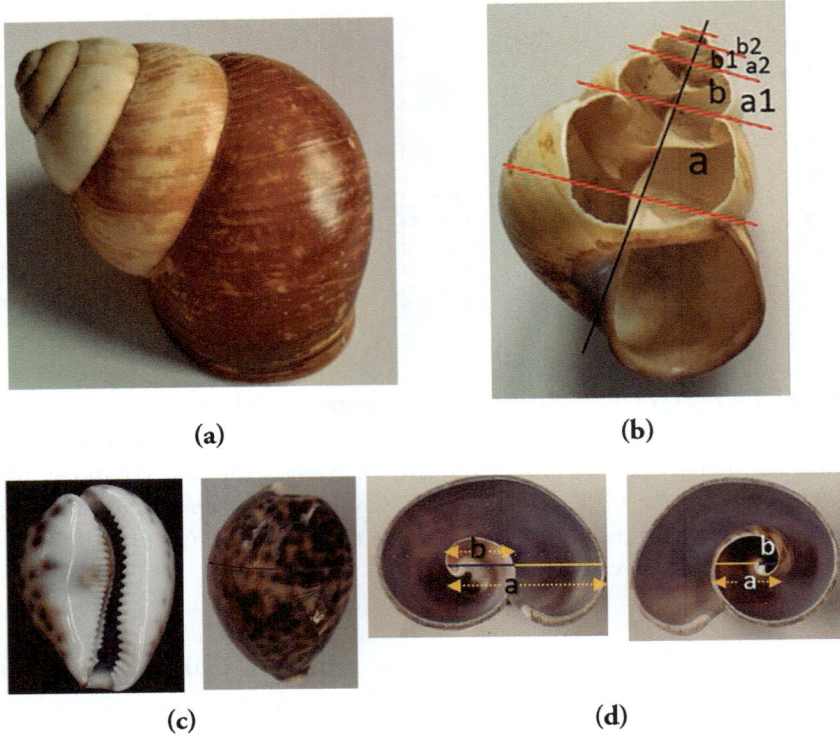

Figura 11.16. Turbinidae: (a) *Turbo petholatus*, aspecto externo. (b) Corte de *T. petholatus* mostrando las proporciones en la estructura interna. Cypraeidae: (c) *Cypraea tigris*, aspecto exterior. (d) *Idem.* Corte mostrando la aproximación a la Proporción Áurea.

Una pregunta clave es por qué tantas conchas de gasterópodos adoptan una forma espiral logarítmica que se aproxima a la Proporción Áurea. La explicación más convincente parece estar en las ventajas evolutivas y biomecánicas que esta forma ofrece.

En primer lugar, la espiral logarítmica permite que la concha crezca sin cambiar su forma general. Esta característica es crucial para la protección del organismo, ya que permite a los gasterópodos mantener una estructura externa sólida que puede resistir predadores y factores ambientales, sin necesidad de reconstruir o modificar significativamente la concha a medida que crecen. Además, la espiral garantiza que el animal pueda

318

replegarse dentro de la concha con eficiencia, ocupando el espacio de manera óptima.

La Proporción Áurea también está relacionada con una distribución equitativa del espacio interno de la concha. Esto permite que el gasterópodo mantenga un equilibrio entre el espacio disponible para el cuerpo y la estabilidad estructural de la concha. De hecho, se observa que las conchas que siguen este patrón son menos propensas a fracturarse o debilitarse a medida que se agrandan, lo que es particularmente ventajoso en entornos donde los caracoles están expuestos a predadores o deben resistir presiones ambientales extremas, como las olas del mar o los cambios de temperatura.

La música de los gasterópodos

La música de los colores de las conchas

De la colección de conchas del Museo de Ciencias de la Universidad de Navarra, se han elegido un conjunto de conchas, que se han agrupado en función de las diferentes gamas de colores, rojas, amarillas, etc.

Se han elegido un total de 50 conchas de los pertenecientes a cada uno de los dos grandes órdenes: Litorinimorfa y Neogasterópodos. Elegimos algunos representantes de Volutidae, Olividae, Conidae, Fasciolariidae y Harpidae.

De estas conchas se han elegido los puntos de color (Figura 11.17 como ejemplos) y se han obtenido los correspondientes códigos RGB.

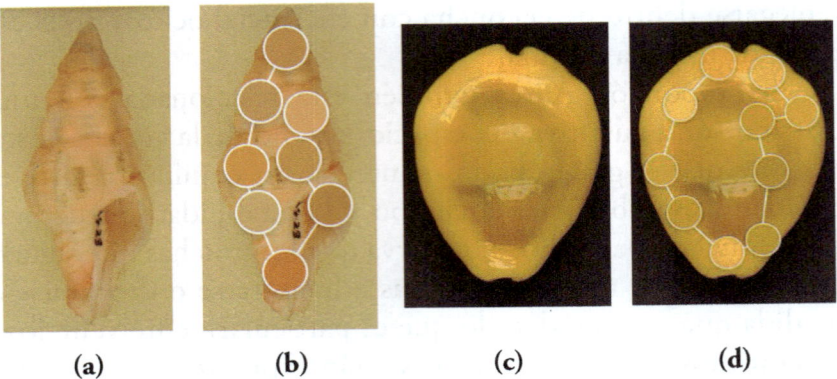

| (a) | (b) | (c) | (d) |

Figura 11.17. (a) *Polygona angulata.* (b) *Idem*, puntos de color elegidos. (c) *Monetaria moneta.* (d) *Idem*, puntos de color elegidos. (© E. Baquero. Fondo MCUN).

La aplicación del algoritmo previamente descrito permite obtener las notas correspondientes, con las se crea la composición que aparece codificada en el código QR incluido en la Figura 11.18 (© Eneko Azparren).

Figura 11.18. Composición musical para los colores de las conchas. (©Eneko Azparren)

La música de los genes y las proteínas de los gasterópodos

Como ejemplo se ha seleccionado el gen *HdhCA II* (GenBank MT876410) correspondiente a la proteína Anhidrasa carbónica, aislado del manto de *Haliotis discus hannai,* más conocido como abalón verde u oreja de mar (Figura 11.19a).

La secuencia de nucleótidos alcanza una longitud de 1.169 pares de bases y codifica para un polipéptido de 349 Aa, del

320

que se propone un modelo 3D generado mediante la herramienta *online* RobettaFold (URL: https://robetta.bakerlab.org/) a partir de la secuencia primaria de la proteína (Figura 11.19b).

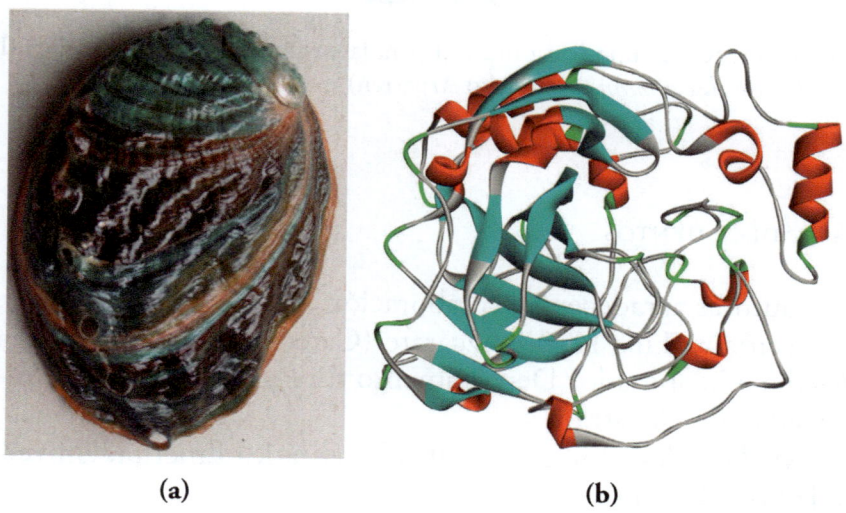

(a)   (b)

Figura 11.19. (a) Abalón verde, *Haliotis discus hannai* (©Jan Delsing, tomado de[22]). (b) Modelo de enzima anhidrasa carbónica II (Gen: *HdhCA II*. Hélices en rojo, láminas en azul, loops en blanco, pro-hélices en verde).

Aplicando el algoritmo propuesto, tanto a los tripletes correspondientes al gen responsable de la codificación de la enzima, así como a los Aa que la componen, se asignan las correspondientes notas con las cuales se construye la composición que aparece codificada en el código QR incluido en la Figura 11.20. La información correspondiente a la estructura secundaria de la misma (hélices, láminas, loops), se ha utilizado de modo complementario en la composición musical.

Figura 11.20. Composición musical para la enzima anhidrasa carbónica II de *Haliotis discus hannai* (©Eneko Azparren).

AGRADECIMIENTOS

Las autoras agradecen su colaboración a:

Mariano Luis Larraz Azcárate (Catedrático de Enseñanza Media. Colaborador Departamento Biología Ambiental. Universidad de Navarra)

Mª Lourdes Moraza Zorrilla (Catedrática Emérita. Universidad de Navarra).

Enrique Baquero Martin (Profesor Titular, Director Departamento Biología Ambiental. Universidad de Navarra. Subdirector Museo de Ciencias Universidad de Navarra)

BIBLIOGRAFÍA

1. Solem, GA. (2024). Gastropod. in *Encyclopedia Britannica*, https://www.britannica.com/animal/gastropod. Accedido,23 de abril de 2024.
2. Poppe, GT. and Tagaro, SP. (2006). The New Classification of Gastropods according to Bouchet & Rocroi, 2005. A practical adaptation for conchologists, malacologists and shell collectors. URL: WWW.CONCHOLOGY.BE. Accedido,20 de abril de 2024.
3. Ponder, WF. et al. Caenogastropoda. In Ponder, W. F.; Lindberg, D. L. (eds.). *Phylogeny and Evolution of the Mollusca*. Berkeley: U. California Press. pp. 331–383.
4. Rivera Pérez, C. and Hernández Saavedra, NY. (2020). ¿Cómo se forma la concha de moluscos? Recursos Naturales y Sociedad, 6: 43-54 https://doi.org/10.18846/renaysoc.2020.06.06.01.0004
5. Marin, F. et al. (2012). The formation and mineralization of mollusk shell. Frontiers in Bioscience S4: 1099-1125
6. Chateigner, D. et al. (2000). Mollusc shell microstructures and crystallographic textures. Journal of Structural Geology 22: 1723-1735
7. https://upload.wikimedia.org/wikipedia/commons/0/02/Calcite-67881.jpg. Accedido, 15 de abril de 2024
8. https://upload.wikimedia.org/wikipedia/commons/1/19/Aragonite_Mineral_Macro.JPG. Accedido, 15 de abril de 2024.
9. Wilbur, KM. and Saleuddin, ASM. (1983). 6-Shell Formation, in The Mollusca, A.S.M. SALEUDDIN, KARL M. WILBUR (Eds.) Academic Press, Pages 235-287. https://doi.org/10.1016/B978-0-12-751404-8.50014-1.
10. https://prehistoria.fandom.com/es/wiki/Amphiscapha. Accedido, 20 de abril de 2024
11. Calzada, S. and Carrasco, JF. (2022). Una nueva localidad para *Sensuitrochus ferreri*. Scripta Musei Geologici Seminarii Barcinonensis [Ser. palaeontologica], XXXV: Barcelona, 1-09-2022.
12. Jan Delsing. https://www.biolib.cz/en/image/id116594/?orderby=2&uid=3973. Accedido, 22 de abril de 2024.
13. Frýda, J. (2023). Fossil Invertebrates: Gastropods. Reference Module in Earth Systems and Environmental Sciences, Elsevier, 2013, https://doi.org/10.1016/B978-0-12-409548-9.02806-2.
14. Vendrasco, M. et al. (2013). Nacre in Molluscs from the Ordovician of the Midwestern United States. Geosciences. 3. 1-29. DOI: 10.3390/geosciences3010001.
15. Moulton, DE. et al. (2018). How Seashells Take Shape. URL: https://www.scientificamerican.com/article/how-seashells-take-shape/. Accedido, 22 de abril de 2024.

16. Chirat, R. et al. (2013). Mechanical Basis of Morphogenesis and Convergent Evolution of Spiny Seashells. PNAS USA, 110: 6015–6020. https://doi.org/10.1073/pnas.1220443110
17. Hickman, CP. et al. (2020). Integrated Principles Of Zoology, 18th edition. Published by McGraw-Hill Education, 2 Penn Plaza, New York, NY 10121.
18. Hendricks, JR. (2015). Glowing Seashells: Diversity of Fossilized Coloration Patterns on Coral Reef-Associated Cone Snail (Gastropoda: Conidae) Shells from the Neogene of the Dominican Republic. PLoS ONE 10(4): e0120924. https://doi.org/10.1371/journal.pone.0120924
19. Thompson, D. (2003). La espiral Equiangular. En: Sobre el crecimiento y la forma. Edición de John Tyler Bonner. Cambridge University Press
20. Pérez-Zaballos, J. and García-Moreno, A. (2009). Modelos adaptativos en Zoología (Manual de prácticas) 6. Conchas y espirales. Reduca (Biología). Serie Zoología. 2 (2): 70-85
21. Sharker, MR. et al. (2021). Molecular Characterization of Carbonic Anhydrase II (CA II) and Its Potential Involvement in Regulating Shell Formation in the Pacific Abalone, *Haliotis discus hannai*. Front Mol Biosci. 8:669235. DOI: 10.3389/fmolb.2021.669235.
22. Jan Delsing. https://www.biolib.cz/en/image/id98998/. Accedido, 22 de abril de 2024.

12.

La armonía de las alas de las mariposas

Existen más de 20 000 especies distintas de mariposas en todo el mundo. A lo largo de millones de años (Ma), las mariposas han experimentado cambios significativos en su morfología, comportamiento y distribución geográfica. Este viaje evolutivo se ha plasmado en la diversidad asombrosa de formas, colores y patrones que observamos en las alas de las mariposas contemporáneas, viaje durante el que han ido alcanzando Proporciones Áureas.

Origen y evolución de las mariposas

Las diferentes familias se distinguen por características tales como la forma de las alas, los patrones de color y los comportamientos específicos.

Con la aparición de las plantas con flores empiezan a ejercer su importante función de polinización, y se ha establecido que las mariposas relacionadas se alimentan de plantas también relacionadas entre sí. Así, se conoce que las polillas se alimentaban de especies de leguminosas ancestrales que se originaron hace unos 98 Ma. Después se diversificaron, posiblemente desde América, hace unos 75 Ma.

Figura 12.1. Morfología externa de una mariposa diurna (izqda.) *versus* una mariposa nocturna o polilla (drcha.) (Modificado de[1]).

Las polillas y las mariposas constituyen los Lepidópteros y ambos tipos co-evolucionaron con las plantas con flores.

Las mariposas evolucionaron a partir de un grupo de polillas (mariposas nocturnas herbívoras), estimándose que esta evolución puede relacionarse con un cambio de rutina alimentaria y de comportamiento. A partir de un estudio muy completo basado en el ADN se determinó que, efectivamente, un cambio de rutina hizo que estas polillas nocturnas pasaran a diurnas, salto evolutivo que, según este estudio, se puede rastrear en el árbol filogenético que comprende más de veinte mil especies que representan todas las familias existentes de mariposas.[2] Se han encontrado fósiles de polillas que podrían tener 190 Ma.[3]

A lo largo de la historia del planeta, mientras este seguía variando en temperatura, experimentando cambios significativos en su clima y flora y, sobre todo, en la disposición de los continentes, las plantas, para las que se detecta el inicio de una explosión de especies, y los insectos fueron obligados por estas fuerzas naturales, a moverse a otros nichos y a colonizar nuevos espacios. La creación de estos nuevos nichos ecológicos influyó en la diversificación de los insectos, incluyendo las mariposas. Por lo tanto, cabe pensar que esta interacción de hábitats de plantas e insectos ha sido crucial para la diversificación y expansión de unos y otros, constituyéndose las plantas como el hábitat natural para los insectos.

Figura 12. 2. (a) *Asclepias curassavica* (©Justin Lebar. Tomado de[4]). (b) Mariposa monarca, *Danaus plexippus* (© J.M. Moreno-Benitez. Tomado de.[5] (c) *Vanessa cardui* (Fondo MCUN). (d) Mapa de migración de *Vanessa cardui* (Modificado de[6]).

Un ejemplo de relación mariposa/planta es el caso de la mariposa monarca, *Danaus plexippus,* de la familia Nymphalidae, con la *Asclepias curassavica* (Figura 12.2). Se sabe que, en su estado larvario, se alimenta de esta especie de "algodoncillo", que sorprendentemente es tóxico para otras especies de mariposas. En esa fase ocupa un nicho específico, pero, cuando experimenta la metamorfosis, se ve obligada a cambiar de nicho y comienza una increíble migración masiva que lleva a millones de ejemplares de California a México —5000 kilómetros— cada invierno; concretamente a un bosque, hoy región protegida, en Michoacán, el Santuario de la Mariposa Monarca (Patrimonio de la Humanidad por la UNESCO).

Otro ejemplo de migración, en este caso buscando las condiciones más adecuadas para su reproducción, es el de la *Vanessa cardui*,[7] casi cosmopolita, que cada año, en una sucesión de generaciones, hace un viaje de más de 10 000 kilómetros entre África y Europa (Figura 12.2.c y d).

El lepidóptero más grande es la conocida mariposa Atlas o polilla Atlas, *Attacus atlas* (Figura 12.3), originaria de las zonas tropicales del sudeste asiático, de hábitos diurnos.

Aunque polillas y mariposas comparten el mismo orden taxonómico, Lepidoptera, existen algunas diferencias notables entre ambas, ejemplos de cómo la evolución las ha moldeado para enfrentar distintos desafíos y aprovechar diferentes nichos ecológicos.

Así, las mariposas son generalmente diurnas, tienen colores vivos, un cuerpo esbelto, sus antenas son finas y sin plumas y cuando están en reposo mantienen las alas cerradas. Por su parte las polillas son mayoritariamente nocturnas, muestras colores pardos, su cuerpo es robusto, sus antenas muestran cepillos en el extremo, y cuando están en reposo mantienen las alas abiertas.

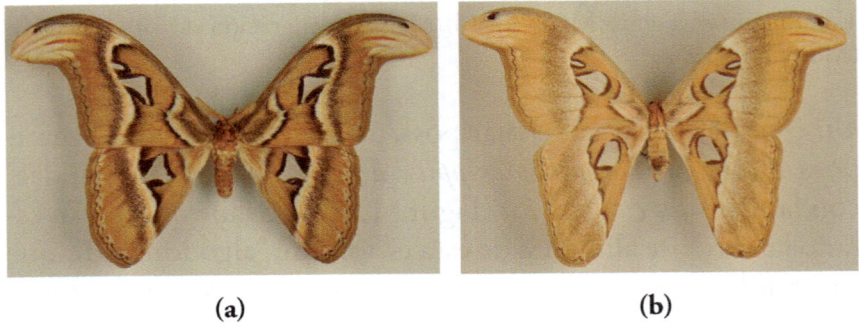

(a)   (b)

Figura 12. 3. *Attacus atlas* (a) hembra; (b) macho (Fondo MCUN).

Origen Geográfico de las mariposas

Hace aproximadamente 200 Ma, la Tierra experimentó un cambio dramático que moldeó la geografía tal como la conocemos hoy: la separación de los continentes a partir de Pangea, un supercontinente masivo que abarcaba gran parte de la masa terrestre, que comenzó a dividirse hasta alcanzar la distribución de las masas continentales que existen en la actualidad.

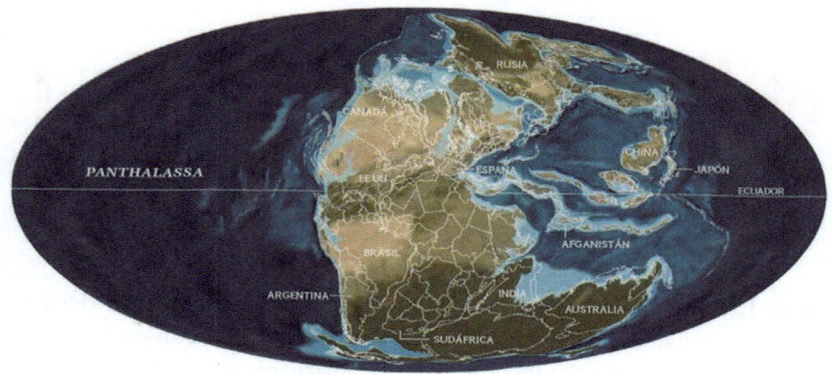

Figura 12.4. Pangea, toda la tierra (Tomado de[8]).

Este proceso de separación que se ha denominado *deriva continental*, fue propuesto a principios del siglo xx por Alfred Wegener,[9] quien planteó que los continentes estaban en constante movimiento e iban desplazándose lentamente, como consecuencia de las fuerzas tectónicas generadas por el movimiento de las placas en la superficie de la Tierra, de modo que, a lo largo de Ma, y a medida que las masas que constituyen los continentes se alejaban unas de otras, los bordes de estas placas chocaron, se separaron y se deslizaron unos contra otros, dando lugar a la creación de nuevas características geográficas y a la expansión de los océanos.

De este modo, y a medida que los continentes se alejaban, se formaron océanos como el Atlántico y el Índico, y se delinearon las costas que conocemos hoy. Este fenómeno también influyó en el clima y la biodiversidad, ya que las especies se separaron geográficamente, posibilitándose una evolución independiente en diferentes partes del mundo.

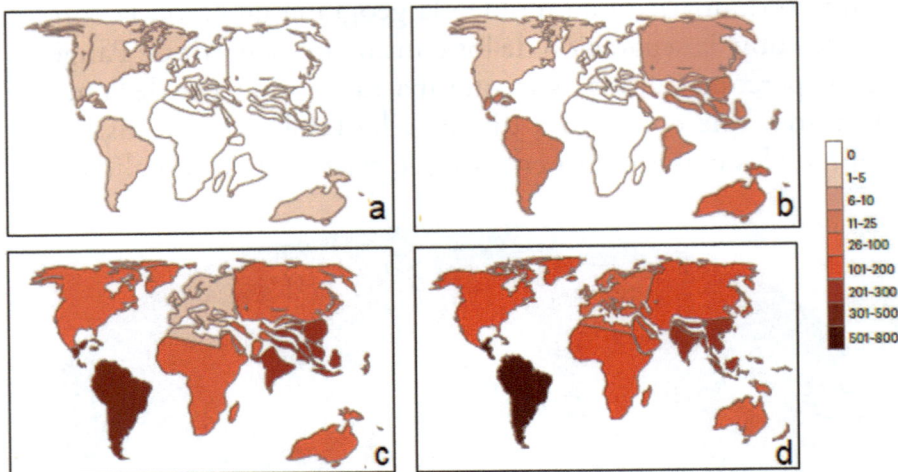

Figura 12.5. Origen geográfico de las mariposas. La intensidad del color indica la cantidad de linajes de mariposas que se asociaron con esa biorregión durante ese período de tiempo. Tiempos de aparición desde 100 Ma: (a) 90-75; (b)60-45; (c) 30-15; y (d) hasta el presente (Modificado de[10]).

En el caso de las mariposas, se considera probable que las primeras ya estuvieran presentes en Pangea y que la separación continental implicara también que todas las familias de mariposas estén representadas en más de un continente.

De este modo, durante el Cretácico, las mariposas originadas en el Neotrópico americano (105 a 90 Ma) se dispersaron en primer lugar hacia el actual archipiélago indo-australiano (90-75Ma) (Figura 12.5 a) y después de los 75 Ma se dispersaron hacia el Neártico (Figura 12.5 b).

A lo largo de la evolución, la especiación de mariposas fue sustancialmente mayor en los trópicos que en las zonas templadas. Así, a partir de unos 60 Ma, el Neotrópico sirvió como una biorregión importante con una alta especiación de mariposas *in situ* y muchos linajes se dispersaron fuera de esta región a otras áreas, como África (Figura 12. 5 c). Solo a partir

330

de hace unos 30 Ma se dispersan a Europa y una franja del norte de África (Figura 12.5 d).

Análisis genético

La aplicación de técnicas moleculares y genéticas ha revolucionado nuestra comprensión de la filogenia de las mariposas en las últimas décadas. Los estudios de ADN han permitido a los científicos reconstruir árboles filogenéticos detallados, revelando relaciones evolutivas que a menudo difieren de las clasificaciones basadas en características morfológicas.

Kawahara y su equipo,[2] analizaron genéticamente cerca de 2300 especies de mariposas, tomadas de 90 países y 28 colecciones para entender más sobre el porqué existen tantas especies diferentes. Secuenciaron 391 genes y, a partir de los datos obtenidos, reconstruyeron un nuevo árbol filogenético para las mariposas que representa el 92 % de todos los géneros (Figura 12.6). Otros equipos profundizaron en estos datos, obteniéndose más datos filogenéticos muy precisos.[11]

En el árbol filogenético de la subfamilia Papilionoidea encontramos no solo la historia evolutiva de estas mariposas, sino también información sobre las adaptaciones específicas que han surgido a lo largo del tiempo, con un complejo entramado de relaciones genéticas y características morfológicas, que ha contribuido a la variedad y riqueza de estas mariposas diurnas.

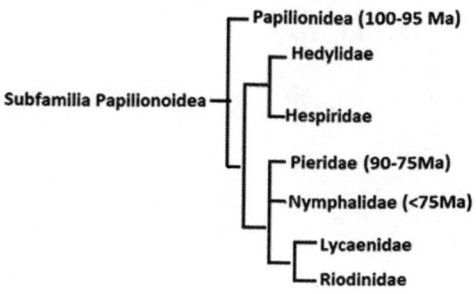

Figura 12.6. Árbol filogenético de la subfamilia Papilionidea, que incluye todas las familias de mariposas diurnas y están distribuidas por todo el mundo.

En la base del árbol filogenético, se encuentran la familia Papilionidea (Figura 12.7) que se caracteriza por sus alas grandes y de colores vistosos. A medida que nos movemos por las ramas evolutivas, nos encontramos con otras familias como la Pieridae (Figura 12.8) que incluye mariposas comúnmente conocidas como "blancas" debido a la predominancia de colores blancos en muchas de sus especies, que están muy adaptadas para la mimetización y la supervivencia. En las ramas más recientes, cabe citar la familia Lycaenidae (Figura 12.9) que generalmente destacan por su tamaño reducido y a menudo presentan relaciones simbióticas con otros insectos, como las hormigas.[12]

(a) (b)

Figura 12.7. Ejemplos de la familia Papilionidea: (a) *Iphiclides podalirius*; (b) *Papilio machaon* (Fondo MCUN).

(a) (b)

Figura 12.8. Ejemplos de la familia Pieridae: (a) *Colias croceus*; (b) *Aporia crataegi* (Fondo MCUN).

(a)   (b)

(c)

Figura 12.9. Familia Lycaenidae (a) *Tomares ballus* (hembra); (b) *Tomares ballus* (macho); (c) *Lycaena aleiphrou* (Fondo MCUN).

(a)   (b)

(c)   (d)

Figura 12.10. Familia Nymphalidae: (a) *Pararge aegeria*; (b) *Pyronia bathseba*; (c) *Melanargia Galatea*; (d) *Chazara brisei* (Fondo MCUN).

Hedylidae es la única familia restringida a la región neotropical del continente americano; al menos tres de las otras familias (Nymphalidae, Figura 12.10, Hesperiidae y Riodinidae) tienen mayor riqueza en esta región. Lycaenidae tiene una mayor presencia en la región Afrotropical, mientras que Papilionidae y Pieridae son más abundantes en la región Oriental.

Las alas y la probóscide

Las alas

Las alas de las mariposas son estructuras altamente especializadas, resultado de Ma de evolución, que, pese a su aparente fragilidad, les permiten realizar sus asombrosos vuelos y desempeñar un papel fundamental en su supervivencia y reproducción.

Son extensiones membranosas cubiertas por escamas (cada escama corresponde a una única célula aplanada), que se disponen en pares simétricos a lo largo del cuerpo. Su estructura revela adaptaciones específicas a diferentes estilos de vuelo, hábitats y estrategias de vida.

Así, algunas especies presentan alas alargadas y estrechas, más comunes en especies migratorias que necesitan recorrer

334

largas distancias, mientras que otras tienen alas más redondeadas, lo cual es típico de especies que realizan vuelos cortos y maniobras rápidas.

Las escamas que recubren las alas —de ahí se origina el nombre de *lepidópteros*, que significa alas con escamas— son estructuras especializadas, constituidas mayoritariamente por quitina y queratina, que contribuyen a la aerodinámica, la termorregulación (al absorber o reflejar la luz solar, pueden ayudar a regular la temperatura del cuerpo de la mariposa, influyendo en su capacidad para realizar actividades metabólicas y vuelos) y la defensa contra depredadores. Están dispuestas de manera imbricada (Figura 12.11), creando una superficie que puede repeler el agua y facilitar el despegue después de la lluvia.

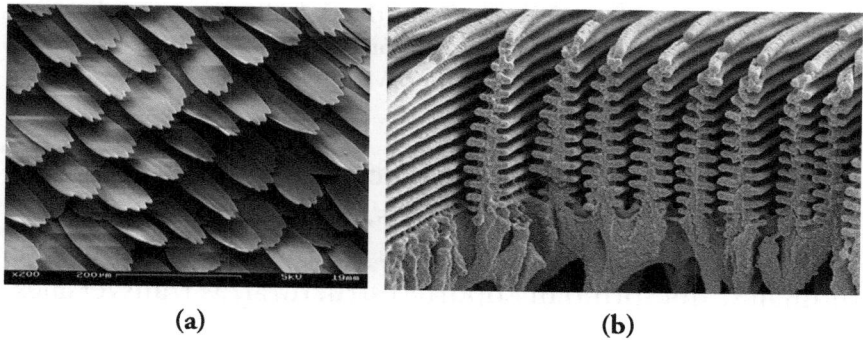

(a)   **(b)**

Figura 12.11. (a) Imagen ampliada de las escamas de una mariposa (Tomado de[13]). (b) Corte transversal de las ultraestructuras de las alas de *Morpho rhetenor* (Modificado de[14]).

Las alas están integradas por una estructura constituida por una serie de venas, que proporcionan soporte y distribuyen el flujo sanguíneo, la hemolinfa, hacia la periferia del ala. Estas venas, junto con nervaduras secundarias, constituyen una sólida red de soporte que mantiene la integridad estructural del ala durante el vuelo.

El patrón de distribución de estas venas tiene un gran valor taxonómico, ya que difiere de unas especies a otras. En las más primitivas es similar la venación del ala anterior y posterior

335

mientras que, en las más modernas, la venación de las alas posteriores es reducida y diferente a la del ala anterior (Figuras 12.12).

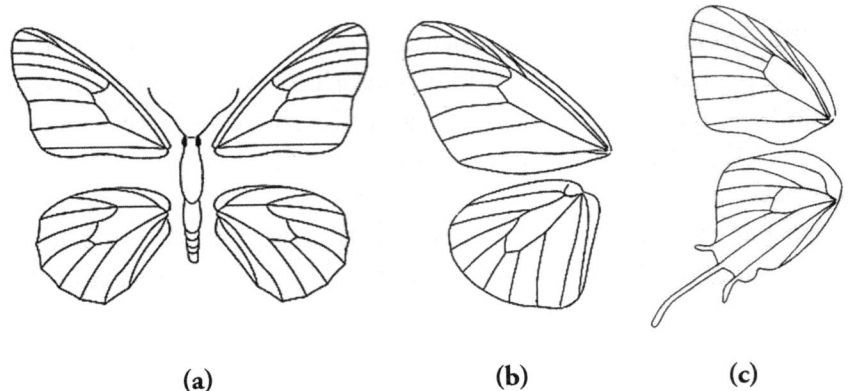

(a) (b) (c)

Figura 12.12. (a) Representación esquemática de la distribución de las venas en una mariposa (b) Esquema de la venación en *Euploea mulciber.* (c) Esquema de la venación en *Drupadia ravindra* (Modificados de[15]).

A medida que las mariposas evolucionaron, su sistema venoso también experimentó cambios, fundamentalmente para mejorar la eficiencia del vuelo. La aparición de venas longitudinales, que brindan soporte estructural, y transversales, que conectan las longitudinales formando celdas mejoran la resistencia y la estabilidad durante el vuelo y permiten vuelos largos.

En algunas especies se encuentran *ocelos* en sus alas, unas áreas con patrones de coloración que imitan la apariencia de ojos grandes (Figura 12.13). Entre las funciones que se atribuyen a los ocelos caben destacar la de disuasión a los depredadores, o la de atracción a parejas potenciales. Además, algunas mariposas tienen alas transparentes o con patrones crípticos que les permiten camuflarse en su entorno, brindándoles protección contra depredadores.[16]

(a)   **(b)**

Figura 12.13. (a) *Parnassius apollo* (Fondo MCUN). (b) Detalle de un ocelo obtenido mediante ampliación al microscopio óptico.

En la actualidad las mariposas han diferenciado sus alas delanteras adoptando una forma triangular, mientras que las alas posteriores adquieren preferentemente forma redondeada, una mejora aerodinámica que les permite adquirir una mayor velocidad en el vuelo. Además. algunas mariposas tienen en el ala posterior una o más prolongaciones a modo de "colas"; este rasgo es típico de algunas especies de mariposas de la familia Papilionidae, Hesperiidae y Lycaenidae

Estructura de la probóscide de mariposa
y mecanismo de enrollado

La probóscide o espiritrompa (Figura 12.10), es una estructura tubular enrollada clave, que ha evolucionado a lo largo de Ma, como resultado de complejas interacciones entre las mariposas y las plantas con flores, así como de la competencia con otros organismos por los recursos disponibles para permitir a estos insectos alimentarse de néctar y otros fluidos[17,18]. Se despliega con gran rapidez cuando la mariposa necesita alimentarse.

(a)   (b)

Figura 12.14. (a) *Hesperia comma* (©Svdmolen. Tomado de[19]). (b) Detalle de la probóscide (©Diego Delso. Tomado de[20]).

La forma y la longitud de la probóscide varían considerablemente: en algunas son cortas y robustas, adaptadas para alcanzar flores con corolas más anchas y abiertas; otras tienen probóscides largas y delgadas para acceder al néctar en flores tubulares. Además, algunas especies de mariposas presentan en las espiritrompas extremos especializados, como esponjas o cepillos, que les permiten absorber más eficientemente el néctar de las flores.

A medida que las mariposas evolucionaban para adaptarse a las características específicas de las flores, las plantas también desarrollaron mecanismos para atraer y recompensar a los polinizadores. Esta coevolución continua entre las mariposas y las plantas ha dado como resultado una red compleja de interacciones ecológicas y adaptaciones recíprocas.[18]

Proporciones áureas en las mariposas

Las mariposas tienen simetría bilateral ya que en ellas se reconocen dos ejes de simetría; y en algunas especies se puede apreciar una Proporción Áurea en la relación entre las partes del cuerpo, como la longitud de las antenas con respecto al tamaño del abdomen o la relación entre las distintas secciones del cuerpo. También en el proceso de metamorfosis, desde la fase de huevo hasta la oruga, la pupa y finalmente el adulto alado, podría considerarse en términos de la Proporción Áurea en el sentido de cambios y transformaciones proporcionadas.

Sin embargo, es en las alas y en la probóscide, como desarrollamos a continuación, donde se puede encontrar de manera clara esta Proporción.

Proporciones Áureas en las alas

Se puede observar cómo a lo largo de la evolución las alas de las mariposas se aproximan a la forma áurea, de modo que en términos generales las más antiguas se alejan de la Proporción Aurea, mientras que las más evolucionadas se aproximan a dicha proporción (Figura 12.15)

(a)   (b)

(c)

Figura 12. 15. (a) *Gynnidomorpha Alisman* (Familia Tortricinae, ejemplo de polilla. Modificado de[21]). (b) *Papilio Antimachus* (Familia Papilonidea; Fondo MCUN). (c) *Aporia crataegi* (Familia Pieridae; Fondo MCUN).

También se observa que algunas mariposas exhiben una distribución de áreas de color en sus alas que sigue la Proporción Áurea. La relación entre el tamaño de diferentes secciones de las alas guarda proporciones que se aproximan al número áureo, proporciones que pueden ser especialmente evidentes en los patrones de venas o en la disposición de colores y marcas en las alas.

Respecto de la distribución de los ocelos, se puede apreciar igualmente una aproximación a la Proporción Áurea (Figura 12. 16).

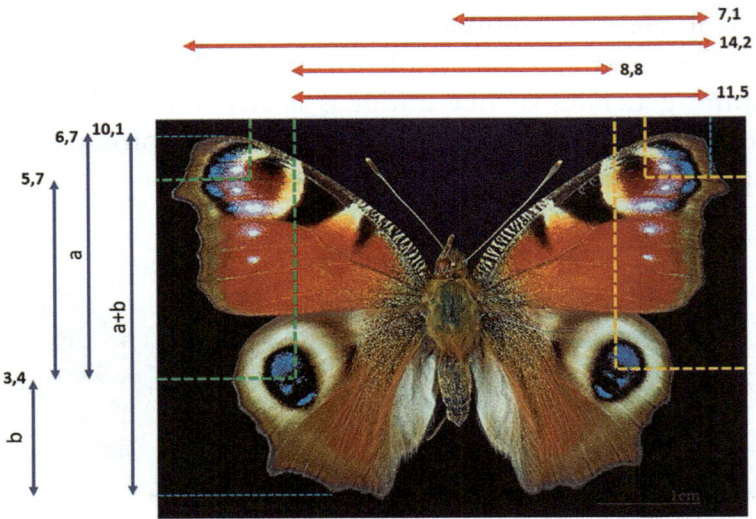

Figura 12.16. Aproximación al número áureo en la distribución de los ocelos en un ejemplar de *Aglais io*, vista dorsal (©Didier Descouens. Modificado de[22]).

Así, la longitud del ala en vertical es 10,1 (a+b); la distancia de centro ocelo a centro de ocelo es 5,7, mientras que de centro de ocelo inferior a limite ala son 3,4 (b); los valores que se obtienen al dividir 10,1 (a+b) por 6,7 (a) es 1,507. La división de 10,1 (a+b) por la distancia entre los ocelos 5,7 es 1,771, mientras que la distancia entre los ocelos 5,7 dividida por el valor de b 3,4, es 1,676. La media de estos valores es 1,651, valor próximo a Phi.

La anchura en horizontal de las alas es 14,2 y la anchura de cada ala es 7,1. La distancia entre los ocelos inferiores es 8,8;

340

la distancia desde el centro del ocelo inferior hasta el límite del ala opuesta es 11,5. Si a este valor 11,5 le restamos 8,8, es decir la distancia entre los ocelos inferiores, obtenemos 2,7; si a 11,5 le restamos 7,1 es decir, la distancia desde el centro del cuerpo y el extremo del ala obtenemos 4,4. Si dividimos el ancho total 14,2 por el valor de la distancia entre ocelos inferiores 8,8 obtenemos 1,6136. Si dividimos 11,5 por 7,1 obtenemos 1,6197. Por su parte, en la división entre 7,1 y 4,4 se obtiene 1,613 y en la división de 4,4 entre 2,7 se obtiene 1,629. La media de estos valores obtenidos en el análisis de las medidas horizontales es 1,618, valor muy próximo a Phi.

Proporciones áureas en la probóscide

El 95 % de las mariposas y polillas utilizan para alimentarse la probóscide o espiritrompa, que cuando no está siendo usada se enrolla en una espiral y cuando va a utilizarse para la alimentación se extiende rápidamente. Como se ha comentado anteriormente es un componente notable de la coevolución insecto-planta, y se ha sugerido que las diferencias observadas en las conformaciones enrolladas de la probóscide podrían estar relacionadas con los sustratos de los que se alimentan las mariposas.

Figura 12. 17. (a) *Limenitis arthemis astyanax* (©Saxophlute. Tomado de[23]). (b) Probóscide de *Limenitis arthemis astyanax*, mostrando los valores de ajuste a la Proporción Áurea (A y B, en azul y rojo respectivamente, longitudes; θ ángulo; pendiente, línea en puntos).

Se ha demostrado que su geometría, si bien no muestra una tendencia que coincida estrictamente con las relaciones evolutivas, sí que se aproxima, en fases del enrollado, a la Proporción Áurea (Figura 12.17), especialmente en las mariposas que se alimentan de savia.[18,24]

Se encontraron diferencias significativas en las medidas geométricas entre mariposas que se alimentan de savia y las de néctar, siendo intermedias en las que succionan líquido de los charcos.[25,26,27] Las mariposas que se alimentan de savia tienen conformaciones de la probóscide que están significativamente más cerca de la Proporción Áurea que las especies que se alimentan de néctar.

LOS COLORES DE LAS ALAS DE LAS MARIPOSAS

La paleta de colores de las mariposas es tan variada como asombrosa, mostrando gamas de colores que van desde tonos suaves y pastel hasta colores vibrantes y llamativos, con una variabilidad cromática que es el resultado de la adaptabilidad y la complejidad de la naturaleza.

Dos causas diferentes son las responsables de los colores en estos insectos: la presencia de pigmentos[28] que tiñen algunas zonas de las alas, es decir, la llamada *coloración pigmentaria*, o bien los colores que aparecen como consecuencia del choque de la luz con las escamas, la *coloración estructural*, en la que aparecen los correspondientes colores como consecuencia de la modificación de la trayectoria de la luz. El diferente grosor de la capa de quitina de las escamas, junto con los diferentes ángulos de incidencia de los rayos de luz, hacen que se puedan apreciar colores muy diferentes.[29]

En la mayoría de las mariposas la fuente del color son los pigmentos derivados de la melanina, responsable del color negro y/o marrón oscuro, el papiliocromo responsable del color amarillo, el ommocromo responsable del rojo o la pteridina, de color blanco y amarillo. El color de cada escama es generalmente homogéneo, y su intensidad varía de acuerdo con la concentración del pigmento depositado en ella. Algunos colores se logran mezclando escamas de diferente coloración (Figura 12.18a). La expresión de las enzimas de pigmentación está altamente coordinada en toda el ala y en diferentes tipos de escamas. La pigmentación de las escamas ocurre en la etapa final de pupa, solo uno o dos días antes de la emergencia de la mariposa adulta.

(a)   **(b)**

Figura 12.18. (a) Imagen amplificada de escamas con color en el ala de una mariposa. (© Anatoly Mikhaltsov. Tomado de[30]). (b) Ejemplar macho de *Morpho nestira*, como ejemplo de color estructural (Fondo MCUN).

En otros casos, como las mariposas azules o las verdes, la coloración es de carácter estructural, y carecen de pigmentos (Figura 12.18b). De hecho, la mayoría de los blancos, azules y todos los colores metálicos (iridiscentes) en los lepidópteros corresponden a colores estructurales.

Patrones de color: posición de las escamas y los genes implicados

Los patrones de coloración de las alas, muy variados, son consecuencia de un amplio y complejo conjunto de factores, tanto genéticos, como bioquímicos o evolutivos, entre otros.[31]

Se propone que la mayoría de los patrones de alas de mariposa se deriven de un conjunto de elementos de patrón conservados conocidos como sistemas de simetría, a menudo asociados con franjas de colores, dispuestas a partir de centros organizadores lineales que se extienden entre los márgenes anterior y posterior del ala (Figura 19.19).

La formación de estos patrones está estrechamente relacionada con los *morfógenes* que resultan ser un elemento clave para la determinación de la morfología y el colorido de sus alas, ya que actúan como señales químicas que guían la diferenciación celular y la organización espacial de los tejidos durante el desarrollo de la mariposa. Por ejemplo, los ocelos de algunas mariposas son consecuencia de la expresión de un conjunto concreto y numeroso de genes que dan lugar a una serie de compuestos que inducen la proliferación celular y la formación de patrones específicos en las alas, tanto de color, al determinar la distribución de pigmentos, como la disposición de las células en las alas, dando lugar a las estructuras morfológicas características de cada especie, y creando así la variabilidad fenotípica y la belleza visual que caracterizan a estas criaturas.[32,33]

De entre los genes implicados en la regulación del desarrollo embrionario de las mariposas, se pueden destacar los pertenecientes a la familia *Wnt*, genes altamente conservados que regulan la expresión de genes responsables del crecimiento y la diferenciación celular, influenciando así la morfología y el desarrollo del organismo. Además, esta vía de señalización también puede estar implicada en la determinación de los patrones de coloración en las alas, contribuyendo así a la diversidad fenotípica observada en las distintas especies de mariposas.

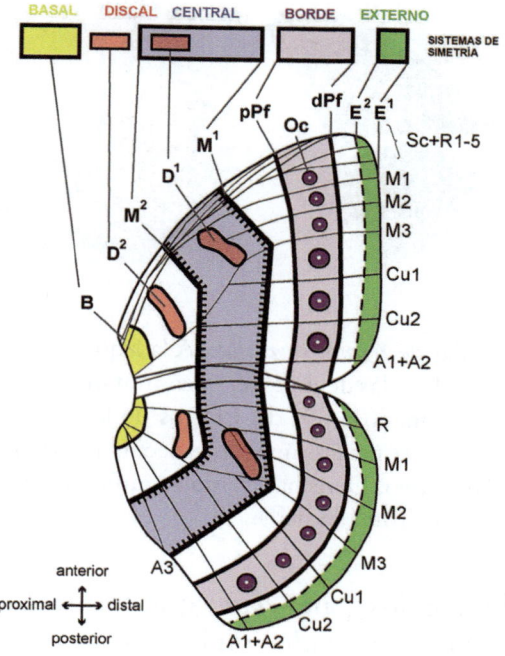

Figura 12.19. Plano ninfálido de mariposa mostrando, de izquierda a derecha, cinco sistemas de simetría: basal (B), discal (D2, D1), central (M2, M1), borde (pPf-elemento parafocal proximal, dPf-elemento parafocal distal, Oc-ocelos fronterizos), externo (E2, E1). En toda la superficie alar se observan venas (M1, M2, M3, Cu1, Cu2, A1+A2, A3). (Modificado de[33]).

Así, se ha comprobado que el morfogen *WntA* establece las posiciones de los tipos de células especializadas dentro de un tejido y que sitúa las escamas en una determinada orientación, de forma que la luz que reciben, absorben y reflejan, da lugar al colorido.

Por otra parte, se conoce la implicación de diferentes genes en la síntesis de los pigmentos de las alas, así como en su distribución. Por ejemplo, el gen *optix* que controla la expresión de pigmentos en las alas de algunas especies de mariposas, en las que las mutaciones en este gen pueden causar cambios en la distribución y la intensidad del color en las alas, dando como resultado fenotipos aberrantes, pero visualmente impactantes (Figura 12.20a).

(a)   **(b)**

Figura 12.20. (a) Alas de *Agraulis vanillae*. A la izquierda, alas de un espécimen nativo; a la derecha, alas de un espécimen mutante en el que el gen *optix* ha sido eliminado (Tomado de[34]). (b) Efectos de la mutación en los genes implicados en la vía de la melatonina, en especímenes de *Bicyclus anynana*. Izquierda, ejemplar nativo. Derecha, ejemplar mutante. (©William H. Piel and Antónia Monteiro. Tomado de[35]).

Otros ejemplos son los genes *ebony* que controla la producción de melanina y *yellow* asociado con la producción de pigmentos amarillos (Figura 12.20b y c).

La música y las mariposas

La detección y contemplación de la belleza de las mariposas, tanto de sus formas como de sus colores, o incluso de su vuelo, trasciende lo meramente visual, evocando sensaciones que podrían ser descritas musicalmente. Gracias a los diferentes algoritmos podemos traducir esta belleza en música, aplicándolos tanto al vuelo, como a los colores de las alas o a los genes y proteínas relacionados.

El vuelo de las mariposas

Las mariposas tienen un vuelo peculiar, diferente de cualquier otro animal volador. Sus alas son anchas y grandes en relación con el tamaño de su cuerpo, de manera que su forma y tamaño

346

están optimizados para maximizar la eficiencia aerodinámica, lo que les permite volar con un gasto mínimo de energía; su flexibilidad aumenta significativamente el impulso y la eficiencia del aleteo respecto a las alas rígidas. Durante el aleteo, las alas no son dos superficies planas chocando entre sí, sino que tiene una inclinación invertida, probablemente debido a su flexibilidad y, además, pueden deformarse durante el vuelo, de modo que ajustan la forma de sus alas para adaptarse a las condiciones cambiantes del aire y maximizar la eficiencia aerodinámica. Al igual que otros insectos, las mariposas crean vórtices en el borde de ataque de sus alas durante el vuelo, vórtices que ayudan a generar sustentación y estabilidad.

Las mariposas pueden ajustar activamente la forma y el ángulo de sus alas durante el vuelo, lo que les permite controlar su dirección y velocidad con precisión.

El despegue de las mariposas suele ser muy rápido y puede actuar como respuesta contra posibles amenazas de depredadores. Los vuelos de despegue rápidos y dirigidos requieren un gran consumo y control de fuerza.

La carrera ascendente se apoya en el aleteo que empuja la mariposa hacia delante, mientras que la carrera hacia abajo las utiliza para soportar el peso. Cuando las alas se juntan en la carrera ascendente, el aire entre las alas es presionado, creando un chorro de aire que empuja al animal en la dirección opuesta. La disposición de las alas en este momento es como un aplauso 'ahuecado'. Al comienzo de la carrera descendente, las alas se separan, generando un vértice de inicio unificado, las alas izquierda y derecha están conectadas en la punta dando como resultado un solo vértice, generado conjuntamente por las cuatro alas durante cada carrera descendente.

Observando los diferentes movimientos de subida y bajada de una mariposa, que se ajustan a una espiral, hemos adjudicado a cada una de las 12 posiciones una nota musical, que en la subida se ajustan a la tercera escala y en la bajada a la cuarta. Con esto se consigue ilustrar los movimientos del vuelo de despegue y descenso mediante la música (Figura 12.21a). Las posiciones que coinciden con el 'aplauso' están marcados.

Los colores de las alas de las mariposas

La posibilidad de traducir la gran variedad de colores de las mariposas en notas musicales, de modo que cada color es una nota musical y la composición de una partitura con estas notas, abre una ventana hacia una comprensión más profunda de la naturaleza, recordándonos la interconexión entre belleza, armonía y evolución.

Aplicando el algoritmo anteriormente explicado, hemos realizado la traducción de las gamas de colores de las alas de mariposas, a notas musicales. Para ello, previamente hemos agrupado las mariposas por gamas de colores, del rojo al azul-violeta. Una vez obtenidas las notas musicales correspondientes a cada color, se ha compuesto una partitura (©Eneko Azparren). En la figura 12.21b se incluye el código QR que lleva a un audiovisual en el que se ven volando las diferentes mariposas que se han analizado y la música correspondiente.

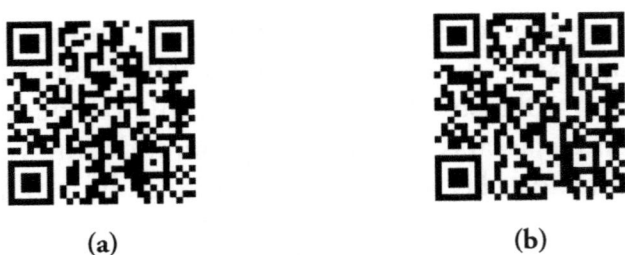

(a)   (b)

Figura 12.21. (a) El vuelo de las mariposas. (b) Los colores de las mariposas (Música: © Eneko Azparren).

El gen *WntA* es un componente clave en el desarrollo y la morfogénesis de las mariposas. Su secuencia de nucleótidos expresa para la síntesis de la proteína WntA, perteneciente a la familia de factores de crecimiento celular Wnt, que desempeñan un papel fundamental en la regulación de la diferenciación celular, la proliferación y la polaridad tisular durante el desarrollo embrionario. La expresión temporal y espacial del gen *WntA* es fundamental para la correcta formación de las alas y la pigmentación de las mariposas. Alteraciones en su secuencia o en su expresión pueden dar lugar a malformaciones en las alas o cambios en los patrones de color, lo que afecta la capacidad de vuelo y la supervivencia de las mariposas.

Aplicando el algoritmo previamente descrito se ha audificado el gen *WntA*[37] (gen corto) de la mariposa *Vanessa cardui*, así como la proteína para la que expresa (Figura 12.22).

Empleando la secuencia de la proteína se ha construido un modelo (Figura 12.23a), utilizando la herramienta *online* https://alphafold.ebi.ac.uk/, y se ha asignado la estructura secundaria de la misma (hélices, láminas, loops), información que se ha utilizado de modo complementario en la composición musical (Figura 12.23b).

(a)

1 ccgagacact ggcaatgggg tggatgttct gaggatataa gatatggtga aaagtttagc

61 cgggatttcg tagacgttaa agaggacaaa gaaagcgatg aaggaataat gaatctacat

121 aataatgaag ctggtcgtag ggctgttcgt ggtcgaatgc aacgtgtctg caaatgtcat

181 ggtatgtccg gttcatgttc agtacgagtg tgctggcgtc gtctcccaca actaaggatc

241 gtgggtgact cttttaagtac aagatacgag ggcgcttcgc atgttaagat tgtagaaaga

301 aaaagaggga agaatatcag gaaattgaga ccaatacacg cggatatgaa gaaaccgaac

361 aaaactgact tagtttatct cgaggattcc cctgattatt gcgaacctaa cgatgaactc

421 ggaattctcg gaactcgtgg aagaacatgt aacagaacat ctgctggatt agatggctgt

481 cgactgctat gctgtggacg cggatatcag accagagtca gagatcacga agagaagtgc

541 cgttgt

(b)


```
            10           20           30           40           50           60           70
 PRHWQWGGCS   EDIRYGEKFS   RDFVDVKEDK   ESDEGIMNLH   NNEAGRRAVR   GRMQRVCKCH   GMSGSCSVRV

            80           90          100          110          120          130          140
 CWRRLPQLRI   VGDSLSTRYE   GASHVKIVER   KRGKNIRKLR   PIHADMKKPN   KTDLVYLEDS   PDYCEPNDEL   (c)

           150          160          170          180
 GILGTRGRTC   NRTSAGLDGC   RLLCCGRGYQ   TRVRDHEEKC   RC
```

Figura 12.22. (a) *Vanessa carduii* (Fondo MCUN). (b) Secuencia gen *WntA*.
(c) Secuencia proteína Wnt, en formato Fasta.

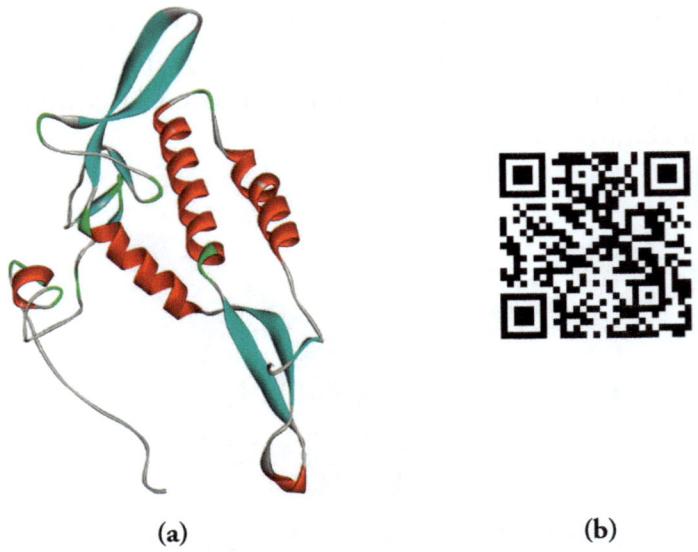

(a) (b)

Figura 12.23. (a) Modelo de la proteína Wnt. Hélices en rojo, láminas en
azul, loops en blanco, pro-hélices en verde. (b) La música del gen *WntA* y de
su proteína Wnt (Música: © Eneko Azparren).

AGRADECIMIENTOS

Las autoras agradecen su colaboración a:

Mariano Luis Larraz Azcárate (Catedrático de Enseñanza Media. Colaborador Departamento Biología Ambiental. Universidad de Navarra)

Ana Moreno Ilundain (Dra. en Biología. Catedrática de Enseñanza Secundaria)

Bibliografía

1. https://www.ecologiaverde.com/diferencias-entre-mariposas-diurnas-y-nocturnas-3887.html. Accedido, 1 de febrero de 2024

2. Kawahara, AY. et al. (2023). A global phylogeny of butterflies reveals their evolutionary history, ancestral hosts and biogeographic origins. Nature Ecology & Evolution. 7: 903–913. https://doi.org/10.1038/s41559-023-02041-9

3. van Eldijk, TJB. et al. (2018). A Triassic-Jurassic window into the evolution of Lepidoptera. Sci. Adv. 4:e1701568. DOI:10.1126/sciadv.1701568

4. Tomado de https://es.wikipedia.org/wiki/Asclepias_curassavica#/media/Archivo:Asclepias_curassavica_crop.jpg. Accedido, 3 de enero de 2024.

5. Tomado de https://www.malaga.es/es/laprovincia/naturaleza/lis_cd-9732/monarca-danaus-plexippus-linnaeus-1758. Accedido, 3 de enero de 2024

6. Menchettim, M. et al. (2019). Spatio-temporal ecological niche modelling of multigenerational insect migrations. Proc. R. Soc. B 286: 20191583. https://doi.org/10.1098/rspb.2019.1583

7. Talavera, G. and Vila, R. (2017). Discovery of mass migration and breeding of the painted lady butterfly Vanessa cardui in the Sub-Sahara: the Europe–Africa migration revisited. Biological Journal of the Linnean Society, 120: 274–285. https://doi.org/10.1111/bij.12873

8. Tomado de https://pangea.com.co/que-es-pangea/. Accedido, 15 de enero de 2024.

9. Wegener, A. (1915). The Origin of Continents and Oceans (Dover Earth Science, 2011). ISBN 10: 0486617084 / ISBN 13: 9780486617084. Editorial: Dover Publications, 2011

10. Kawahara, AY. et al. (2023). A global phylogeny of butterflies reveals their evolutionary history, ancestral hosts and biogeographic origins. Nature Ecology & Evolution. 7: 903–913. https://doi.org/10.1038/s41559-023-02041-9

11. Espeland, M. et al. (2018). A Comprehensive and Dated Phylogenomic Analysis of Butterflies. Current Biology 28, 770–778. https://doi.org/10.1016/j.cub.2018.01.061

12. Pierce, NE. et al. (2002). The ecology and evolution of ant association in the Lycaenidae (Lepidoptera). Annual Review of Entomology. 47: 733-771. https://doi.org/10.1146/annurev.ento.47.091201.145257

13. SecretDisc. Licencia FDL. https://en.wikipedia.org/wiki/File:SEM_image_of_a_Peacock_wing_,_slant_view_2.JPG. Accedido, 16 de enero de 2024

14. Tippets, CA. *et al.* (2016). Reproduction and optical analysis of Morpho-inspired polymeric nanostructures. *J. Opt.* 18: 065105. **DOI:** 10.1088/2040-8978/18/6/065105

15. https://butterflycircle.blogspot.com/2018/11/butterfly-anatomy-part-2.html. Butterflies of the Malay Peninsula by Corbet and Pendlebury, 4th edition. Accedido, 24 de enero de 2024.

16. Beldade, P. and Monteiro, A. (2021). Eco-evo-devo advances with butterfly eyespots. Current Opinion in Genetics & Development. 69: 6-13. DOI: 10.1016/j.gde.2020.12.011.

17. Krenn, HW. (2010.) Feeding mechanisms of adult Lepidoptera: structure, function, and evolution of the mouthparts, Annu. Rev. Entomol. 55, p. 307-327. DOI: 10.1146/annurev-ento-112408-085338

18. Matthew, SL. et al. (2015). The Golden Ratio Reveals Geometric Differences in Proboscis Coiling Among Butterflies of Different Feeding Habits. American Entomologist. 61: 18–26. https://doi.org/10.1093/ae/tmv005

19. Sander van der Molen. https://commons.wikimedia.org/wiki/File:Hesperia_comma-01_(xndr)_(cropped).jpg#mw-jump-to-license. Creative Commons Attribution-Share Alike 3.0 Unported. Accedido, 19 de enero de 2024.

20. Diego Delso https://es.wikipedia.org/wiki/Prob%C3%B3scide#/media/Archivo:Hesperia_comma,_Hartelholz,_M%C3%BAnich,_Alemania,_2020-06-28,_DD_165-174_FS.jpg. CC BY-SA 4.0. Accedido, 19 de enero de 2024

21. https://www.shutterstock.com/es/. Accedido, 6 de febrero de 2024

22. Didier Descouens - Trabajo propio, CC BY-SA 4.0, https://commons.wikimedia.org/w/index.php?curid=41395626

23. By Saxophlute at English Wikipedia, CC BY-SA 3.0, https://commons.wikimedia.org/w/index.php?curid=32748228. Accedido, 24 de enero de 2024.

24. Oxford University Press USA. Sap-feeding butterflies join ranks of natural phenomenon, the Golden Ratio. ScienceDaily. ScienceDaily, 2015. Tomado de http://www.sciencedaily.com/releases/2015/03/150306102503.htm. Accedido, 21 de enero de 2024.

25. Nilsson, LA. (1985). Monophily and pollination mechanisms in Angraecum arachnites Schltr. (Orchidaceae) in a guild of long-tongued hawk-moths (Sphingidae) in Madagascar, Biological Journal of the Linnean Society, 26: 1–19. https://doi.org/10.1111/j.1095-8312.1985.tb01549.x

26. Krenn, HW. et al. (2005). Mouthparts of flower-visiting insects. Arthropod Structure & Development, 34: 1-40. https://doi.org/10.1016/j.asd.2004.10.002.

27. Salamatin, AA. et al. (2021). Lepidopteran mouthpart architecture suggests a new mechanism of fluid uptake by insects with long proboscises, Journal of Theoretical Biology, 510: 110525. https://doi.org/10.1016/j.jtbi.2020.110525.

28. Thayer, RC. et al. (2020). Structural color in Junonia butterflies evolves by tuning scale lamina thickness. eLife 9:e52187. DOI: https://doi.org/10.7554/eLife.52187

29. Fu, Y. et al. (2016). Structural colors: from natural to artificial systems, WIREs Nanomed Nanobiotechnol 2016. DOI: 10.1002/wnan.1396

30. Mikhaltsov, A. CC BY-SA 4.0 https://commons.wikimedia.org/wiki/User:Anatoly_Mikhaltsov. Accedido, 24 de enero de 2024.

31. Sekimura, T. (2013). An Integrative Approach to the Analysis of Pattern Formation in Butterfly Wings: Experiments and Models. In: Capasso, V., Gromov, M., Harel-Bellan, A., Morozova, N., Pritchard, L. (eds) Pattern Formation in Morphogenesis. Springer Proceedings in Mathematics, vol 15. Springer, Berlin, Heidelberg. https://doi.org/10.1007/978-3-642-20164-6_11.

32. Oliver, JC. et al. (2012). A single origin for nymphalid butterfly eyespots followed by widespread loss of associated gene expression. PLoS Genet.8:e1002893. DOI: 10.1371/journal.pgen.1002893.

33. Martin, A. and Reed, RD. (2014). Wnt signaling underlies evolution and development of the butterfly wing pattern symmetry systems, Developmental Biology, 395: 367–378. http://dx.doi.org/10.1016/j.ydbio.2014.08.031

34. Zhang, L. et al. (2017). Single master regulatory gene coordinates the evolution and development of butterfly color and iridescence. PNAS 114: 10707-10712. https://doi.org/10.1073/pnas.1709058114

35. https://www.eurekalert.org/multimedia/769554. Accedido, 27 de enero de 2024.

36. Johansson, LC. and Henningsson, P. (2021). Butterflies fly using efficient propulsive clap mechanism owing to flexible wings. J. R. Soc. Interface 18: 20200854. https://oi.org/10.1098/rsif.2020.0854

37. Martin, A. and Reed, RD. (2014). Wnt signaling underlies evolution and development of the butterfly wing pattern symmetry systems. Dev. Biol. 395 (2), 367-378. DOI: 10.1016/j.ydbio.2014.08.031

3.ª PARTE:
VIDA HUMANA. MÁS CON MENOS

La información genética y epigenética constituye la dinámica de la vida no humana. A esta información se suma un aumento en la autonomía con respecto al medio, desde microorganismos hasta plantas y animales. En el reino animal, esta autonomía crece en paralelo con la complejidad del sistema nervioso.

La Biología Humana no es Zoología. En el ser humano existe un "plus de realidad": a la información genética y epigenética se añade la información relacional propia de cada individuo. El organismo humano resultante de este programa es no especializado; presenta una "pobreza biológica", que constituye el requisito necesario (aunque no suficiente) para la vida humana.

Desde el automatismo de los animales evolucionados, el hombre transita hacia un automatismo de libertad, lo que le permite liberarse de las limitaciones animales y del constante presente, sin pasado ni futuro.

La corporalidad humana es inseparable de su cerebro humano, un órgano de estructura compleja y funciones reguladas, cuya evolución ha alcanzado su máxima expresión en la etapa del *Homo sapiens*.

13.
La autoorganización del cuerpo humano hacia la forma áurea

El cuerpo humano, al igual que el organismo de un mamífero, se autoorganiza o construye a base de interacciones específicas entre células, que se van estableciendo de forma progresiva y diferente desde el inicio del desarrollo embrionario. En el comienzo de la vida de cada ser humano empieza el desarrollo armónico del cuerpo y el cerebro hasta alcanzar las configuraciones áureas en que pueden manifestarse lo peculiar humano a lo largo de la vida. Esta armonía presente en el cuerpo, rostro, etc. del hombre y en su cerebro se inicia en el cigoto y llega a la plenitud en cada etapa de la vida, embrionaria, fetal, adolescente, madura.

INTRODUCCIÓN

El proceso de la fecundación da lugar al *patrimonio o dotación genética*, formado a partir de la herencia de los gametos de los progenitores, que aportan la identidad biológica del individuo. Esto constituye un primer nivel de información. Aunque la secuencia de nucleótidos del genoma heredado es idéntica en todas las células del organismo, la expresión o represión de los genes se *autorregula* de manera distinta en cada etapa de la vida y en cada linaje celular.

El principio vital de cada animal concreto no se hereda, sino que se genera a partir del material genético recibido, con un inicio y un final. Este segundo nivel de información garantiza la unidad del ser viviente. En cada región del organismo, sólo una "parte" de la información genética heredada se traduce en información funcional de proteínas, lo que permite la *diferenciación* en una dirección específica al utilizarse únicamente una fracción de la información genética.

Además, se producen fenómenos relacionados con la epigenética, es decir, cambios que activan o inactivan los genes sin alterar la secuencia del ADN. Estos cambios ocurren tanto durante el desarrollo como a lo largo de la vida, como consecuencia de la edad, la exposición a factores ambientales, la alimentación, el ejercicio, y el contacto con medicamentos y sustancias químicas. Así, el soporte material de la información genética, el ADN, se modifica con el tiempo debido a su interacción con el medio interno y externo, que también son cambiantes. Esta interacción amplifica la información genética y epigenética mediante procesos de retroalimentación: genes y entorno son indispensables para la autoconstitución de un ser viviente, permitiéndole existir.

De este modo, en cada etapa, el soporte material de la información genética se modifica al interactuar con el medio, conservando al mismo tiempo información sobre su propia historia (*autorreferencia* o *identidad*) y adaptando sus características a las nuevas condiciones.

A nivel celular, el orden está determinado por interacciones moleculares tanto inter como intracelulares. La integración de todas estas interacciones sostiene el orden macroscópico. La construcción de un esqueleto, un tejido o la diferenciación de un órgano —fenómenos todos ellos macroscópicos— es el resultado jerárquicamente integrado de múltiples interacciones estereoespecíficas que ocurren a nivel molecular, principalmente entre proteínas. Este proceso constituye una forma de *auto-comunicación*.

El proceso de fecundación comienza con el reconocimiento específico de un espermio y un óvulo, reconocimiento que activa a ambos y desencadena una serie de cambios en etapas ordenadas. De este modo, la interacción de la membrana de la cabeza del espermio con la proteína de la corteza (*zona pelúcida* o *corona radiada*) que rodea al óvulo, lleva a la activación de espermio y óvulo (Figura 13.1a).

El material genético del pronúcleo (pronúcleos son los núcleos de los gametos, que tienen la particularidad de disponer de la mitad de los cromosomas con respecto al resto de células del cuerpo, esto es, 23 cromosomas) del espermatozoide (23 cromosomas del ADN paterno) se fusiona con el contenido en el pronúcleo del óvulo (23 cromosomas del ADN materno) creándose la dotación genética del nuevo individuo (Figura 13.1b). Esta combinación de los cromosomas paternos y maternos para formar el genoma completo del nuevo organismo hace que el cigoto resultante contenga toda la información genética necesaria para dirigir el desarrollo del embrión.

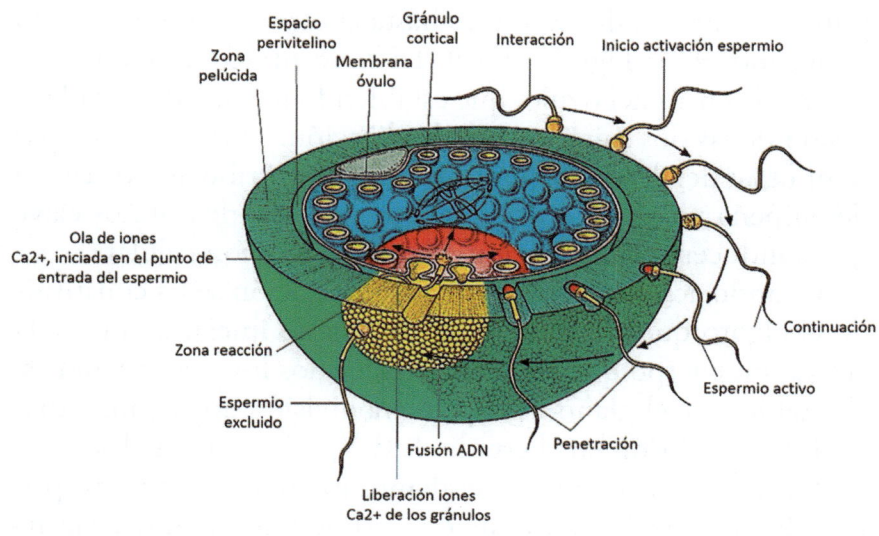

(a)

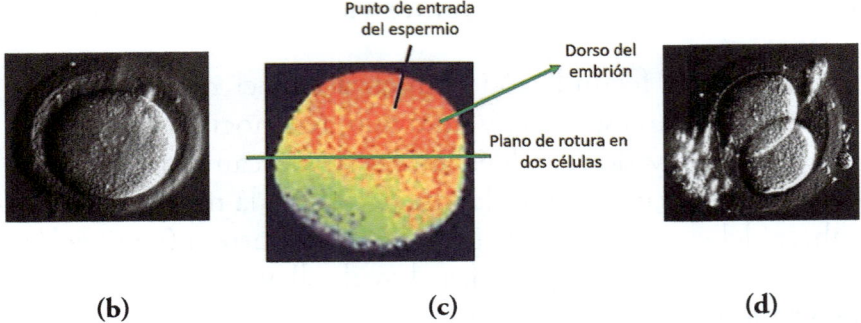

(b)   **(c)**   **(d)**

Figura 13.1. (a) Proceso de fecundación. (b) Ovulo en fecundación: las dos estructuras circulares (pronúcleos) que aparecen en el centro contienen ADN materno y paterno. (c) Distribución asimétrica de iones calcio (Cigoto asimétrico) con acumulación en la zona dorsal (rojo: alta concentración; azul: baja concentración; modificado de[1]). (d) Embrión de dos células.

En el cigoto, la fertilización desencadena un aumento repentino en los niveles intracelulares de calcio, en forma de iones Ca^{++}, fenómeno conocido como *la oleada de calcio*, que es indispensable para la activación del desarrollo embrionario temprano y la iniciación de la división celular. Los iones Ca^{++} difunden creando un gradiente de concentraciones desde el punto de entrada del espermio hasta el otro extremo del óvulo en fecundación (Figura 13.1c). La concentración de estos iones en el centro del óvulo, que está siendo fecundado, regula la fusión de las dos mitades y su duplicación. Durante las etapas tempranas del desarrollo embrionario, la distribución de calcio desempeña un papel crucial en la regulación de eventos clave que conducen a la formación y la diferenciación celular.

Cuando acaba el proceso de la fecundación se ha constituido el cigoto que es el individuo en estado inicial de una sola célula: un cuerpo que ya tiene establecidos los ejes corporales, al establecerse el plano de la primera división que de inmediato dará el embrión en el estado de dos células desiguales.

Se puede afirmar que "guardamos memoria de nuestro primer día de vida"[2] puesto que esta primera división determina ya el eje dorso-ventral del cuerpo.

Primera semana de autoconstrucción del embrión

Esta autoorganización *asimétrica* se mantiene a lo largo del desarrollo previo a la implantación, es decir, el tiempo transcurrido desde la fecundación y la implantación del cigoto en el endometrio. Implica el establecimiento de interacciones intercelulares específicas que determinan la expresión de diferentes genes en las células, en función de la posición que ocupan en el embrión temprano, dando lugar en las sucesivas divisiones, a la aparición de diferentes compuestos con una distribución espacial concreta, de modo que esta *información espacial* permite el crecimiento unitario del embrión, sincronizando la organización multicelular que integra en un todo, el nuevo ser vivo, en el que aparecerán claramente establecidos los diferentes ejes corporales (Figura 13.2a).

Se constituye entonces **1** cigoto, a partir del cual se produce la organización del embrión de **2** células, una rica y otra pobre en iones Ca⁺⁺ (Figura 13.2b) y que tendrán diferentes destinos: la primera dará lugar al embrión y la segunda a los tejidos extraembrionarios. La célula rica en calcio se divide a mayor velocidad que la otra generando el embrión de **3** células (Figura 13.2c).

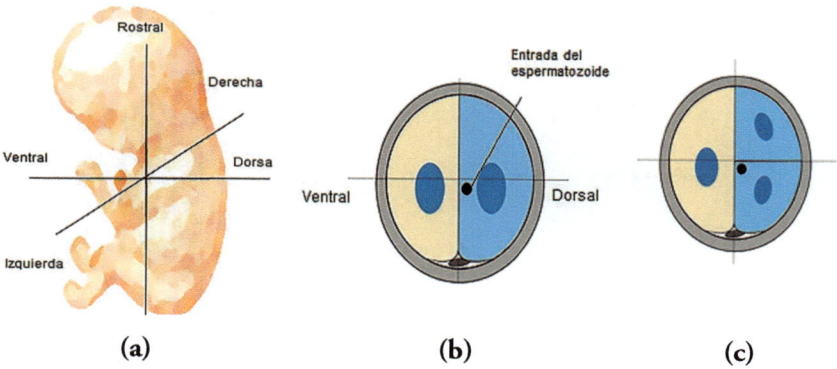

(a)   (b)   (c)

Figura 13. 2. (a) Ejes en un feto humano. (b) Embrión de **2** células con el eje dorso-ventral trazado, primer indicio de la forma corporal del feto (c) embrión de **3** células, con interaciones específicas entre las dos células ricas en Ca⁺⁺ (en azul) y cada una de ellas con la pobre en Ca⁺⁺ (en amarillo)

Ahora, la división de la célula pobre en Ca⁺⁺ hace que aparezca el embrión de 4 células desiguales y similares dos a dos en cuanto a la velocidad de duplicaciones (Figura 13.3a). Esta diferencia en la velocidad de división hace que se tengan embriones de 5 —ya que siempre las ricas en Ca⁺⁺ se multiplican a mayor velocidad—, 6, 7 células hasta alcanzar el embrión de **8.** Este embrión de 4 + 4 deja de crecer durante 12 horas y sufre la llamada *compactación* por la cual las 4 células centrales redondeadas establecen interacciones específicas y constituyen el embrión (Figura 13.3b), mientas las otras cuatro se aplanan alrededor y se diferencian a células de los tejidos extraembrionarios, como la placenta.

Es destacable que los números que aparecen en esta serie 1, 2, 3, 5 y 8 son números de la sucesión de Fibonacci que están relacionados relacionadas entre sí por el número áureo.

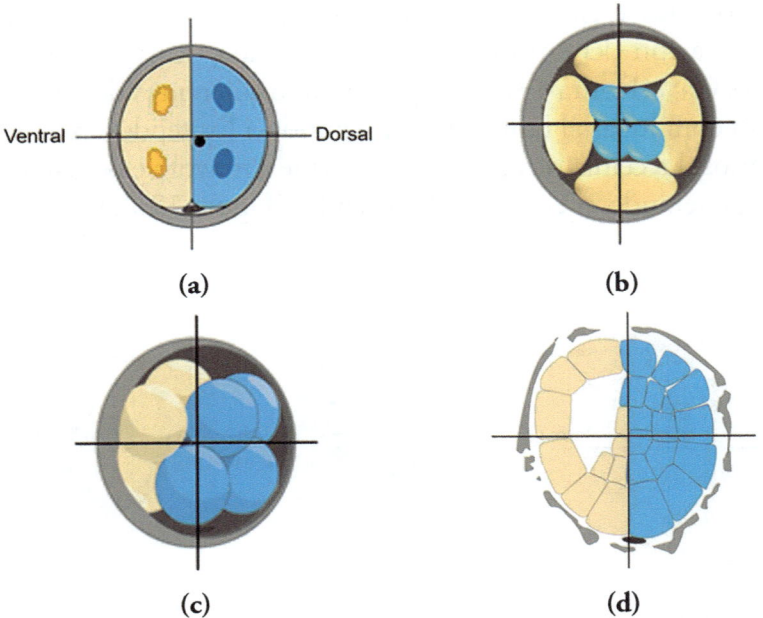

(a)   (b)

(c)   (d)

Figura 13. 3. El embrión de 4 células (a) pasa a 8 (b) y sufre entonces la compactación con rotura de la simetría. Deja de ser una bola para convertirse en mórula, con forma de frambuesa (c). El crecimiento de ambos tipos celulares hace romper la zona pelúcida con lo que el embrión y las células que darán los tejidos extraembrionarios crece (d).

La diferencia en velocidad de multiplicación de unas células a otras permite ir rompiendo simetrías. Las primeras moléculas *pegamento*, que permiten las interacciones específicas entre las células, van apareciendo a medida que va madurando.

Posteriormente, el embrión experimenta una serie de divisiones celulares rápidas llamadas segmentación, conformando el estadio llamado *mórula* (Figura 13.3c). La mórula continúa dividiéndose mientras migra desde la trompa de Falopio hacia el útero. Y alrededor del quinto día después de la fertilización, sus células se empiezan a organizar en una estructura llamada *blastocito*, en el que se aprecian dos grupos distintos de células: el *trofoblasto*, que eventualmente formará la placenta, y el *embrioblasto*, que dará origen al embrión propiamente dicho. En el centro del blastocisto se encuentra una cavidad llena de líquido llamada *blastocele*.

Cuando el blastocisto se adhiere y se incrusta, por su zona dorsal, en el revestimiento del útero (endometrio) se dice que se ha producido la *implantación*. Se comprobó que, aproximadamente a los seis días después de la fertilización, las moléculas producidas por la superficie del embrión entran en contacto con las de la pared uterina para crear un ambiente adhesivo. La madre aporta los *pegamentos* para las primeras divisiones.[3] Este proceso involucra una serie de cambios bioquímicos y moleculares que permiten que el embrión se ancle firmemente al endometrio y establezca conexiones con la red vascular materna para el suministro de nutrientes y oxígeno. Así, las integrinas de la superficie del embrión se unen a moléculas de la matriz extracelular, como la fibronectina y el colágeno, presentes en el endometrio materno, en el que las células epiteliales y del estroma secretan diferentes moléculas como selectinas e integrinas, citoquinas y factores de crecimiento, entre otros, que pueden, a su vez, modular la expresión de moléculas de adhesión en las células embrionarias, facilitando así la adhesión efectiva.[4,5,6]

Durante este proceso de implantación se observa cómo las células del trofoblasto se diferencian, a su vez, en dos capas distintas: la primera forma el *epiblasto* bajo el cual se reconoce el *hipoblasto*, una capa formada por células cúbicas orientadas hacia la cavidad del blastocisto; la segunda, encargada de producir enzimas que van a facilitar la penetración del blastocisto en el endometrio, que, una vez firmemente implantado, establece la conexión entre el embrión y el sistema circulatorio materno que posteriormente se convertirán en la placenta. El embrión es ahora una estructura bilaminar, en dos capas (Figura 13.4).

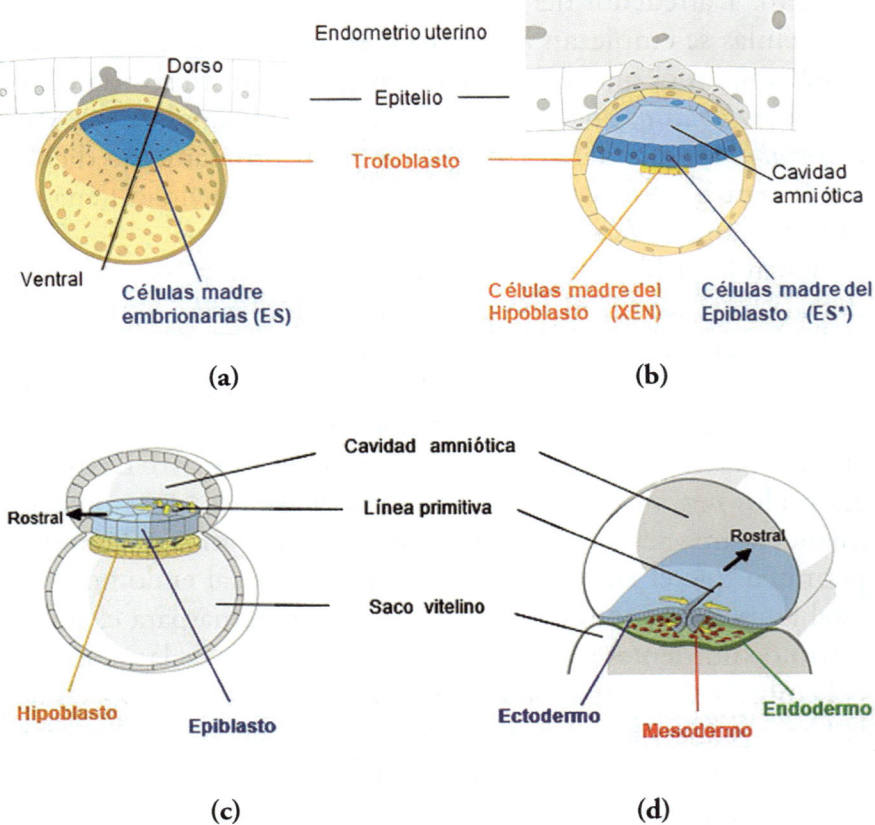

Figura 13. 4. (a) inicio del proceso de la implantación; (b) formación de la cavidad amniótica a partir de la liberación de agua por parte de las células embrionarias, que las desplaza hacia la zona ventral; (c) formación del epiblasto y el hipoblasto desde la zona ventral hacia el día 10-11; (d) etapa de gastrulación: aparición de las tres capas germinales.

Después de la implantación, durante los días 15 y 16 después de la fecundación, el embrión experimenta una rápida proliferación celular y comienza a organizarse. Entre las etapas más importantes de este proceso destaca la formación de las tres capas germinales primarias, *ectodermo*, *mesodermo* y *endodermo*, que son la base de todos los tejidos y órganos del cuerpo humano en desarrollo. La aparición de estas capas, en la tercera semana, hace que ahora el embrión sea trilaminar. Este proceso, conocido como *gastrulación*. empieza al final de la segunda semana, cuando aparece la línea primitiva y con ello pueden identificarse ya los ejes rostral-caudal, e izquierdo-derecho del embrión, además del dorso-ventral trazado al inicio. Las células *despegadas* que le rodean migran hacia la región caudal y otras hacia el interior de las dos capas constituyendo la tercera, el mesodermo. Cada una de las tres capas embrionarias da origen a tejidos y órganos específicos (Figura 13.5).

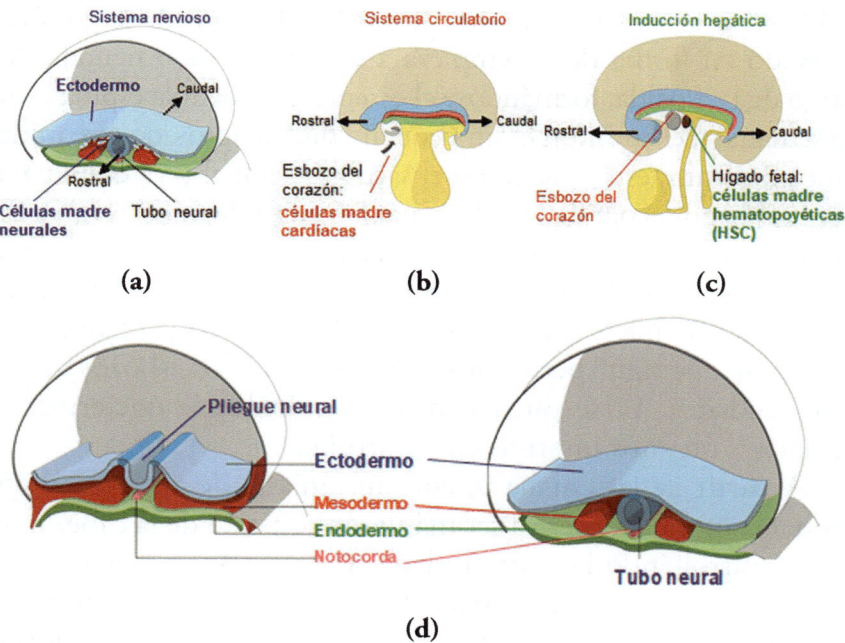

Figura 13.5. Las células madre de cada una de las capas se especializan para generar los órganos, según su ubicación: (a) desde el ectodermo se forma el

sistema nervioso, días 16 al 22; (b) el esbozo del corazón y comienzo del sistema circulatorio, días 16 al 21 desde el mesodermo; las células sanguíneas; (c) inducción hepática, a partir del día 28, permite que el hígado fetal sea productor y depositario de las células sanguíneas; (d) inicio del sistema nervioso, estadios entre los días 16 y 22.

Así pues, el embrión trilaminar va cambiando esta forma trilaminar al tiempo que desarrolla los dos sistemas que mantienen la unidad del organismo: el sistema circulatorio y el sistema nervioso y la médula espinal. Algunas de las células de la capa central forman el *tallo* que conecta la parte caudal del embrión con los tejidos extraembrionarios que le rodean; este tallo se convierte en el *cordón umbilical*.

De embrión a feto

A lo largo de las semanas el embrión va evolucionando (Figura 13.6).[7] En la semana 4 mide entre 0,1 y 0,2 mm de largo, está curvado en forma de C, empieza a cerrarse el tubo neural a lo largo de la espalda, formándose el cerebro y la médula espinal. En la semana 5, el embrión es un pequeño disco engrosado que mide unos 2-3 mm, está situado en el saco gestacional y ya empieza a ser visible por ecografía. En la semana 6 ya mide unos 5 mm y se observa el latido cardíaco. En la semana 7 mide entre 7 y 17 mm y ya se distingue claramente el polo cefálico del resto del cuerpo.

En la semana 8, alcanza un tamaño entre 18 y 25 mm. La cabeza se distingue perfectamente y aparecen los esbozos de las extremidades. Ya se pueden distinguir incluso características faciales y órganos internos en desarrollo.

A partir de la semana 9, con un tamaño de entre 25 y 35 mm, el cuerpo empieza a ser más largo respecto de la cabeza; se van desarrollando las extremidades y empiezan a formarse los huesos de la cara. En la semana 10, mide entre 35 y 45 mm, se forman las manos y los pies con sus dedos. Es capaz de mover las extremidades independientemente y se forman las costillas y los huesos de la columna vertebral.

En la semana 11 el embrión ya mide entre 40 y 60 mm, alcanzando la cabeza un tamaño que es casi la mitad de todo el embrión. A partir de la semana 12, con un tamaño de entre 60 y 80 mm, se empieza a hablar de *feto*. La formación de los órganos ya ha finalizado, y los riñones empiezan a formar orina. Las extremidades ya están totalmente formadas, los dedos de manos y pies están separados. Tiene ya forma humana y empieza ahora una etapa fundamentalmente destinada al crecimiento.

En la semana 13, el feto mide entre 6,5 y 8 cm. Su cabeza sigue teniendo un tamaño desproporcionado respecto al cuerpo. Los ojos se van centrando y las orejas se desplazan ligeramente hacia arriba con respecto a la fase anterior. Se observa que los genitales externos ya están formados. Es capaz de mover las extremidades y comienza a utilizar las manos.

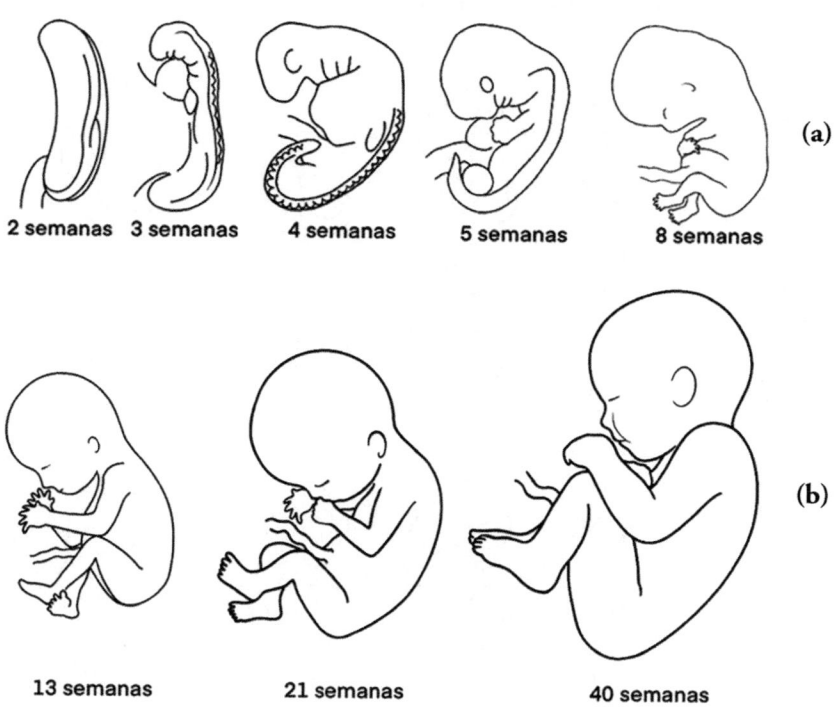

Figura 13. 6. (a) Embriones humanos entre las dos y ocho semanas. (b) Fetos humanos entre las 13 y las 40 semanas.

Desde la semana 14 hasta el momento del parto, se produce un crecimiento desde los 12 cm hasta unos 46-50 cm en el estadio final. Progresivamente el tamaño de la cabeza se va haciendo más pequeño en relación con el del cuerpo.

LA FORMA ÁUREA A LAS OCHO SEMANAS Y MANTENIMIENTO DE LA FORMA

Se observa que existe una gran similitud en las primeras etapas del desarrollo embrionario entre diferentes especies como peces, salamandras, tortugas, pollos y humanos (Figura 13.7), lo que parece indicar que a lo largo de la evolución hay una elevada tasa de conservación de algunos procesos biológicos fundamentales. De esta forma los embriones animales se parecen en la arquitectura de la primera etapa.

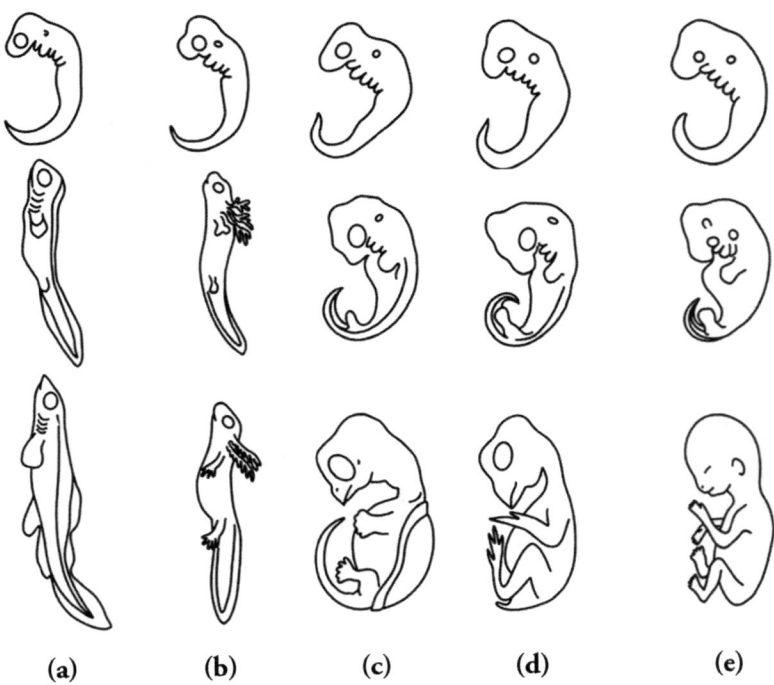

(a)   (b)   (c)   (d)   (e)

Figura 13.7. Embriones (a) Pez. (b) Salamandra. (c) Tortuga. (d) Pollo. (e) Humano.

368

Sin embargo, se observa una diferencia fundamental y es que sólo el embrión humano alcanza, al final de esta etapa en que pasa a feto, la estructura armónica de la espiral de Fibonacci que permite el desarrollo del cuerpo humano con sus dimensiones áureas (Figura 13.8).

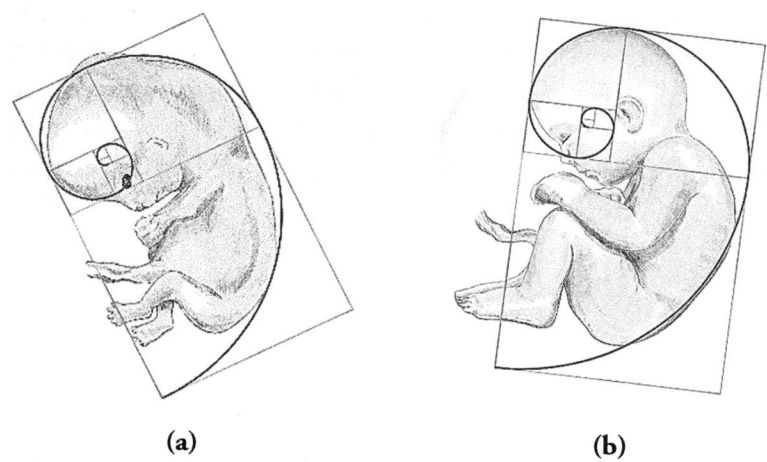

(a)   (b)

Figura 13.8. (a) El feto alcanza la forma áurea a la octava semana; (b) en la fase final del embarazo toma la postura fetal que se ajusta a la forma áurea.

En efecto, la forma del embrión, a medida que se va desarrollando, va adquiriendo la forma áurea, ya plena en la octava semana (Figura 13.8a). La cabeza es más redondeada, se alargan y se siguen formando los párpados y el oído.

En la fase terminal del embarazo el feto crece, ocupa todo el útero y toma una postura fetal que se ajusta a la espiral áurea (Figura 13.8b).

Una vez finalizado el periodo de gestación y producido el parto, va continuando el desarrollo corporal, y se observa que con la edad se van adquiriendo las Proporciones Áureas.

El proceso dinámico y complejo que implica el crecimiento humano, desde el nacimiento a la edad adulta, conlleva que el cuerpo experimente cambios significativos en las proporciones corporales (Figura 13.9). Estos cambios están fuertemente influidos por factores genéticos, ambientales y nutricionales.

Al nacer, el humano muestra un tamaño de cabeza relativamente grande en comparación con el resto del cuerpo, y, durante la primera infancia, se produce un crecimiento rápido en todas las partes del cuerpo, manteniéndose la cabeza proporcionalmente más grande en relación con el tamaño de tronco y extremidades.

A medida que los individuos avanzan en la niñez y entran en la pubertad, se dan cambios significativos en las proporciones corporales. A lo largo de la pubertad, se produce un crecimiento repentino, el llamado *estirón*, con un aumento rápido en la estatura y cambios en la distribución de la masa corporal.

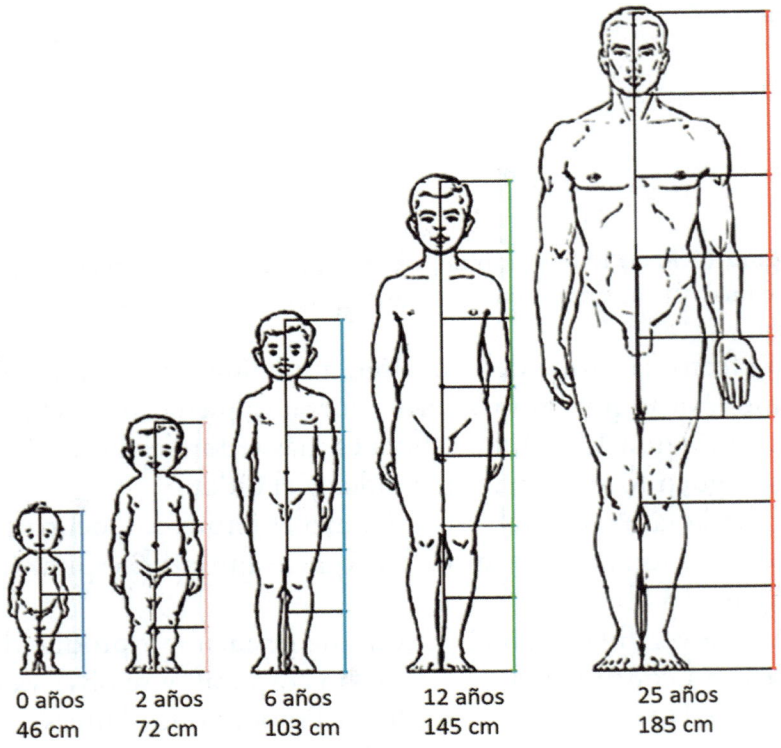

0 años	2 años	6 años	12 años	25 años
46 cm	72 cm	103 cm	145 cm	185 cm

Figura 13.9. Cambio de las proporciones corporales, expresado en el número de veces que el tamaño de la cabeza está contenido en la altura total, conforme se produce el crecimiento desde recién nacido (altura total: 4 veces la cabeza) hasta adulto (altura total: 8 veces la cabeza) (Modificado de[8]).

370

Los términos hominización y humanización se han usado indistintamente. Aquí emplearemos *hominización* para la etapa evolutiva que conduce a *Homo* desde los primates más evolucionados y el término *humanización* como el proceso multidimensional ha tenido lugar a lo largo de varias etapas y abarca diversos aspectos de la condición humana, desde el desarrollo cognitivo hasta las interacciones sociales y emocionales. En el contexto científico, la humanización se entiende como el proceso mediante el cual los individuos adquieren características, comportamientos y valores considerados propios de la humanidad.[9,10,11]

El análisis del árbol filogenético humano permite obtener información sobre la relación evolutiva entre las diversas especies de homínidos, incluidos nuestros antepasados y parientes extintos (Figura 13.10). Los datos que han permitido reconstruir este árbol, aún en continua evaluación, se han obtenido a partir del análisis de fósiles, ADN antiguo y datos morfológicos.

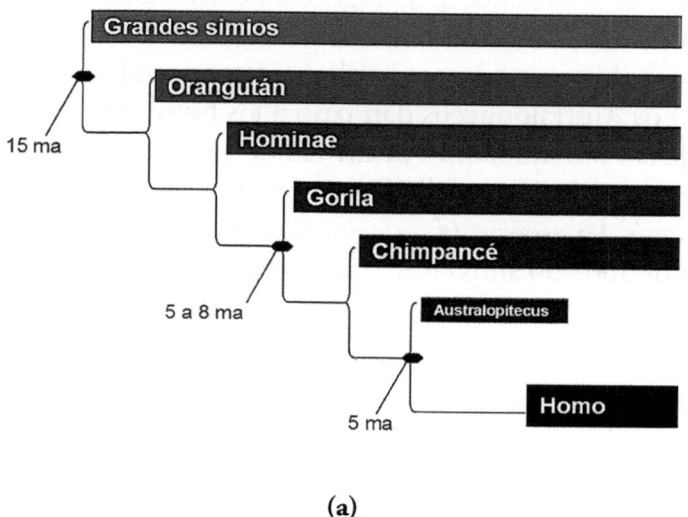

(a)

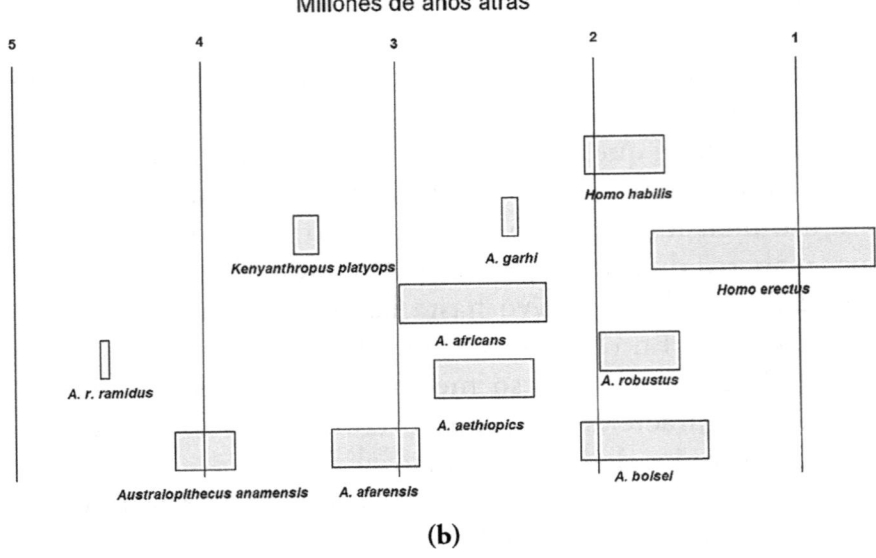

Millones de años atrás

(b)

Figura 13.10. (a) Árbol filogenético de los primates. (b) Líneas temporales de la aparición de los primates homínidos, desde *Ardipithecus ramidus* hasta *Homo habilis*.

En una época remota se separan, desde antecesores comunes, las líneas que conducen a los actuales orangután y gorila. Más recientemente se produce la divergencia de los linajes Homo y Pan (Figura 13.10a). Por último, desde hace unos 5 Ma los Australopitecos y Homo se separan del antecesor común con el chimpancé. Los Australopitecos dan paso a los hombres de la primera etapa de la Humanidad. El desarrollo del género Homo incluye a especies como *Homo habilis* (Figura 13.10b), *H. erectus* y *H. neanderthalensis*. La especie *H. sapiens*, a la que pertenecemos, surgió hace unos 300 000 años en África y eventualmente se dispersó por todo el mundo, reemplazando gradualmente a otras especies de homínidos como los Neandertales y los Denisovanos.[12]

Algunas características morfológicas diferenciales humanas

El registro fósil de Australopitecos y de los primeros Homo (los *Homo habilis*) permite rastrear la aparición de los caracteres

372

biológicos específicos de la especie humana a lo largo de los últimos 4-5 Ma, que ya de alguna forma están incoados en los Australopitecos. Esta evidencia fósil, junto con estudios comparativos de la anatomía entre primates actuales y humanos, ha proporcionado una visión más clara de cómo ocurrió la transición de cuadrúmanos a bípedos. El análisis de fósiles de homínidos tempranos, como *Ardipithecus ramidus* y *Australopithecus afarensis*, ha demostrado la presencia de características anatómicas que sugieren una locomoción bípeda, aunque aún se conservan rasgos primitivos adaptados para la vida en los árboles.[13,14]

El cambio anatómico de mayores consecuencias ha sido la adquisición de la postura erguida y la posibilidad, con ello, de bipedalidad y, por tanto, de tener las manos libres (Figura 13.11). Se propone que el paso de la condición de cuadrúmanos de los primitivos primates a la bipedestación se produjo gradualmente a lo largo del tiempo, y se asoció con la adaptación a nuevos hábitats y modos de vida; de hecho, la locomoción bípeda ofrece ventajas significativas, como la capacidad de cubrir distancias más largas con menor gasto energético y la liberación de las manos para realizar tareas complejas, como la manipulación de herramientas y la recolección de alimentos.

(A)   (B)   (C)

Figura 13.11. De cuadrúmanos a bípedos: (a) *Dryopithecus*, de 12 a 9 Ma. (b) *Australopithecus*, de 4 a 2.7 Ma. (c) *Homo erectus*, menos de 1.8 Ma (Modificado de[15]).

El cambio a la bipedestación implicó una serie de adaptaciones anatómicas en el esqueleto y los músculos para soportar el peso del cuerpo en posición vertical. Estas adaptaciones incluyeron cambios en la estructura de la pelvis, la columna vertebral, las extremidades inferiores y los pies.

Las Proporciones Áureas del cuerpo y el rostro humano del Homo Sapiens

A lo largo del proceso de humanización, las características básicas del cuerpo y del rostro humano se van aproximando cada vez más a las Proporciones Áureas. Se establece en el *Homo sapiens* y se manifiesta como una tendencia que se aproxima más o menos en los diferentes individuos.

Las Proporciones Áureas del cuerpo humano en su anatomía total

Leonardo da Vinci, el renombrado genio del Renacimiento, dejó un legado que muestra su fascinación por la anatomía y la búsqueda de la armonía en la naturaleza. Una de sus obras más conocidas es "Hombre de Vitruvio", una representación anatómica de la proporción humana que se basa en los principios descritos por el arquitecto romano Vitruvio, en el siglo I a. C., en su tratado "De Architectura".[16]

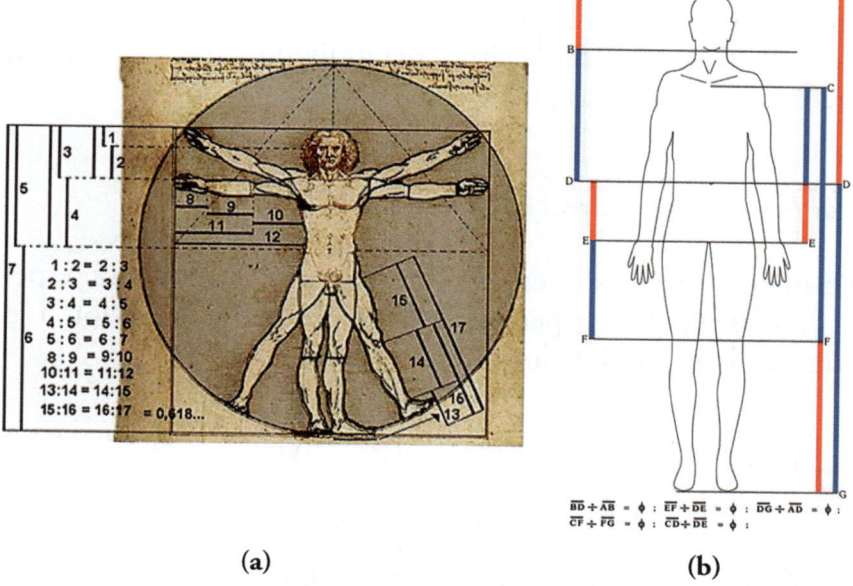

Figura 13.12. (a) El Hombre de Vitruvio, de Leonardo Da Vinci, mostrando las relaciones entre las proporciones. El valor de 0,618 se corresponde con el valor 1/Phi (Tomado de[17]). (b) Proporciones áureas en un individuo adulto (ver texto para detalles; modificado de[18]).

La figura del Hombre de Vitruvio (Figura 13.12a), una ilustración que Leonardo Da Vinci realizó para el libro "La Divina Proporción", escrito por Luca Pacioli[19] representa a un hombre desnudo en dos poses superpuestas: una inscrita dentro de un círculo y otra en un cuadrado, lo que simboliza la relación entre el cuerpo humano y las formas geométricas fundamentales, y sugiere la perfecta simetría y proporción que se encuentran en la naturaleza. A través de este dibujo Da Vinci exploró las proporciones anatómicas del cuerpo humano, midiendo cuidadosamente las distancias entre diferentes partes del cuerpo y comparándolas con las proporciones descritas por Vitruvio.

En un individuo adulto se puede determinar la Proporción Áurea que se da entre las diferentes distancias (Figura 13.12b); también se da entre la longitud entre el codo y final de los dedos respecto a la longitud entre el codo y la muñeca.

Estas proporciones no se dan en los chimpancés cuyos brazos son mucho más largos que las piernas, siendo su envergadura de unas 1,5 veces la altura del individuo, que en posición erecta sobre sus patas puede llegar a medir 1,7 m.

Las Proporciones Áureas en manos y pies

La mano y el pie son estructuras anatómicas altamente especializadas que han experimentado una notable evolución a lo largo de la historia de los primates (Figura 13.13).

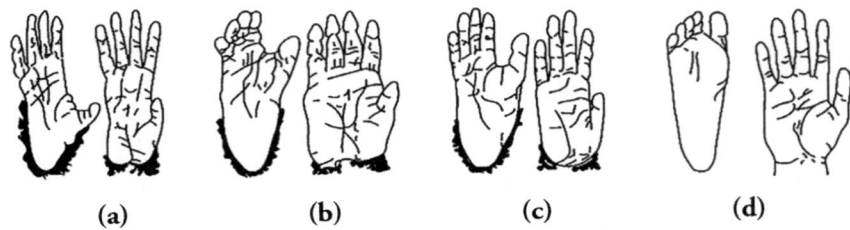

  (a)   (b)   (c)   (d)

Figura 13.13. Manos y pies de primates (a) Gorila. (b) Orangután. (c) Chimpancé. (d) Humano.

Así, los primeros primates, que surgieron hace unos 65 Ma, estaban adaptados a la vida en los árboles, mostrando en manos y pies las características que reflejaban esta adaptación, como la presencia de cinco dedos largos y flexibles provistos de uñas en lugar de garras. A medida que fueron evolucionando, desarrollaron nuevas adaptaciones que mejoraron su capacidad para la prensión y la manipulación, con la oposición del pulgar —que permite que el dedo pulgar se mueva hacia los otros dedos de la mano— como innovación crucial ya que aumentó la destreza manual y la capacidad para agarrar objetos con firmeza. Mientras que en los primates cuadrúmanos la estructura de las manos, larga y con pulgar corto, está adaptada al sistema de locomoción y a la vida arborícola, aunque resulte poco adecuada para una manipulación eficiente, en el humano las manos quedan liberadas de las funciones motoras. La mano humana tiene proporcionalmente más largo el dedo pulgar respecto a los otros dedos, que la de los chimpancés y resto de los simios, debido a un acortamiento del resto de la mano. Sólo un largo dedo pulgar permite la posibilidad de hacer pinza de precisión, yema con yema, y por tanto de sujetar y manipular materiales.

La mano humana es el correlato de la inteligencia: la capacidad de fabricar instrumentos para usos de proyección futura, y no por estricta necesidad inmediata, sino incluso por expresión artística, lo que es coherente con unas manos que no se gastan en agarrarse a un árbol, en andar o en necesidades biológicas.

Respecto a los pies, a medida que los primates colonizaron una variedad de entornos (desde bosques tropicales hasta sabanas abiertas), sus pies también experimentaron cambios significativos, a fin de adaptarse a diferentes formas de locomoción. En las especies que permanecieron mayoritariamente arborícolas, como los lémures y los monos del Nuevo Mundo, sus pies también muestran adaptaciones, fundamentalmente destaca la presencia de pulgares oponibles en algunas especies, para facilitar el agarre de ramas y la locomoción entre los árboles.

Al establecerse la bipedestación, aparecen asociados algunos cambios en la morfología de los pies, como una disminución en la robustez de los dedos y una redistribución de la presión plantar para soportar el peso del cuerpo de manera más eficiente. El arco longitudinal del pie se volvió más pronunciado, lo que proporcionó una mayor elasticidad y amortiguación durante la marcha.

El pie humano moderno se caracteriza por, entre otras adaptaciones, una mayor longitud del talón, reducción en el tamaño de los dedos y una disposición de los huesos del pie que contribuye a mejorar la estabilidad y absorción de impactos durante la marcha, ya que se desarrollan arcos longitudinales y laterales. El dedo pulgar se orienta en posición paralela a los otros dedos, lo que ayuda a controlar el equilibrio y lanzar la pierna hacia delante.

Las posiciones de brazos y piernas y la estructura de manos y pies le liberan de una necesaria adaptación a la vida en los árboles, al mismo tiempo que le convierte en corredor capaz de transportar objetos.

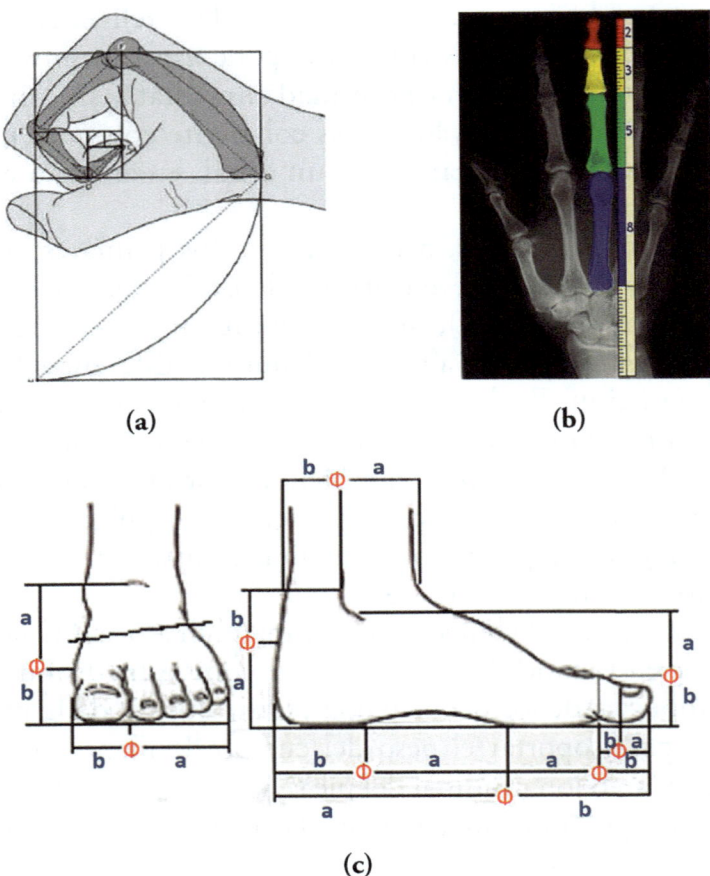

(a)

(b)

(c)

Figura 13.14. (a) Ajuste de la mano en puño a la espiral áurea (Tomado de[20]). (b) Relaciones de Fibonacci entre metacarpianos y falanges en la mano humana (Modificado de[21]), así como guardan tal proporción en carpo de la mano con 8 huesos, cinco el metacarpo y 3 falanges cada uno de los 5 dedos. (c) El pie guarda la Proporción Áurea tanto en las medidas de la anchura como de la longitud.

Se demuestra que tanto la mano como el pie humano tiene Proporciones Áureas: la mano cerrada en puño se ajusta forma una espiral áurea (Figura 13.14a). Además, se establecen claramente las relaciones de Fibonacci entre las falanges (Figura 13.14b): la longitud de la primera falange a la segunda, de esta a la tercera y de ella con respecto al metacarpo se ajustan a los números de la serie de Fibonacci 2, 3, 5, 8.

Respecto al pie (Figura 13.13c), la relación (a + b/a) alcanza un valor aproximado al número Phi, tanto en lo referente a la anchura y la anchura del dedo pulgar como a la longitud de este dedo. Además, esta proporción se observa en las dimensiones totales del pie, así como en las zonas anterior y posterior del arco.

Las Proporciones Áureas en el rostro humano

A medida que se van desarrollando las distintas etapas vitales se observa cómo el rostro humano experimenta una serie de cambios en sus medidas y proporciones, como consecuencia de una combinación de factores genéticos, ambientales y hormonales.

En los primeros años de la vida, en la infancia temprana, la cabeza es redondeada, la frente muy grande, los ojos redondos (Figura 13.15a). Estas características despiertan ternura y su función es clara: atraer la atención de los cuidadores.

Durante la adolescencia, se producen una serie de cambios significativos en las proporciones debido, sobre todo, al crecimiento óseo y al desarrollo de tejidos blandos. Mandíbula y mentón se suelen volver más prominentes, mientras que la nariz puede experimentar un crecimiento adicional. Progresivamente algunas proporciones, como la distancia entre los ojos y la anchura de la nariz entre los diferentes elementos faciales, van cambian conforme el individuo adquiere una apariencia más adulta (Figura 13.15b).

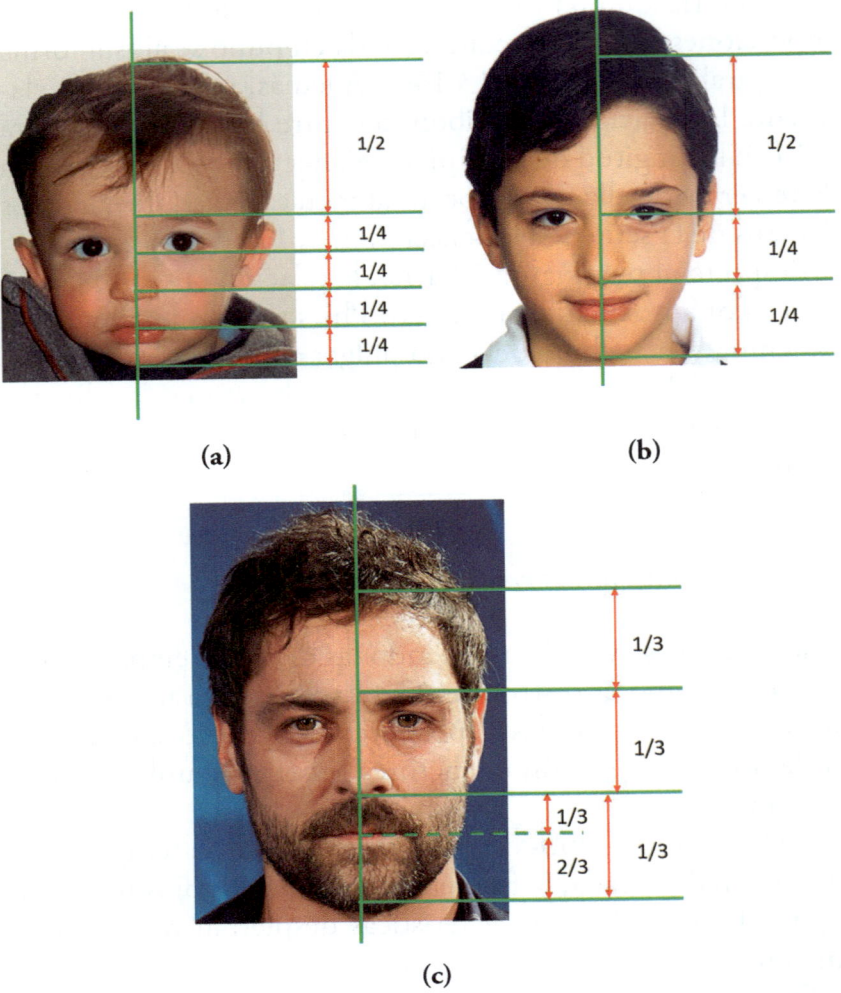

Figura 13.15: Evolución de las proporciones del rostro humano desde la infancia temprana a la edad adulta. (a) Niño varón de 18 meses. (b) Pre-adolescente varón de 10 años. (c) Varón adulto de 35 años.

Ya en la edad adulta, entre los 25 y los 30 años, el rostro alcanza su forma y proporciones finales (Figura 13.15c). Los rostros humanos, de varones y de mujeres alcanzan con mayor o menor aproximación las Proporciones Áureas (Figura 13.16).

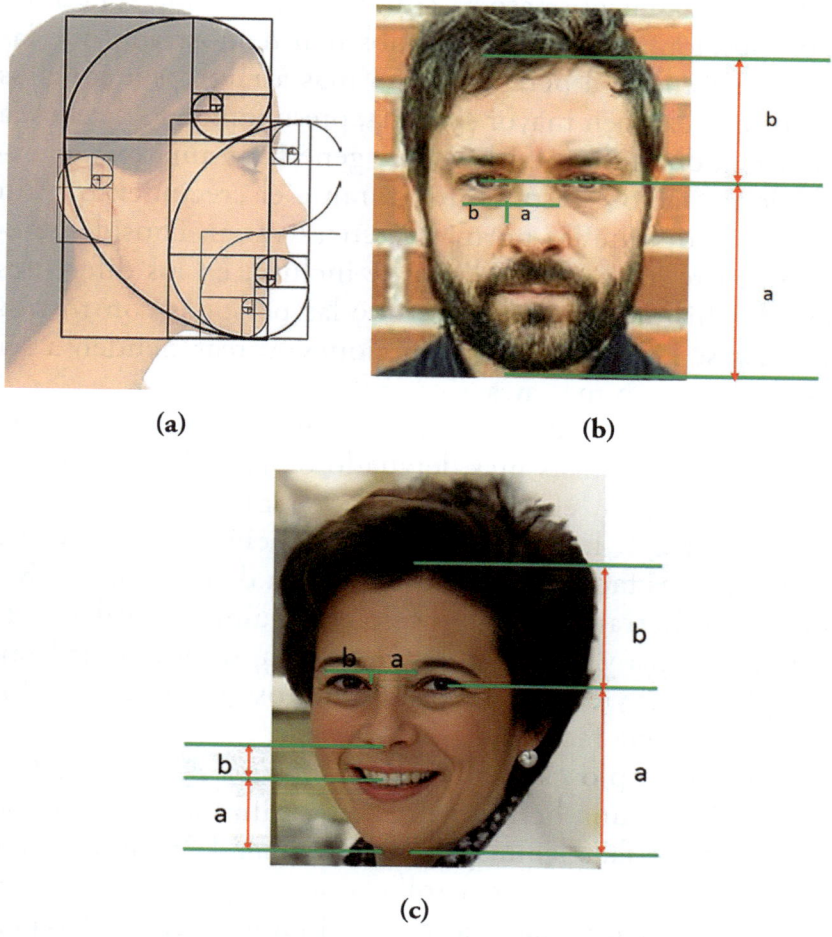

(a)

(b)

(c)

Figura 13.16. (a) Diversas secciones de un rostro humano, visto de perfil, con la espiral superpuesta (Tomado de[22]). (b) Rostro de varón adulto con algunas medidas para el cálculo de ajuste a la Proporción Áurea. (c) Ídem para rostro de mujer adulta.

La búsqueda de la belleza y la armonía en el rostro humano

La percepción de la belleza y la armonía facial es un fenómeno fascinante que, desde la antigüedad, ha llevado a filósofos, artistas y científicos a intentar comprender los fundamentos detrás de lo que consideramos estéticamente atractivo en el rostro humano.

La belleza facial se asocia comúnmente con la simetría y la proporción. Diferentes estudios han demostrado que las personas tienden a percibir como más atractivos a aquellos rostros que exhiben mayor simetría, presuponiendo de ellos la existencia de una buena herencia genética y una menor exposición a factores estresantes durante el crecimiento. Aun reconociendo que las normas estéticas varían considerablemente entre diferentes culturas, e incluso, en los diferentes períodos históricos, se sugiere que las personas con rostros que más se ajustan a las Proporciones Áureas tienden a ser percibidas como más atractivas.[23,24,25]

En las últimas décadas, los avances tecnológicos han permitido un análisis más detallado de la belleza facial. La fotografía digital, el escaneo 3D y el software de reconocimiento facial, han facilitado la medición precisa de las características faciales y la identificación de patrones de belleza. Estas herramientas han sido especialmente útiles en la cirugía plástica y la odontología estética, donde se utilizan para planificar y ejecutar procedimientos que buscan mejorar la apariencia facial.

Como ejemplo cabe citar la *máscara de Marquardt* (Figura 13.17),[26] una herramienta muy utilizada en el campo de la estética facial que pretende evaluar la proporción y la armonía facial. Fue desarrollada por Stephen Marquardt, cirujano plástico y matemático estadounidense, y se basa en principios geométricos y matemáticos para determinar las características faciales ideales. En sus estudios encontró interesantes resultados sobre simetría y proporciones que le llevaron a contactar con expertos matemáticos en el campo de *Teoría de la Medida*,[27] y también con ingenieros informáticos capaces de procesar en sus ordenadores los millones de datos recabados para transformarlos en imágenes. El resultado de años de trabajo en equipo es un elemento matemático, la *Máscara de Stephen Marquardt*.

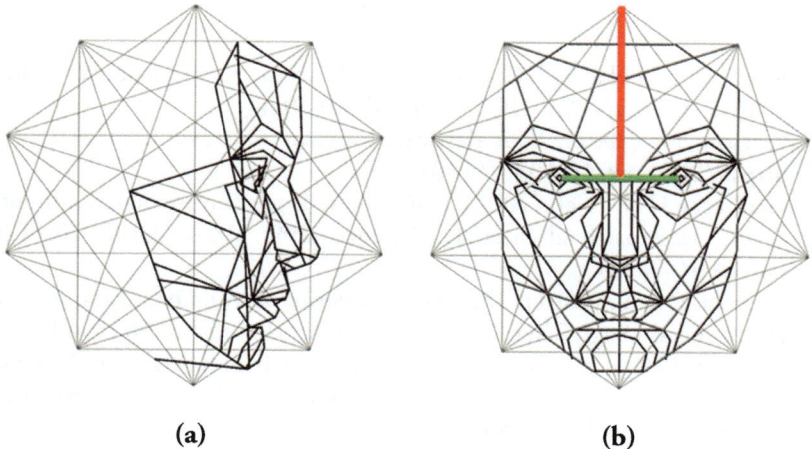

(a) (b)

Figura 13.17. La máscara de Marquardt. (a) Vista de perfil. (b) Vista de frente mostrando las longitudes de los segmentos a (en rojo) y b (verde), valores base para el cálculo del número áureo (Tomado de[28]).

Se construye sobre la base de la Proporción Áurea y se compone de una serie de líneas y proporciones que se superponen sobre una imagen facial para evaluar su armonía. Estas líneas incluyen la línea del cabello, la línea de la frente, la línea de las cejas, la línea de los ojos, la línea de la nariz, la línea de la boca y la línea de la mandíbula. Al comparar estas líneas con las ideales según la máscara de Marquardt, los profesionales pueden identificar áreas de desviación y determinar posibles procedimientos estéticos para mejorar la apariencia facial. En realidad, la máscara es el resultado de múltiples superposiciones de elementos áureos: pentágonos, triángulos áureos, rectángulos de Oro.

Multitud de personajes famosos de todo el mundo se han sometido al test de la máscara, y resultó que aquellas personas mejor valoradas en nuestro planeta por su belleza tienen rasgos faciales que coinciden, al menos en un 80 %, con las líneas de la máscara.

Bibliografía

1. Jessus, C. and Haccard, O. (2007). Fertilization: calcium's double punch. Nature, 449:297-298. DOI: 10.1038/449297a.
2. Pearson, H. (2002). Your destiny, from day one. Nature.418: 14–15. https://DOI.org/10.1038/418014a
3. Genbacev OD, et al. (2003) Trophoblast L-selectin-mediated adhesion at the maternal-fetal interface. Science. 299: 405-8. DOI: 10.1126/science.1079546.
4. Merviel, P. et al. (2001). The role of integrins in human embryo implantation. Fetal Diagn Ther. 16: 364-71. DOI: 10.1159/000053942.
5. Johnson, GA. et al. (2023). Integrins and their potential roles in mammalian pregnancy. J Animal Sci Biotechnol. 14: 115. https://doi.org/10.1186/s40104-023-00918-0
6. Feng, Y. et al. (2017). Role of selectins and their ligands in human implantation stage. Glycobiology. 27:385-391. DOI: 10.1093/glycob/cwx009.
7. Feigelman, S. and Finkelstein, LH. (2020). Assessment of fetal growth and development. In: Kliegman RM, St. Geme JW, Blum NJ, Shah SS, Tasker RC, Wilson KM, eds. Nelson Textbook of Pediatrics. 21st ed. chapter 20. Elsevier. Philadelphia, PA, USA.
8. https://www.pinterest.es/pin/8022105561675729/. Accedido, 20 de febrero de 2024.
9. Willoughby, PR. (2005). Palaeoanthropology and the Evolutionary Place of Humans in Nature. International Journal of Comparative Psychology. 18: 60–91. DOI:10.46867/IJCP.2005.18.01.02
10. Clark, G. and Henneberg, M. (2015). The life history of Ardipithecus ramidus: a heterochronic model of sexual and social maturation. Anthropological Review. 78: 109–132. DOI:10.1515/anre-2015-0009
11. Schlebusch, CM. et al. (2017). Southern African ancient genomes estimate modern human divergence to 350,000 to 260,000 years ago. Science. 358: 652–655. DOI:10.1126/science.aao6266
12. Wood, B. and Lonergan, N. (2008). The hominin fossil record: taxa, grades and clades. Journal of Anatomy, 212: 354–376. DOI: 10.1111/j.1469-7580.2008.00871.x
13. Stringer, C. (2016). The origin and evolution of Homo sapiens. Phil. Trans. R. Soc. Lond. B: Biological Sciences, 371:20150237. DOI: 10.1098/rstb.2015.0237
14. Stringer, C. (2012) What makes a modern human. Nature.485: 33–35. DOI:10.1038/485033a
15. https://www.pbs.org/wgbh/nova/id/tran-nf.html. Accedido, 19 de febrero de 2024
16. Vitruvio Polion, Marco Lucio. Capítulo 1. Origen de las medidas del templo. Los Diez Libros de Arquitectura. Libro III.

17. https://cdarq.blogspot.com/2016/10/formas-y-proporcion.html. Accedido, 18 de febrero de 2024

18. https://www.british-israel.us/34.html. Accedido, 21 de febrero de 2024

19. Pacioli, L. (1509). De divina proportione, publicado por Paganino Paganini en Venecia

20. Littler, JW. (1973). On the adaptability of man's hand (with reference to the equiangular curve). Hand. 5: 187-191. DOI: 10.1016/0072-968x(73)90027-2.

21. http://www.aanenuitleg.nl/Fibonacci-Gulden-snede.html. Accedido, 22 de febrero de 2024

22. https://www.ttamayo.com/2021/01/dibujar-el-rostro-y-las-expresiones-faciales/

23. Little, AC. and Jones, BC. (2003). Evidence against perceptual bias views for symmetry preferences in human faces. Proc Biol Sci. 270:1759-63. DOI: 10.1098/rspb.2003.2445.

24. Little, AC. and Jones, BC. (2006). Attraction independent of detection suggests special mechanisms for symmetry preferences in human face perception. Proc Biol Sci. 273:3093-9. DOI: 10.1098/rspb.2006.3679.

25. Godinho, J. et al. (2023). Cephalometric determinants of facial attractiveness: A quadratic correlation study. Am J Orthod Dentofacial Orthop. 163:398-406. DOI: 10.1016/j.ajodo.2021.12.025.

26. Kim, Y. (2007). Easy Facial Analysis Using the Facial Golden Mask. Journal of Craniofacial Surgery. 18: 643-649. DOI: 10.1097/scs. 0b013e3180305304

27. Morgan, F. (2009). Geometric measure theory: A beginner's guide (Fourth edition), San Diego, California: Academic Press Inc.

28. Builes, JD. (2022). La magia de la regla de tres, en: Red Educativa Digital. Proyecto Descartes. https://proyectodescartes.org/iCartesiLibri/PDF/La_Magia_De_La_Regla_De_Tres.pdf. Accedido, 23 de febrero de 2024.

14.
Cráneo-cerebro humano: la plenitud de la Forma Áurea

Solamente el cráneo y el cerebro de los hombres modernos (H. sapiens sapiens) alcanza la plenitud de la estructura áurea, lo que puede explicar las diferencias de capacidades de las poblaciones humanas a lo largo de los más de 2 Ma del tiempo evolutivo.

MÁS DE 2 MILLONES DE AÑOS DE HISTORIA DE LA HUMANIDAD

Los humanos actuales —los únicos representantes del género *Homo*— emergieron hace aproximadamente 2,5 millones de años (Ma) en África y desde allí fueron evolucionando y migrando fuera de África.

La primera salida de África fue realizada por los *Homo ergaster* hacia Asia y Europa (*Homo erectus*), quienes también se expandieron por todo el continente africano. Los fósiles de homínidos hallados en Java Central, considerados los representantes morfológicamente más avanzados del *Homo erectus* (Figura 14.1), podrían haber sobrevivido en Java al menos 250 000 años más que en el continente asiático, y quizás 1 Ma más que en África. Se plantea la posibilidad de que el *Homo erectus* haya coexistido en el tiempo con los humanos anatómicamente modernos (*Homo sapiens*) en el sudeste asiático.[1]

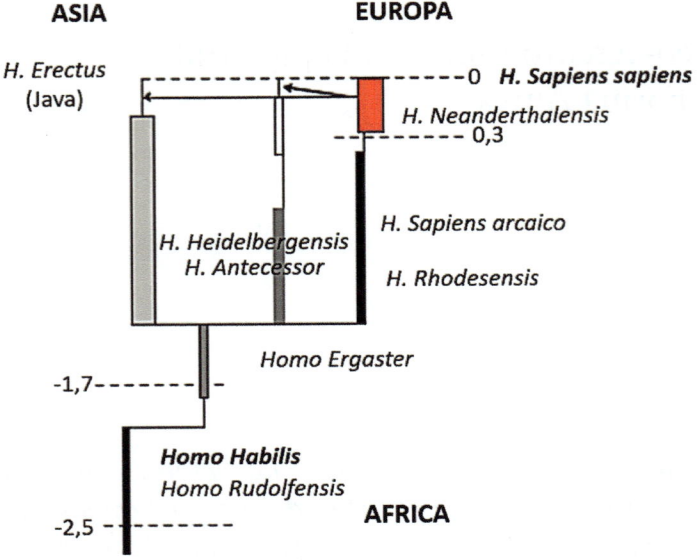

Figura 14.1. Esquema temporal de la aparición y expansión del género Homo desde África hacia Europa y Asia.

El análisis de la mandíbula de 1,2 Ma hallada en la Sima del Elefante (Atapuerca) y los fósiles de *Homo antecessor* de la Gran Dolina (Atapuerca) proporcionan datos que sugieren que proceden del *Homo erectus* y son antepasados de homínidos arcaicos posteriores. A pesar de los recientes avances en la recuperación de ADN antiguo de neandertales y humanos modernos tempranos, no se han recuperado secuencias de ADN de *Homo antecessor*, de unos 860 000 años de antigüedad.[2] Una de las principales razones es que se requieren circunstancias excepcionales para que el ADN sobreviva durante largos periodos de tiempo.

NEANDERTALES, DENISOVANOS Y *HOMO SAPIENS*:
TRES HISTORIAS PARALELAS QUE SE CRUZAN

La historia de las poblaciones humanas a lo largo del tiempo dista bastante de estar establecida con certeza. El continuo descubrimiento de fósiles y los análisis genéticos modifican constantemente los mapas trazados. Por un lado, han aparecido restos fósiles en las Cuevas Denisova (cavernas ubicadas en el macizo de Altái, en Siberia, Rusia), y por otro, se sigue encontrando continuamente fósiles de neandertales que amplían el conocimiento sobre su historia. Está claro que estas tres poblaciones humanas, neandertales, denisovanos y *Homo sapiens*, convivieron durante un largo periodo y compitieron por los mismos recursos.

Los Denisovanos

Un equipo de científicos liderado por Svante Pääbo secuenció el ADN mitocondrial (ADNmt)[3] extraído de un fragmento de hueso de un dedo encontrado en 2008 en la Cueva Denisova. Ese mismo año se publicó el análisis de su genoma,[4] que mostró que el homínido de Denisova pertenecía a un grupo de homínidos que compartieron un ancestro común con otros homínidos arcaicos hace aproximadamente 1 Ma, y con los neandertales hace entre 650 000 y 400 000 años.[5]

Esto significa que en el continente euroasiático existieron al menos dos formas de homínidos arcaicos: una forma euroasiática occidental, con características morfológicas comúnmente usadas para definir a los neandertales, y una forma oriental, a la que pertenecen los individuos de Denisova.

Existe una diversidad genética dentro de los denisovanos, consistente con su separación en al menos tres ramas geográficamente dispares: una en Oceanía y, en menor medida, en Asia (D2); otra aparentemente restringida a Nueva Guinea y las islas cercanas (D1); y una tercera en el este de Asia y Siberia (D0). Esto sugiere que los denisovanos fueron capaces de cruzar importantes barreras geográficas, incluidas rutas marítimas persistentes que separaban Asia de Wallacea y Nueva Guinea.[6]

Los denisovanos convivieron con los humanos arcaicos durante milenios. Un grupo podría haber sobrevivido a los neandertales, que desaparecieron hace unos 40 000 años. Según el estudio, estos denisovanos coexistieron y se cruzaron con los humanos modernos en Nueva Guinea hasta hace al menos 30 000 años, o quizás hasta hace solo 15 000 años. De confirmarse, esto significaría que los denisovanos fueron los últimos humanos conocidos que poblaron la Tierra, además de nosotros.

Los Neandertales

Los neandertales vivieron en Eurasia occidental durante cientos de miles de años, desde hace aproximadamente 430 000 años hasta su desaparición hace unos 40 000 años. Los neandertales de toda su distribución geográfica, desde Europa hasta Asia Central, pertenecían a un solo grupo que compartía un ancestro común más reciente, hace menos de 97 000 años.[7]

El estudio de las secuencias genómicas nucleares de dos neandertales, uno de la cueva de Hohlenstein-Stadel en Alemania y el otro de la cueva de Scladina en Bélgica, que vivieron hace unos 120 000 años, muestra una continuidad genética de aproximadamente 80 000 años.[8] Ambos están genéticamente más cerca de los neandertales posteriores de Europa que de un neandertal contemporáneo en la misma cueva en Siberia.[9]

El yacimiento de Abric Pizarro, en la provincia de Lérida, es uno de los pocos que conserva evidencia de ocupaciones neandertales entre hace 85 000 y 60 000 años, un periodo poco conocido de la historia de los neandertales.[10] Los resultados preliminares de este yacimiento sugieren que los grupos neandertales eran hábiles cazadores, con un amplio conocimiento del paisaje circundante, que explotaban de manera eficiente. Posiblemente, la Península Ibérica fue un refugio durante los periodos climáticos fríos.

En 2015 se descubrió un individuo neandertal tardío, apodado *Thorin*, en la Grotte Mandrin, en la Francia mediterránea.[11] Este individuo pertenecía a una población neandertal tardía que había permanecido genéticamente aislada durante

50 000 años. Es la primera evidencia genómica directa de la estructura de la población entre los neandertales europeos tardíos: múltiples comunidades aisladas, con pocas o nulas interacciones entre ellas, a pesar de estar geográficamente muy cerca. Thorin representa un linaje que posiblemente permaneció aislado durante aproximadamente 50 000 años.[12]

Los fósiles de homínidos de Grotte Mandrin revelan la presencia más antigua conocida de humanos modernos en Europa, hace entre 56 800 y 51 700 años. Esta incursión temprana de humanos modernos en el valle del Ródano también se asocia con tecnologías desconocidas fuera de África o el Levante, como la *industria lítica neroniana*, encontrada entre capas que contienen restos de neandertales asociados con industrias musterienses. Los primeros humanos modernos en Europa pudieron haber vivido aquí hace 54 000 años, alternando su ocupación con los neandertales durante milenios.

Los neandertales tenían una gran capacidad craneal, formaban sociedades complejas, rendían culto a sus muertos y cuidaban de los enfermos. Fueron capaces de crear arte abstracto y sobrevivir a etapas tan duras como la Edad del Hielo, pero finalmente desaparecieron del planeta. Su desaparición se produjo en diferentes momentos según la región. Existen diversas teorías sobre su extinción: algunas atribuyen la desaparición a factores externos, como cambios climáticos, erupciones volcánicas o inversiones del campo magnético, mientras que otras se centran en causas internas, como la biología y cultura. Vivían en grupos pequeños, sufrían de endogamia y tenían un lento crecimiento demográfico. Posiblemente, una combinación de causas internas y externas contribuyó a su desaparición.

Homo sapiens

Homo sapiens es el nombre científico de la especie humana. Evolucionó del *Homo ergaster* en África hace unos 500 000 años, y apareció como especie hace entre 290 000 y 140 000 años según muestra el análisis del ADN mitocondrial;[13] a este humano se le denomina *Homo sapiens arcaico*. El *Homo sapiens* dio paso al *Homo sapiens sapiens* (anatómicamente moderno) hace unos 35 000 años, y los humanos actuales pertenecen a este último grupo.

En resumen (Figura 14.2), el *Homo habilis* apareció en África hace 2,5 Ma. En África, la población que se convertiría en *Homo ergaster* migró hacia Eurasia (como *Homo erectus*). Las poblaciones africanas evolucionaron hacia *Homo sapiens arcaico* y, finalmente, *Homo sapiens sapiens*, que salió de África por segunda vez hacia Eurasia, desplazando a denisovanos y neandertales (y mezclándose ocasionalmente con ellos), quienes desaparecieron hace unos 17 000 y 30 000 años, respectivamente.

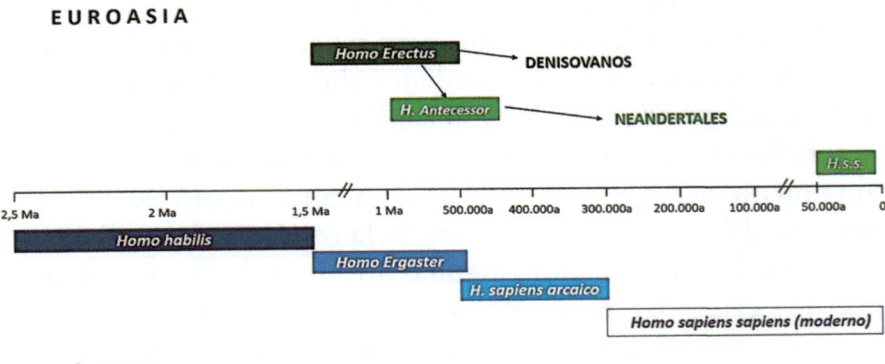

Figura 14.2. Línea temporal de la aparición del género Homo en Euro Asia y África (*H.s.s* = *Homo sapiens sapiens*).

Los humanos anatómicamente modernos salen de África hace unos 50 000 años y se expanden por todos los continentes desplazando a los presentes y a veces mezclándose con ellos[14] (Figura 14.3).

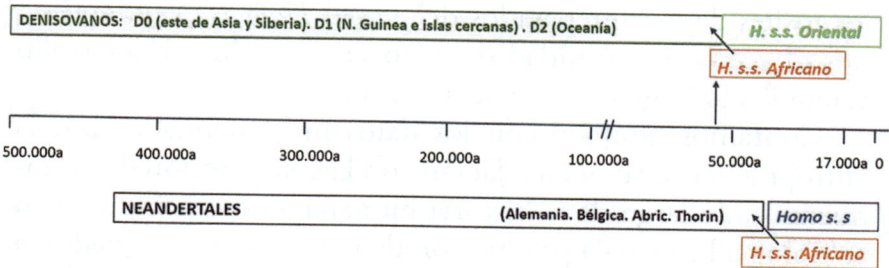

Figura 14.3. Línea temporal de la aparición del género Homo en Euro Asia Oriental y Occidental: Europa (*H.s.s = Homo sapiens sapiens*).

Hace unos 500 000 años, Figura 14.3, se separaron los denisovanos y los neandertales, quienes se habían cruzado entre sí y con los humanos arcaicos. Hace unos 50 000 años, llegó desde África el *Homo sapiens sapiens*, que también se cruzó con ellos. Los neandertales desaparecieron muy tarde, algunos existieron hasta hace unos 17 000 años. Los neandertales aparecieron hace unos 400 000 años y se extendieron por Europa. Hace 30 000 años fueron desplazados por el *Homo sapiens sapiens*.

LA EVOLUCIÓN DEL CRÁNEO: CAMBIO EN LA MORFOLOGÍA Y EL TAMAÑO

El conocimiento actual del cerebro nos permite comprender las intensas peculiaridades del cerebro humano, tanto en comparación con primates no humanos como en relación con el desarrollo y maduración del cerebro de cada persona. Obviamente, el estudio evolutivo solo puede realizarse comparándolo con los cerebros de animales vivos, especialmente los del género *Pan*: el chimpancé común (*Pan troglodytes*) y el bonobo (*Pan paniscus*).

Además, el estudio de la forma del cráneo y el análisis de las *endocastas* —marcas o impresiones que el cerebro deja en el interior de este, particularmente en su base— presentes en los fósiles de los antepasados del actual *Homo sapiens sapiens*, nos ofrece la oportunidad de conocer cómo fue el desarrollo cerebral a lo largo de la evolución humana.

Contamos también con los datos proporcionados por la antropología cultural en relación con la construcción de herramientas a lo largo de la historia humana, desde la industria o tecnología lítica —la producción de herramientas de piedra, a partir de diferentes tipos de rocas y minerales— hasta el desarrollo de los complejos y sofisticados ordenadores y máquinas actuales. Estas técnicas, a lo largo del tiempo, siempre se han acometido con la finalidad de conseguir objetivos concretos: nuestra adaptación al medio, la modificación del medio para adaptarlo a nosotros, y la supervivencia.

Los homínidos, la rama de primates que incluye a los humanos modernos y a sus ancestros directos, han sido objeto de profundos estudios enfocados a dilucidar su historia evolutiva, que se extiende a lo largo de Ma. Este es un testimonio de la capacidad de adaptación y cambio que ha caracterizado a nuestra especie a lo largo del tiempo.[15,16]

La morfología craneal de *Australopithecus* exhibe aún ciertos rasgos primitivos compartidos con los primates no humanos, pero ya presenta características distintivas que apuntan hacia la bipedestación; de hecho, se considera que son los primeros bípedos. Por ejemplo, especímenes como *Australopithecus afarensis*, famoso por el ejemplar "Lucy", muestran un foramen magno orientado hacia abajo, lo que sugiere una postura bípeda similar a la humana.

Homo habilis, los primeros representantes del género *Homo*, muestra un aumento en el tamaño relativo del cerebro en comparación con los *Australopithecus*. Este cambio se refleja en una expansión de la bóveda craneal y una reorganización de las estructuras faciales. La capacidad craneal de *H. habilis* aún es pequeña en comparación con los humanos modernos, pero es una muestra de la tendencia evolutiva hacia cerebros más grandes en relación con el tamaño del cuerpo.

Homo erectus (*Homo ergaster* fuera de África) representa otro hito en la evolución craneal de los homínidos, ya que presenta una expansión significativa en el tamaño y la forma del cráneo en comparación con sus antecesores. La bóveda craneal se vuelve más globular y alta, lo que refleja un aumento en el volumen cerebral. Además, se observa una reducción en el tamaño de las crestas supraorbitales y una reorganización de las estructuras faciales, lo que sugiere cambios en la masticación y la dieta.

De hecho, comienza entonces a aparecer un cambio en la morfología craneal relacionado con los cambios evolutivos ligados a la alimentación: *la cresta sagital*, una protuberancia ósea que recorre la parte superior del cráneo, pasando por la sutura sagital, era una característica común en muchos simios y formaba el punto de anclaje de los músculos maxilares, especialmente el músculo temporal, uno de los principales músculos masticadores. Esta cresta, aunque ha desaparecido en el *Homo sapiens*, aún aparece en algunos humanos actuales, con un leve vestigio de forma puntiaguda en la bóveda craneal (Figura 14.4).

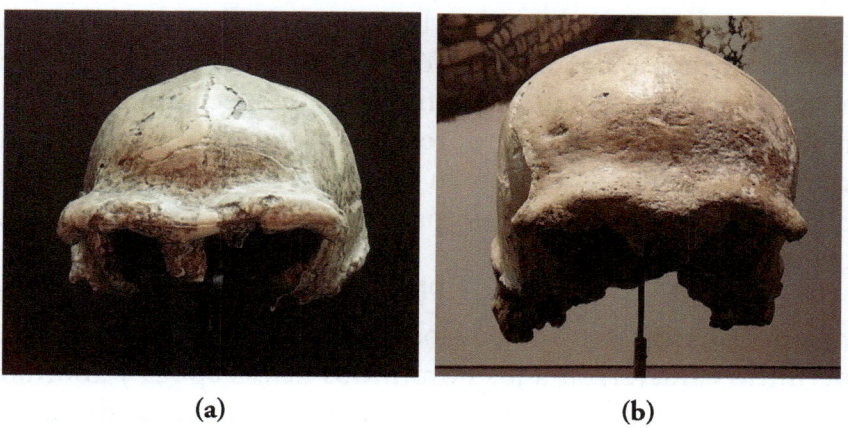

(a)   (b)

Figura 14.4. (a) Bóveda craneal hembra adulta de *Homo erectus*. (b) Bóveda craneal de adulto *Homo sapiens* (©M. Font. Ejemplares del Museo Nacional de Arqueología, Madrid).

Con el cambio en la alimentación, al incluir nuevos alimentos que hacían menos necesaria una fuerte musculatura masticadora, se produjo una reducción en el tamaño de los músculos implicados. Esto redujo también la presión sobre el cráneo, permitiendo la mutación (y condición) necesaria para que el cerebro humano aumentara de tamaño y adoptara la forma cóncava y cuasi globular del cráneo moderno.

Se plantea también la existencia de una mutación que inactivó el gen *MYH16* de la miosina, una proteína que se encuentra en las fibras musculares del rostro y que, junto con la proteína actina, genera la contracción de los músculos. Esta mutación, que habría ocurrido hace unos 2,4 Ma,[17,18,19] pudo haber reducido el tamaño del músculo masticador, lo que a su vez contribuyó a la reducción de la dentición y la tensión en la masticación. Este cambio eliminó una restricción evolutiva en el proceso de encefalización. Se perdió capacidad masticadora, pero se ganó expresividad en el rostro: se ganó la sonrisa.

Los neandertales que, como vimos, habitaron Europa y partes de Asia occidental hace entre 400 000 y 40 000 años, representan una rama del linaje humano con una morfología craneal única. Presentan una bóveda craneal alargada y una cara prominente con grandes órbitas oculares, lo que sugiere adaptaciones al clima frío y una posible especialización en la masticación de alimentos duros.[20] Sin embargo, su volumen craneal es similar, e incluso en algunos casos mayor, al de los humanos modernos, lo que parece indicar una sofisticación cognitiva comparable.

El análisis de cráneos del Pleistoceno medio, procedentes del yacimiento de la Sima de los Huesos (Atapuerca, España), permitió caracterizar a los homínidos de esa época y abordar hipótesis sobre el origen y la evolución de los neandertales. Utilizando una variedad de técnicas, se ha podido reasignar la capa que contiene homínidos a un período de hace unos 430 000 años. La muestra presenta un patrón morfológico consistente con rasgos derivados del neandertal, presentes en la cara y la bóveda anterior, muchos de los cuales están relacionados con el aparato masticatorio. Esto sugiere que la modificación facial fue el primer paso en la evolución del linaje neandertal, lo que apunta a un patrón de evolución en mosaico, con diferentes módulos anatómicos y funcionales evolucionando a diferentes ritmos.[21]

Otras modificaciones que van apareciendo a lo largo de la evolución incluyen la reducción del número de piezas dentales de 36 a 32, estabilizándose en este número hasta la actualidad, y la adquisición de una forma parabólica del paladar, frente a la forma rectangular de los ancestros. También se ha comprobado cómo los caninos van reduciendo su tamaño, aproximándose al de los otros dientes.[22]

La aparición del *Homo sapiens arcaico* marca el surgimiento del hombre moderno en África. Se observan una serie de cambios significativos en la morfología craneal, con una bóveda craneal alta y redondeada, una cara más reducida y una región facial proyectada hacia abajo. Estas características se han asociado a una mayor capacidad cerebral, mientras que los cambios en la estructura facial se han relacionado con la evolución del habla y la comunicación simbólica. Además, se observa una mayor variabilidad craneal en las poblaciones humanas modernas, reflejando adaptaciones locales y una mayor diversidad genética.

Puede observarse, entonces, que la forma del cráneo se va haciendo más globular, pasando de un marcado prognatismo a un ortognatismo, es decir, una cara más plana, lo que permite una visión estereoscópica, al estar los ojos en el mismo plano (Figura 14.5).

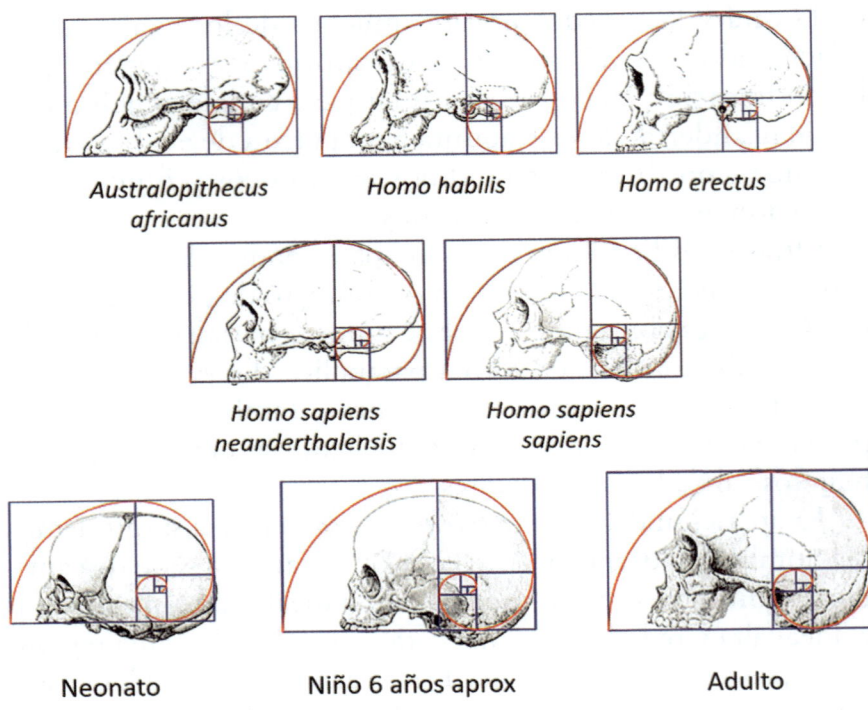

Figura 14.5. (a) La forma del cráneo alcanza la forma áurea en el hombre moderno. (b) A lo largo de la vida, de forma similar, va alcanzando la forma áurea desde la etapa de neo nato, niño y adulto.

Este proceso ocurre a medida que el cerebro aumenta de tamaño, y solo el cráneo del *Homo sapiens* moderno alcanza la *forma áurea* (Figura 14.5a). Asimismo, se puede ver cómo, a lo largo de la vida del ser humano, desde la etapa de neonato hasta la edad adulta, la forma del cráneo se va aproximando cada vez más a dicha forma áurea (Figura 14.5b).

Los estudios de paleo-neurología sobre los moldes internos craneales han permitido conocer que el lóbulo parietal experimentó una expansión considerable durante la evolución humana. Esto conlleva una mayor globularidad de la caja craneal y el abultamiento de la región parietal en los humanos modernos, en comparación con otras poblaciones humanas, incluidos los neandertales.

El homínido Denisova debió poseer un cráneo similar al de los neandertales, dado el parecido genético entre ambos.

Las poblaciones de cada etapa y lugar se consideran especies en el sentido paleontológico y no en el sentido biológico, que se refiere a la incapacidad de reproducción entre unas y otras especies,[23] algo que se analiza a partir del ADN. Los estudios en esta área emplean datos que permiten reconstruir esta epopeya evolutiva de la humanidad, combinando hallazgos fósiles, análisis genéticos y estudios paleoambientales.

EVOLUCIÓN DEL CEREBRO HUMANO: CAMBIO EN TAMAÑO

El cerebro humano es la estructura más compleja y ordenada de la naturaleza, tan complejo que es un requisito biológico necesario, aunque no suficiente, para la mente humana.

Los seres humanos tenemos grandes cerebros, con un volumen en el adulto de aproximadamente 1350 cm^3, un peso de 1500 g, y contiene cerca de 20 billones de neuronas. Este tamaño es mucho mayor que el de cualquier primate extinto y su peso es tres veces mayor que el del chimpancé, el primate más cercano evolutivamente.[24] Alcanza su mayor volumen en el *H. sapiens* (Figura 14.6).

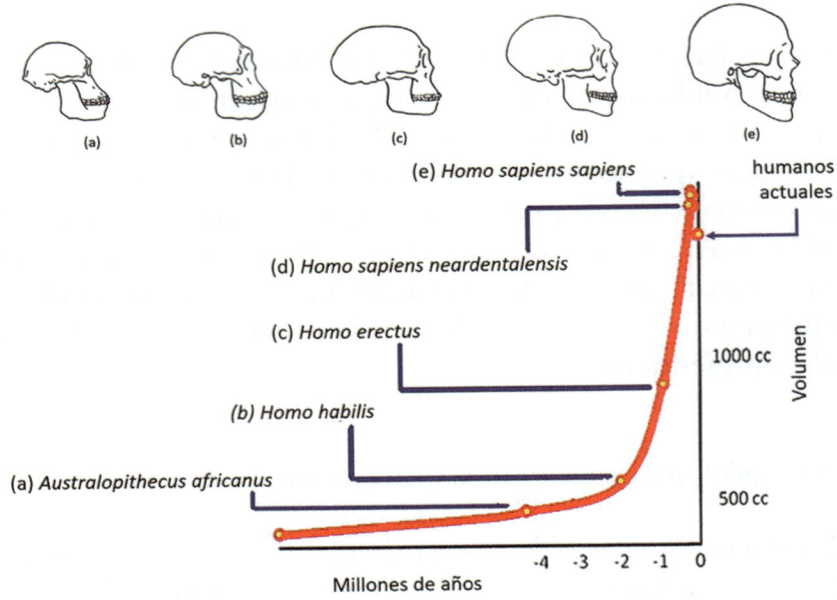

Figura 14.6. Evolución del volumen del cerebro en homínidos.

Este aumento de tamaño no se debe a la aparición de genes nuevos, sino a la evolución de un fragmento de ADN que ya existía previamente, pero que no codificaba para una proteína funcional. Se ha comprobado que los genes *NOTCH2NL*, esenciales para el desarrollo neurológico, aparecieron a través de la duplicación en un ancestro común a los humanos, chimpancés y gorilas, pero solo se convirtieron en genes funcionales en el linaje humano.

En efecto, el equipo de Hauser[25] ha analizado estos genes, que no existe en primates no humanos, y que incrementa la génesis de neuronas en la corteza cerebral. Hace unos 14 Ma, el gen original *NOTCH2* se copió, pero de forma imperfecta, y la copia no tenía función alguna. Tuvieron que pasar otros 11 Ma para que se completara o reparara la copia, lo que permitió que el gen *NOTCH2NL* se volviera funcional. Esta reparación ocurrió solo en los humanos, en la época en la que, según el registro fósil, el cerebro humano comenzó a expandirse, después de que los ancestros de los actuales gorilas y chimpancés se separaran de la línea humana. Posteriormente, este gen se duplicó nuevamente dos veces en las etapas anteriores de la evolución humana, hasta llegar, se cree, hace poco más de 200 000 años, al origen del *Homo sapiens* moderno.

EVOLUCIÓN DE LA ESTRUCTURA CEREBRAL: PROCESO DE ENCEFALIZACIÓN

La humanidad ha seguido una larga trayectoria hasta alcanzar la compleja estructura del cerebro del *Homo sapiens*. El proceso de encefalización, o "humanización", representa un conjunto de diferencias significativas entre el *H. sapiens* y nuestros primos más cercanos, los bonobos y los chimpancés, (*Pan paniscus* y *P. troglodytes troglodytes*), de quienes nos separamos hace más de 7 Ma.[26]

Sin embargo, es importante recordar que solo existe un 1,23 % de diferencia genética entre el genoma del hombre y el del chimpancé, y, pese a lo pequeño de este porcentaje, se traduce en una enorme diferencia fenotípica.[27,28]

El aumento de la complejidad cerebral, debido a un mayor número de conexiones neuronales, se atribuye al gen *SRGAP2C*, que tiene la función de generar un mayor número de conexiones entre neuronas, es decir, establecer circuitos neuronales más complejos.[29,30] Este gen es una duplicación genética que había ocurrido 1 Ma antes, pero aparentemente sin mayores consecuencias. Sin embargo, hace unos 2,5 Ma, una duplicación parcial en combinación con la presión ambiental resultó decisiva para dar ese salto evolutivo. Se ha observado que la expresión de este gen genera filamentos alrededor de las neuronas, lo que ralentiza las sinapsis (las conexiones entre ellas), permitiendo, a cambio, la creación de una red más extensa y densa. Esto disminuye la velocidad de reacción del cerebro, pero permite que este crezca y se vuelva más complejo. De acuerdo con la historia evolutiva de los homínidos y el *Homo sapiens*, la pequeña fracción específica del genoma humano está enriquecida en genes relacionados con el desarrollo y la función neuronal.[31]

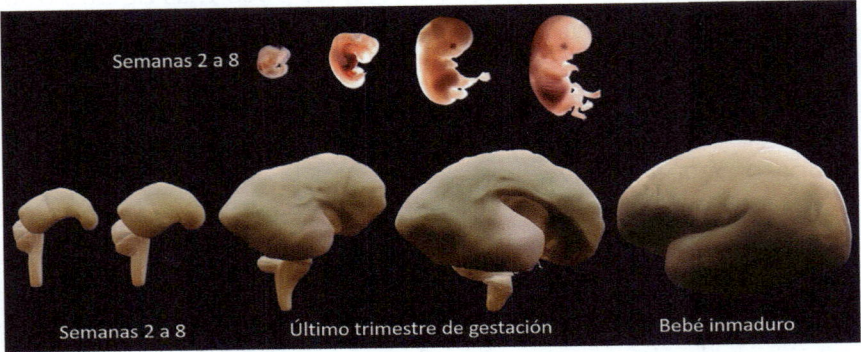

Semanas 2 a 8

Semanas 2 a 8   Último trimestre de gestación   Bebé inmaduro

Figura 14.7. Evolución del tamaño cerebral a lo largo de la gestación: el cerebro crece y va adquiriendo la forma.

La trayectoria de aumento de las conexiones neuronales guarda gran similitud con el desarrollo cerebral a lo largo de la vida humana (Figura 14.7), alcanzando su plenitud, que confiere la *estructura áurea*, hacia los 18-20 años. La arquitectura funcional se desarrolla a lo largo del tiempo. Esta plasticidad cerebral implica que no existen dos individuos con la misma configuración exacta de conexiones neuronales.

El cráneo, que permite albergar el cerebro en las diferentes etapas de la humanidad y de la vida de cada persona, no solo ha necesitado crecer, sino también adquirir la forma áurea. Son, por tanto, dos procesos temporales paralelos —el desarrollo del cráneo y del cerebro— que han tomado más de un millón de años. De manera similar, en la vida del ser humano, hay otros dos procesos temporales, el del cráneo y el del cerebro, que se desarrollan durante unos 20 años, desde el nacimiento hasta la fase adulta.

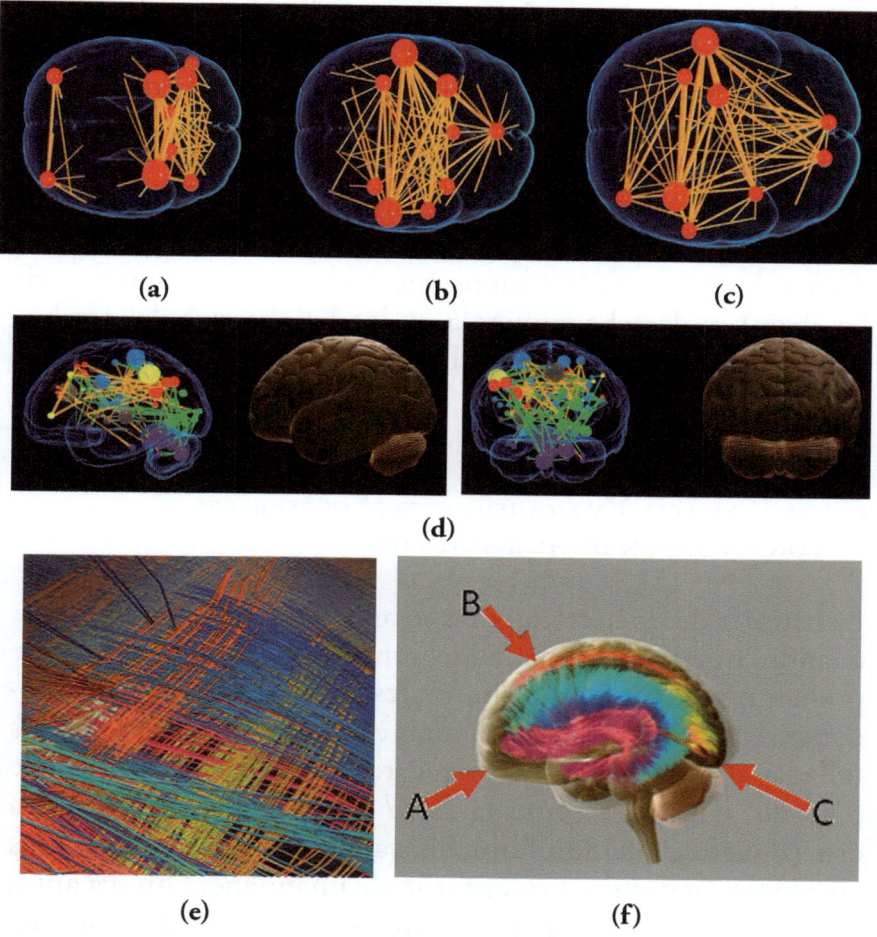

Figura 14.8. Evolución del cableado del cerebro: (a) Neonato. (b) Un año. (c) Dos años. (d) Adulto. A lo largo de la adolescencia unas conexiones se alargan (naranja) y otras (verde) se acortan en ambos hemisferios. (e). Detalle del cableado del cerebro: fibras y estructuras cerebrales. (f) La distancia del punto A al C, dividido por la distancia del B al C, es igual a Phi, lo mismo que la distancia del B al C, dividido por la distancia del A al B.

Se observa cómo en el cerebro del neonato, y a lo largo de los dos primeros años, comienzan a desarrollarse algunas conexiones entre las neuronas (Figura 14.8a-8c). Con la maduración del cerebro (Figura 14.8d) y durante la adolescencia, los axones de las neuronas se protegen mediante una vaina de mielina, lo que permite una gran velocidad en el flujo de información. Los axones, a su vez, se agrupan formando fibras que no están ni aisladas ni enmarañadas como un ovillo, sino que construyen una rejilla tridimensional de "cables eléctricos" interrelacionados (Figura 14.8e). Se organizan en fascículos, construyendo una arquitectura bien estructurada, reconociéndose las direcciones que siguen los tres ejes del desarrollo corporal: rostro-caudal (frente-nuca), el eje dorso-ventral (arriba-abajo), y derecha-izquierda en los hemisferios del cerebro adulto. En este punto, el cerebro alcanza la Proporción Áurea (Figura 14.8f).[32]

Cultura material y modificaciones cerebrales. La construcción de herramientas

La historia de las herramientas se remonta a millones de años, cuando nuestros antepasados primitivos descubrieron que podían modificar objetos naturales para satisfacer sus necesidades. Las primeras herramientas eran simples, como piedras talladas utilizadas para cortar carne o romper huesos. Este período, conocido como la *Edad de Piedra*, marcó un hito crucial en la evolución humana, ya que nuestros antepasados empezaron a dominar su entorno de una manera nunca antes vista. El Paleolítico Inferior marca el comienzo de la industria lítica y el surgimiento de las primeras herramientas de piedra. Durante este período, los primeros homínidos, como *Homo habilis*, comenzaron a fabricar herramientas rudimentarias utilizando lascas de piedra, aplicando la técnica conocida como *talla por percusión*.

El desarrollo de herramientas no solo proporcionó a nuestros antepasados una ventaja en la caza y la supervivencia, sino que también estimuló el desarrollo cognitivo. La capacidad de planificar, diseñar y fabricar herramientas (Figura 14.9) requirió un nivel de pensamiento abstracto y habilidades motoras finas que impulsaron el crecimiento del cerebro humano. Esta coevolución entre el uso de herramientas y el desarrollo cerebral fue un factor clave en el ascenso del *Homo sapiens* como la especie dominante en la Tierra. El hallazgo arqueológico de la industria lítica y del conjunto de utensilios que de ella resultan es una clara muestra de la actividad humana.

Figura 14.9. Procesos de reflexión, deducción y desarrollo de herramientas en el chimpancé y en el humano.

Se discute si esto es una manifestación exclusiva del proceso de humanización, dado que otros animales, como los primates no humanos, también usan herramientas, pero solo emplean objetos naturales, lo que difiere del uso y la construcción de herramientas en humanos. En ellos el uso de herramientas es pragmático, con objetos utilizados como recursos ocasionales no esenciales para su nicho ecológico o cognitivo. Estos objetos no están profundamente integrados en sus esquemas corporales ni implican una cadena productiva secuencial con pasos intermedios. Un ejemplo representativo del uso de herramientas en chimpancés es la pesca de termitas, que consiste en seleccionar y usar un palo largo, delgado y flexible, insertándolo en un montículo de termitas. Por el contrario, el uso preciso de herramientas en los seres humanos debe caracterizarse por elementos necesarios, no ocasionales, que son indispensables en un nicho cognitivo y ecológico, integrados funcionalmente con el sistema cerebro-cuerpo y asociados con cadenas operativas planificadas.[33]

De cualquier forma, la inteligencia o los procesos intelectuales que desarrollan los seres humanos son enormemente diferentes a los que logran los organismos de cualquier otra especie en este planeta.[34]

Cultura de las herramientas de piedra

Sintetizamos la industria lítica a grandes rasgos. La primera cultura de herramientas de piedra (Figura 14.10a) es la *Olduvayense*, fechada hace unos 2 Ma y asociada a *Homo habilis*, con el origen del género humano. Los guijarros, elaborados en su mayoría sobre cantos rodados, tenían corte unifacial, tallado de forma que se creaba un filo redondeado o anguloso y cortante, conservando una buena parte de la superficie original.

Más adelante, hace aproximadamente 1,5 Ma, se agregó un tipo de herramienta diferente, la *Achelense*, que permaneció hasta hace 100 000 años. Estas herramientas tenían una forma aproximadamente simétrica con un fino filo en todo el contorno.

En la cueva Denisova, la misma capa en la que se hallaron fósiles humanos contenía también una gran cantidad de artefactos de piedra y huesos de animales. Estas herramientas indican que los habitantes vivieron en una época relativamente cálida, con bosques y grandes extensiones de campo abierto. Las herramientas halladas son, en su mayoría, raspadores que pudieron ser utilizados para limpiar o tratar pieles de animales. Sin embargo, las herramientas relacionadas con estos nuevos fósiles no tienen contraparte en el norte o centro de Asia, aunque guardan cierta semejanza con artefactos encontrados en Israel, datados entre hace 250 000 y 400 000 años, un período relacionado con cambios importantes en la tecnología humana, entre ellos el uso rutinario del fuego.

La industria lítica *musteriense* apareció hace unos 125 000 años y desapareció hace unos 30 000 años. Está asociada principalmente con los neandertales en Europa y con los primeros humanos anatómicamente modernos en el norte de África y Asia occidental. Utilizaban principalmente sílex o pedernal, materiales que crean bordes finos al romperse, para fabricar herramientas, especialmente para la caza. Aparecen punzones, hachas, cuchillos, entre otros. Lo más característico de este periodo es, sin duda, la aparición del bifaz (Figuras 14.10b y 10c).

Dentro de las últimas sociedades neandertales se produjeron importantes transformaciones en la industria lítica, con profundos cambios en la relación del artesano con sus herramientas. Aunque estas transformaciones son típicas del musteriense tardío en general, las industrias técnicamente distintivas de este periodo presentan características cronológicas, territoriales y culturales tan diferentes que pueden denominarse con un nombre específico: *Neroniano*, una tradición lítica reconocida en el valle del Ródano Medio, en el Mediterráneo, que precede a la aparición de las primeras industrias del Paleolítico Superior (el *Protoauriñaciense*).[35]

Trabajos más recientes analizan el impacto de *Homo sapiens* en las industrias neandertales.[36] La industria *Châtelperroniense* es, a menudo, considerada neandertal, ya que muestra un nivel de avance técnico que sugiere que los neandertales fueron influenciados por los humanos que comenzaban a aparecer en Europa.

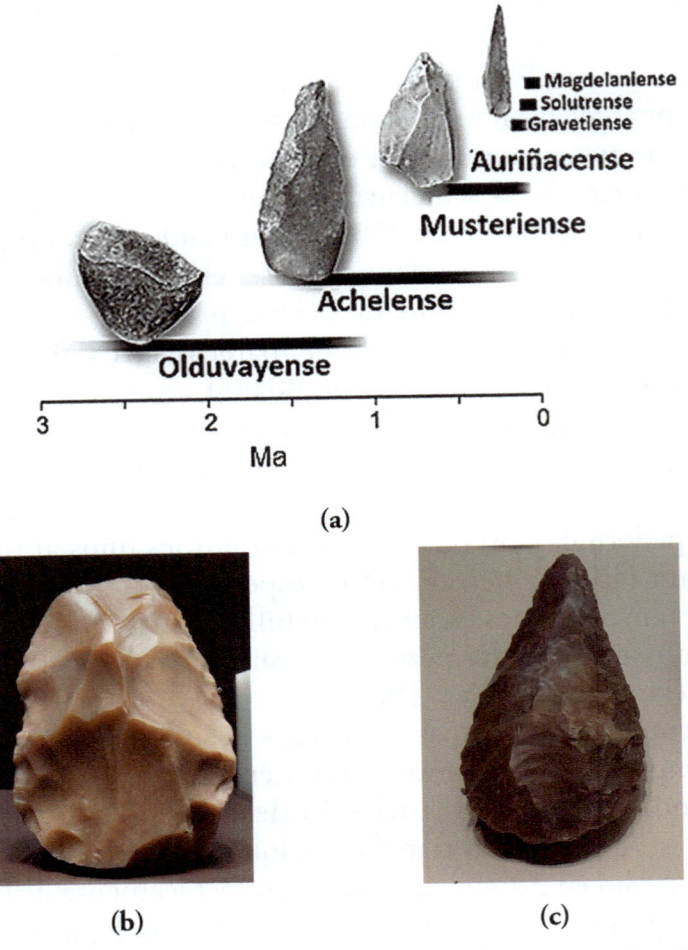

(a)

(b)   (c)

Figura 14.10. (a) Distribución temporal de los diferentes periodos de aparición de industrias líticas (Modificada de[37]). (b) Hendidor, pleistoceno medio (© M. Font; Museo Arqueológico Nacional, Madrid). (c) Bifaz achelense (©M. Font; Museo Arqueológico Nacional, Madrid)

Se han construido cronologías sólidas de 40 sitios arqueológicos clave del musteriense y los neandertales, desde Rusia hasta España.[38] Estas cronologías muestran que el musteriense terminó entre 41 030 y 39 260 años en toda Europa; en un momento similar también finaliza la châtelperroniense. La comparación de estos datos con los resultados obtenidos en los sitios más antiguos de *Homo sapiens* en Europa permite cuantificar la superposición temporal entre ambos grupos humanos, que en función de los resultados revelan la existencia de una superposición significativa de entre 2600 y 5400 años.

El *periodo auriñaciense*, junto a los tres que le siguen, suele agruparse dentro de una misma época que abarca desde hace 40 000 años hasta hace 12 000 años. Este periodo corresponde a *Homo sapiens sapiens*, el humano moderno, y se caracteriza por el uso de hueso, astas o marfil para fabricar puntas largas y afiladas, así como por la creación de representaciones artísticas con esos mismos materiales, como ropajes. También se utilizó el buril, una herramienta creada para fabricar instrumentos de trabajo.

El *periodo gravetiense* se distingue por la presencia de los primeros huesos decorados y el uso de la cocción de arcilla. En el *solutrense* se desarrolla el calentamiento de la roca, y en el *magdaleniense* se construyen herramientas que sirven tanto como armas de combate como para fines decorativos.

A lo largo de la evolución humana, las herramientas se han vuelto más pequeñas y complejas. En las primeras etapas tecnológicas, eran manipuladas en gran medida con toda la mano; posteriormente, se manejaban con los dedos, y finalmente, con las yemas de los dedos.

La evolución del cerebelo

Utilizando la neuroanatomía computacional, un estudio[39] ha reconstruido en 3D la forma del cerebro de los neandertales y los primeros *Homo sapiens*. Los dos hemisferios del cerebelo del *Homo sapiens* moderno tienen el mismo tamaño, mientras que se observó que el cerebelo de los neandertales era más pequeño que el de los *Homo sapiens*, especialmente en el hemisferio derecho. De manera similar, aunque en menor medida, se observa esta diferencia al comparar el cerebelo del *Homo sapiens* arcaico con el del neandertal.

Los hemisferios cerebelosos más grandes en *Homo sapiens* están relacionados con una mayor función cognitiva, que incluye funciones ejecutivas, procesamiento del lenguaje y mayor capacidad de memoria episódica y de trabajo, además de una superior capacidad social.

En consecuencia, la capacidad de los neandertales para adaptarse a un entorno cambiante mediante la creación de innovaciones puede haber estado limitada, lo que posiblemente afectó sus posibilidades de supervivencia y favoreció su reemplazo por el *Homo sapiens*.

La evolución del lóbulo parietal

Los estudios paleoantropológicos han revelado una serie de cambios en la morfología craneal, específicamente en el tamaño y la forma del lóbulo parietal, ubicado en la parte superior y posterior de la corteza cerebral, a lo largo de la evolución del género *Homo*. Los moldes endocraneales, o endocastas, de fósiles humanos muestran un notable grado de evolución morfológica, siendo mayor en el lóbulo parietal que en el lóbulo frontal.

Uno de los fósiles más relevantes es el cráneo OH 7, atribuido a *Homo habilis* y descubierto en Olduvai Gorge, Tanzania. Este cráneo presenta un endocasta que sugiere un cerebro relativamente pequeño y menos desarrollado en comparación con especies posteriores del género *Homo*.[40,41] Esta evidencia respalda la hipótesis de que *Homo habilis* tenía habilidades cognitivas limitadas en comparación con especies más recientes.

Respecto al análisis de los cráneos de *Homo erectus* de Dmanisi,[42,43] encontrados en el yacimiento de Dmanisi, Georgia, uno de los cráneos, conocido como cráneo 5 o D4500, proporciona un endocasta que muestra un aumento significativo en el tamaño del cerebro en comparación con *Homo habilis*, lo que sugiere un lóbulo parietal más desarrollado y posiblemente una función cognitiva más avanzada.

El cráneo de neandertal encontrado en La Chapelle-aux-Saints,[44,45] Francia, es uno de los fósiles más completos de *Homo neanderthalensis*. Aunque no se ha preservado un endocasta completo en este cráneo, las reconstrucciones virtuales han proporcionado información que sugiere que *H. neanderthalensis* tenía un cerebro grande y bien desarrollado, incluyendo un lóbulo parietal que probablemente estaba involucrado en habilidades cognitivas avanzadas, como la percepción espacial y la planificación motora.

El cráneo de Jebel Irhoud, Marruecos, representa uno de los fósiles más antiguos atribuidos a *Homo sapiens*,[46,47] datado en aproximadamente 300 000 años. Los estudios de los endocastas sugieren que los primeros *Homo sapiens* tenían cerebros que se asemejaban en tamaño y forma a los de los humanos modernos, lo que incluye un lóbulo parietal bien desarrollado. Esto respalda la idea de que las habilidades cognitivas complejas, asociadas con el lóbulo parietal, estaban presentes en los primeros miembros de *Homo sapiens*.

Se sabe que el lóbulo parietal, que ocupa cerca de un cuarto de los hemisferios cerebrales es una de las regiones más importantes del cerebro humano. Está ubicado debajo del hueso parietal entre el lóbulo frontal y el lóbulo occipital, y encima del lóbulo temporal en cada hemisferio del cerebro, en la parte superior y posterior de la corteza cerebral. Se divide en lóbulo parietal superior (LPS) e inferior (LPI), con el surco intraparietal (SIP) situado en medio. Esta área desempeña un papel crucial en múltiples funciones cognitivas, incluyendo la percepción espacial, la integración sensorial, la atención y la planificación motora (Figura 14.11).

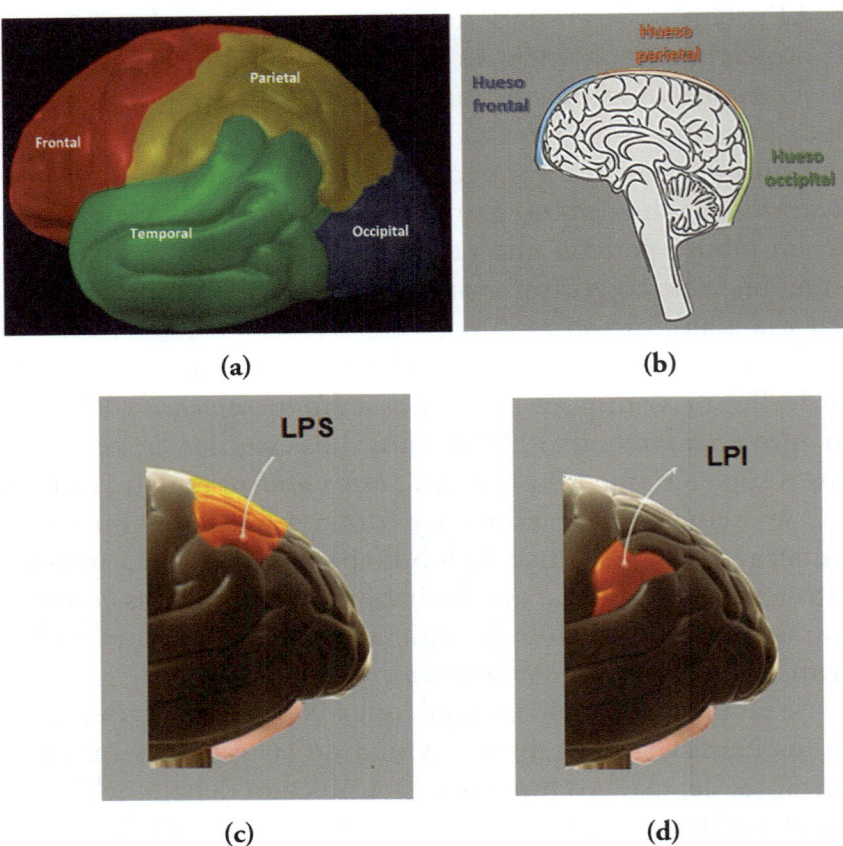

Figura 14.11. (a) Los lóbulos cerebrales. (b) Localización de los huesos frontal, parietal y occipital en el cráneo humano. (c) Localización del lóbulo parietal superior, LPS. (d) Localización del lóbulo parietal inferior.

Sin embargo, dada la gran variabilidad del género humano, no se puede establecer definitivamente una correlación entre la morfología del cerebro y la cultura material. No obstante, se ha comprobado que, en los homínidos de cerebro grande, el abultamiento lateral de las áreas parietales generalmente se asocia con el uso de herramientas musterienses, y la dilatación general de los volúmenes parietales superiores se asocia con herramientas auriñacienses. Ambas áreas parietales superiores y más profundas están involucradas en los procesos de integración visoespacial.

La industria lítica *olduvayense* requiere la corteza parietal posterior, que tiene una función clave en la actividad visomotora que permite interacciones complejas entre la mano y el objeto. La visión se procesa en el lóbulo occipital. La achelense, por su parte, muestra una contribución importante del lóbulo parietal inferior (LPI) y de la corteza prefrontal. De hecho, la red frontoparietal tiene dominios funcionales esenciales para la precisión en la manipulación de objetos, la coordinación ojo-mano y el control fino de la fuerza de la mano. La red subyacente, la red frontoparietal (Figura 14.12), probablemente opera integrando funciones temporales, parietales y frontales humanas, mostrando conexiones especializadas entre los circuitos principales y las áreas PLS (lóbulo parietal superior).

Se observa un cambio notable en el hueso parietal, que en los humanos modernos es mucho más grande que en cualquier otro humano. Incluso los neandertales, que compartían con los humanos modernos un rango similar de tamaño cerebral, tenían un hueso parietal más corto y grueso. Aunque el hueso parietal cubre varias regiones corticales más allá de la corteza parietal, su extensión y crecimiento están particularmente asociados con la morfología del lóbulo parietal subyacente.

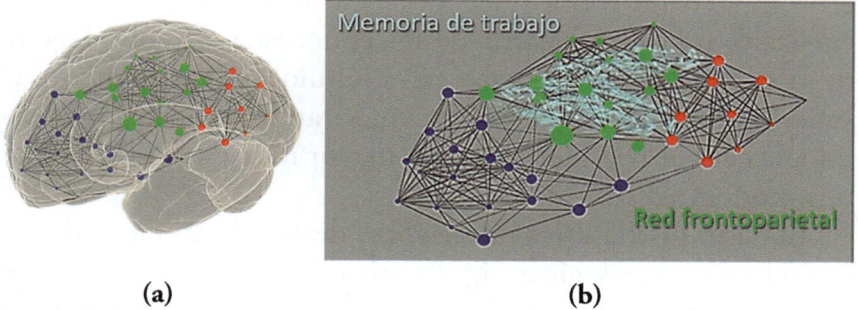

(a) (b)

Figura 14.12. (a) Distribución de la red frontoparietal. (b) Vista ampliada de la red subyacente.

Semejante expansión y abultamiento de la región parietal probablemente están asociados con al menos dos factores: primero, un aumento de tamaño debido a la expansión cortical; segundo, un cambio de forma, que incrementa la globularidad de la caja craneal, influido por variaciones arquitectónicas generales, como una cara más reducida y una mayor expresión de la base del cráneo, redondeando así la bóveda (Figura 14.13).

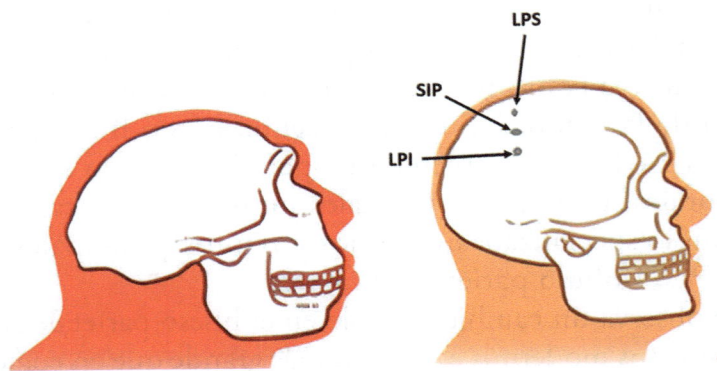

Figura 14.13. El lóbulo parietal superior (LPS) sufre una expansión longitudinal en neandertales y modernos, además de una expansión lateral en modernos. El lóbulo lateral inferior (LPI) se expande lateralmente en ambos al igual que el surco intraparietal (SIP).

El cerebro también se vuelve más globular, y el abultamiento de la región parietal en *Homo sapiens* es más pronunciado en comparación con los neandertales. Según las proporciones corticales inferidas a partir de los endocastas, la complejidad de la corteza aumentó tanto en el lóbulo inferior como en el superior. Los lóbulos parietales muestran una expansión morfológica en los neandertales y, en mayor medida, en los humanos modernos.

En la industria lítica *musteriense*, destaca la ausencia de innovaciones tecnológicas significativas. Aunque se utilizaban pigmentos minerales, no se han encontrado manifestaciones artísticas ni adornos personales. Se podría decir que su mente se correspondía con una memoria procedimental, lo que se ha denominado "piloto automático". Esta forma de memoria permite aprender una serie de destrezas basadas en la realización de patrones o procedimientos que se almacenan en la memoria a largo plazo y a los que se puede acceder rápidamente, requiriendo un mínimo de atención. Para ello, es necesario repetir las acciones, aprender las reglas básicas y memorizar los movimientos en el sistema motor.

Los datos arqueológicos y el registro fósil muestran una expansión cultural significativa, muy lenta en sus inicios, pero rápida hacia los tiempos recientes. Los instrumentos de caza se volvieron más complejos y refinados, similares a los utilizados por los esquimales inuit en la actualidad. La tecnología antigua, como la elaboración de trampas para cazar y la obtención de recursos mediante incendios controlados, necesariamente implica la capacidad de retrasar la recompensa y de realizar una planificación espaciotemporal, típica de las funciones ejecutivas modernas. Algunos objetos arqueológicos, con varias decenas de miles de años de antigüedad, son pruebas convincentes de la existencia de funciones ejecutivas, como el pensamiento abstracto y el cálculo, similares a los de los humanos actuales.

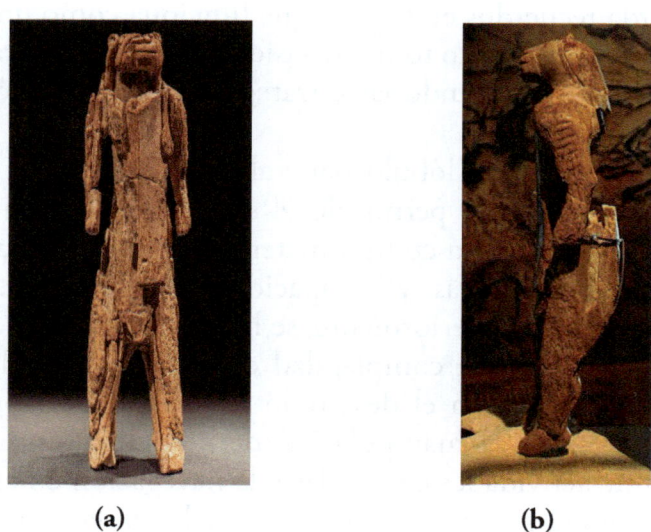

(a)   (b)

Figura 14.14. El Hombre León de Hohlenstein-Stadel: (a) vista frontal (©JDuckeck, Tomado de[48]). (b) vista lateral (©British Museum, Tomado de[49]).

El simbolismo y el arte se desarrollaron en África hace más de 75 000 años, mientras que las pinturas rupestres del Paleolítico superior en el oeste de Europa aparecieron hace unos 30 000 años. Uno de los objetos más representativos de este periodo es una figura tallada en marfil descubierta en el yacimiento de Hohlenstein-Stadel, en el suroeste de Alemania, de hace alrededor de 32 000 años. Esta figura representa a una persona con cabeza de león (Figura 14.14). Concebir una idea abstracta como el "hombre-león" requirió poseer dos conceptos diferentes, valorar sus características y combinar partes de ambos para crear una quimera, lo que sugiere una mente moderna. Algo similar ocurre con las varas de contar; la más antigua tiene 28 000 años y puede haber sido utilizada como registro temporal o herramienta de cálculo.

Para concebir y crear estos objetos se requiere el desarrollo de la memoria operativa, conocida como memoria de trabajo o memoria en tiempo real (Figura 14.12b). Esta memoria opera trayendo el pasado al presente y proyectando hacia el futuro. No guarda recuerdos en sí, sino que funciona como un centro ejecutivo, permitiendo tomar decisiones adecuadas para alcanzar objetivos y ajustando las estrategias según las dificultades que surjan.

La evolución del lóbulo parietal a lo largo de la historia de la humanidad ha permitido el surgimiento de funciones fundamentales para la cultura material, como la fabricación y el uso de herramientas, y la capacidad para construir. Como se ha comentado anteriormente, se ha sugerido que el aumento en el tamaño y la complejidad del lóbulo parietal podría estar relacionado con el desarrollo de habilidades cognitivas avanzadas, como la manipulación de herramientas, la planificación de actividades complejas y la navegación en entornos tridimensionales. Estos son temas cruciales en la antropología evolutiva, ya que la tecnología es uno de los rasgos más destacados del género *Homo*.

Bibliografía

1. Swisher, CC. et al. (1996). Latest *Homo Erectus* of Java: potential contemporaneity with *Homo sapiens* in southeast Asia. Science, 274: 1870-1874. DOI: 10.1126/science.274.5294.1870.
2. Bermudez de Castro, JM. et al. (1997). A hominid from the lower Pleistocene of Atapuerca, Spain: possible ancestor to Neandertals and modern humans. Science. 276: 1392–1395. DOI: 10.1126/science.276.5317.1392
3. Krause, J. et al. (2010). The complete mitochondrial DNA genome of an unknown hominin from southern Siberia. Nature. 464: 894-897. DOI:10.1038/nature08976
4. Reich, D. et al. (2010) Genetic history of an archaic hominin group from Denisova Cave in Siberia. Nature.468:1053–1060. DOI:10.1038/nature09710
5. Martin, P. et al. (2020). The evolutionary history of Neanderthal and Denisovan Y chromosomes. Science.369: 1653-1656. DOI: 10.1126/science.abb6460
6. Jacobs, GS. (2019). Multiple Deeply Divergent Denisovan Ancestries in Papuans, Cell 177: 1010–1021. https://doi.org/10.1016/j.cell.2019.02.035
7. Hajdinjak, M. et al. (2018). Reconstructing the genetic history of late Neanderthals. Nature.555: 652–656 https://doi.org/10.1038/nature26151
8. Peyrégne, S. et al. (2019). Nuclear DNA from two early Neandertals reveals 80,000 years of genetic continuity in Europe., Sci. Adv. 5: eaaw5873. DOI: 10.1126/sciadv.aaw5873
9. Prüfer, K. et al. (2014). The complete genome sequence of a Neanderthal from the Altai Mountains. Nature.505: 43–49. https://doi.org/10.1038/nature12886
10. Samper Carro, SC. et al. (2024). Living on the edge: Abric Pizarro, a MIS 4 Neanderthal site in the lowermost foothills of the southeastern Pre-Pyrenees (Lleida, Iberian Peninsula). Journal of Archaeological Science.169: 106038. https://doi.org/10.1016/j.jas.2024.106038
11. Slimak, L. et al. (2024). Long genetic and social isolation in Neanderthals before their extinction Cell Genomics 4: 100593. https://doi.org/10.1016/j.xgen.2024.100593
12. Slimak, L. et al. (2022). Modern human incursion into Neanderthal territories 54,000 years ago at Mandrin, France Sci. Adv. 8: eabj9496. DOI: 10.1126/sciadv.abj9496
13. Cann, RL. et al. (1987). Mitochondrial DNA and human evolution. Nature. 325: 31-36. DOI:10.1038/325031a0

14. Tattersall, I. (2009). Out of Africa: modern human origins special feature human origins: out of Africa. Proc. Natl Acad. Sci. USA 106: 16018–16021. DOI: 10.1073/pnas.0903207106.

15. Wood, B. and Richmond, BG. (2000). Review. Human evolution: taxonomy and paleobiology. J. Anat. 196: 19–60, DOI: 10.1046/j.1469-7580.2000.19710019.x.

16. Goodman, M. et al. (1998). Toward a phylogenetic classification of primates based on DNA evidence complemented by fossil evidence. Molecular Phylogenetics and Evolution 9: 585-598. DOI: 10.1006/mpev.1998.0495.

17. *Stedman, HH. et al. (2004). Myosin gene mutation correlates with anatomical changes in the human lineage. Nature. 428: 415 – 418,* DOI:10.1038/nature02358

18. Currie, P. (2004). Human genetics: muscling in on hominid evolution. Nature. 428:373-4. DOI: 10.1038/428373a.

19. Oh, HJ. et al. (2015). Loss of gene function and evolution of human phenotypes. BMB Rep. 48:373-9. DOI: 10.5483/bmbrep.2015.48.7.073.

20. Tuttle, RH. et al. (2024). Neanderthal. Encyclopedia Britannica, https://www.britannica.com/topic/Neanderthal. Accedido,18 de octubre de 2024.

21. Arsuaga, JL. et al. (2014). Neandertal roots: Cranial and chronological evidence from Sima de los Huesos. Science. 344: 1358-1363. DOI: 10.1126/science.1253958.

22. Wood, BA. (1981). Tooth size and shape and their relevance to studies of hominid evolution. Phil. Trans. R. Soc. Lond. B29265–76. http://doi.org/10.1098/rstb.1981.0014

23. Wood, B. (1993). Early Homo. How many species? Species, species concepts, and primate evolution (ed. by William H. Kimbel & Lawrence B. Martin), pp. 485-522. Plenum Press, New York

24. Buckner, RL. and Krienen, FM. (2013). The evolution of distributed association networks in the human brain Trends in Cognitive Sciences.17: 648-665. https://doi.org/10.1016/j.tics.2013.09.017

25. Fiddes, IT. et al. (2018). Human-Specific NOTCH2NL Genes Affect Notch Signaling and Cortical Neurogenesis, Cell. 173: 1356–1369, https://doi.org/10.1016/j.cell.2018.03.051

26. Brunet, I. et al. (2007). The topological role of homeoproteins in the developing central nervous system. Trends Neurosci. 30: 260-267, http://dx.doi.org/10.1016/j.tins.2007.03.010

27. Cohen, J. (2007). Evolutionary biology. Relative differences: The myth of 1%. Science. 316: 1836. http://dx.doi.org/10.1126/science.316.5833.1836

28. A. Prochiantz. (2010) Evolution of the nervous system: A critical evaluation of how genetic changes translate into morphological

changes. Dialogues Clin Neurosci., 12: 457-462. DOI: 10.31887/DCNS.2010.12.4/aprochiantz

29. Dennis, MY. et al. (2012). Evolution of Human-Specific Neural SR-GAP2 Genes by Incomplete Segmental Duplication Cell 149: 912–922. DOI:10.1016/j.cell.2012.03.033

30. Schmidt, ERE. et al. (2019). The human-specific paralogs SRGAP2B and SRGAP2C differentially modulate SRGAP2A dependent synaptic development. Sci Rep 9: 18692. https://doi.org/10.1038/s41598-019-54887-4

31. Schaefer, NK. et al. (2021). An ancestral recombination graph of human, Neanderthal, and Denisovan genomes. 2021, Sci. Adv. 7: eabc0776. DOI: 10.1126/sciadv.abc0776.

32. Tamargo, RJ. and Pindrik, JA. (2019). Mammalian Skull Dimensions and the Golden Ratio (Φ). J Craniofac Surg. 30:1750-1755. DOI: 10.1097/SCS.0000000000005610.

33. Kurzban, R. and Barrett, HC. (2012). Origins of Cumulative Culture. Science.335, 1056 -1057. DOI: 10.1126/science.1219232

34. Rosales-Reynoso MA. et al. (2018). Evolución y genómica del cerebro humano. Neurología. 33:254-265. https://doi.org/10.1016/j.nrl.2015.06.002.

35. Slimak, L. (2008). The Neronian and the historical structure of cultural shifts from Middle to Upper Palaeolithic in Mediterranean France. J. Archaeol. Sci. 35, 2204–2214. https://doi.org/10.1016/j.jas.2008.02.005

36. Slimak, L. (2023). The three waves: Rethinking the structure of the first Upper Paleolithic in Western Eurasia. PLoS ONE 18: e0277444. https://doi.org/10.1371/journal. pone.0277444

37. Brunner, E. et al. (2023). The parietal lobe evolution and the emergence of material culture in the human genus. Brain Structure and Function. 228:145–167 https://doi.org/10.1007/s00429-022-02487-w

38. Higham, T. et al. (2014). The timing and spatiotemporal patterning of Neanderthal disappearance. Nature. 512: 306–309. https://doi.org/10.1038/nature13621

39. Kochiyama, T. et al. (2018). Reconstructing the Neanderthal brain using computational anatomy. Cientific Reports. 8:6296. DOI:10.1038/s41598-018-24331-0

40. Leakey, L. et al. (1964). A New Species of the Genus Homo from Olduvai Gorge. Nature. 202: 7-9. DOI:10.1038/202007a0.

41. Holloway, RL. et al. (1966). Cranial capacity of the Olduvai Bed I hominine. Nature. 210: 1108-1109. DOI:10.1038/2101108a0.

42. Gabunia, L. et al. (2000). Earliest Pleistocene Hominid Cranial Remains from Dmanisi, Republic of Georgia: Taxonomy, Geological Setting, and Age. Science, 288: 1019-1025. DOI:10.1126/science.288.5468.1019

43. Vekua, A. et al. (2002). A New Skull of Early Homo from Dmanisi, Georgia. Science. 297: 85-89.DOI:10.1126/science.1072953.

44. Boule, M. (1920). Les hommes fossiles. Éléments de paléontologie humaine, Paris, Masson et cie.

45. Rendua, W. et al. (2014). *Evidence supporting an intentional Neandertal burial at La Chapelle-aux-Saints.* PNAS 111: 81-86. https://DOI.org/10.1073/pnas.1316780110

46. Callaway, E. (2017). Oldest *Homo sapiens* fossil claim rewrites our species' history. Nature. https://doi.org/10.1038/nature.2017.22114

47. Richter, D. et al. (2017). The age of the hominin fossils from Jebel Irhoud, Morocco, and the origins of the Middle Stone Age. Nature. 546: 293–296. DOI: 10.1038/nature22335

48. https://es.wikipedia.org/wiki/Hombre_le%C3%B3n#/media/Archivo:Lion_man_photo.jpg. Accedido, 1 de abril de 2024.

49. https://arqueologiaenred.paleorama.es/2017/11/una-mirada-en-profundidad-sobre-el.html. Accedido, 2 de abril de 2024

EPÍLOGO

HACE MÁS DE TREINTA SIGLOS, Parménides de Elea, en una colonia griega en el Sur de Italia, escribió un poema filosófico en el que puede leerse: «Una sola cosa es el pensar y el ser», también traducido como «lo que cabe concebir y lo que cabe que sea son una misma cosa». Se han hecho varias interpretaciones del texto, pero es admisible entenderlo como el advertir una correspondencia entre el Ser —y, por tanto, todo lo que es porque tiene ser— y la inteligencia humana.

La inteligencia humana, estructuralmente, es la misma en todos los seres humanos, aunque varíe, por nacimiento y por educación y trabajo intelectual, el acumen, la agudeza, la extensión. Por eso podemos comunicar a otros nuestros conocimientos.

La antropología cultural, por otra parte, ha mostrado eso mismo en el estudio de la inteligencia en pueblos originarios. Si se analizan, por ejemplo, los diferentes mitos, se verá que no se trata solo de elementos de fantasía sino de una forma distinta de explicar el mundo, con un deseo de racionalidad. Y, además, en muchos de esos mitos existe una primigenia poesía, que demuestra la atracción por la belleza. Ahí están, para demostrarlo, las pinturas rupestres.

Analizar todo lo que es en la naturaleza, desde una subpartícula hasta el funcionamiento del cerebro humano, ha requerido un trabajo constante de la inteligencia y de la imaginación, descubriendo, como afirmó ya Galileo y otros antes intuyeron, como los pitagóricos, que el universo está escrito en lenguaje matemático. La gravitación universal fue declarada por Newton en la conocida fórmula $F = | (G. m1. m2) / r$: la fuerza ejercida entre dos cuerpos de masas m1 y m2 separados por una distancia r, es igual al producto de sus masas e inversamente proporcional al cuadrado de la distancia. Más sencilla aún y de mayor trascendencia es la fórmula de la relatividad, descubierta, por Einstein: $E = mc^2$, donde E es la energía, m es la masa y c es la velocidad de la luz en el vacío.

Por su parte, la física cuántica ha podido llegar a demostrar que la materia tiene una forma ondulatoria en un ámbito de probabilidades. Si eso es así, en el estudio de los átomos y partículas de las células de los vivientes, se abre un campo como la biología cuántica, aun en sus inicios, pero que ya ha analizado cuánticamente fenómenos como la fotosíntesis de las plantas, en un atisbo de realidades que conocemos por la filosofía: la comunidad en el ser y la belleza de su presentación. Eso lleva no solo a la unidad del saber, continua aspiración humana y quizá aún en un horizonte muy lejano, sino a la unidad del saber y del sentir. Esa posible unidad está indicada en la confluencia en el ser humano de lo que, desde antiguo, se han llamado sus potencias: memoria, inteligencia y voluntad.

¿Será posible estudiar esas potencias, en el cerebro humano, con los instrumentos de la bioquímica y de la física cuánticas, aunados? Es muy probable que se hagan intentos y se puede soñar que en un futuro se dé con la mayor parte de las "interioridades" de ese cerebro áureo, conformado con el ser, la verdad, la bondad y la belleza de lo creado. Con una condición previa: la humildad, que es un motor espiritual: al percatarse de lo poco que sabe estimula el crecimiento del saber. Por eso, en un texto sobre la belleza, no podía omitirse la íntima conexión entre hermosura y humildad.

Rafael Gómez Pérez.
Escritor.
Doctor en Derecho y en Filosofía.
Profesor emérito de Antropología cultural
(Universidad Complutense)

ESTE LIBRO, PUBLICADO POR
EDICIONES RIALP, S. A.,
MANUEL URIBE, 13-15, 28033 MADRID,
SE TERMINÓ DE IMPRIMIR EN
ANZOS, S. L., FUENLABRADA (MADRID),
EL DÍA 20 DE ENERO DE 2026.